I meli, questi graziosi alberi che punteggiano i nostri frutteti e giardini, sono molto più che semplici fornitori di deliziosi frutti. Esse racchiudono una ricchezza culturale, storica e botanica di insospettabile profondità. In "Meli a bizzeffe, l'enciclopedia globale", proponiamo di esplorare questo affascinante universo offrendo una panoramica esaustiva di uno degli alberi da frutto più apprezzati al mondo.

Da millenni il melo accompagna l'umanità, dal Giardino dell'Eden ai moderni frutteti. Simbolo di conoscenza, salute e abbondanza, ha ispirato miti, leggende e scoperte scientifiche. Ogni varietà di mela racconta una storia unica, ogni frutteto è lo specchio della passione e del know-how delle generazioni passate e presenti.

Questo lavoro vuole essere sia una celebrazione che una fonte di conoscenza pratica. Discuteremo della diversità delle varietà di meli, dalle più antiche alle più recenti, della loro coltivazione e manutenzione, nonché del loro posto nella nostra dieta e nella nostra cultura. Dalle tecniche di innesto ai metodi di raccolta, passando per i benefici nutrizionali delle mele, ogni aspetto sarà curato con rigore e passione.

Mentre sfogli queste pagine, scoprirai come coltivare i tuoi meli, selezionare le varietà adatte al tuo clima, prevenire e curare le malattie e persino incorporare questi meravigliosi frutti nella tua cucina quotidiana. Che tu sia un giardiniere amatoriale, un orticoltore esperto o semplicemente un amante delle mele, "Pommiers à abbondanza" è pensato per rispondere alle tue domande e alimentare la tua passione.

Spero che questa enciclopedia ti ispiri. Preparatevi a tuffarvi in un mondo di sapori, saperi e scoperte. Benvenuti nell'abbondante mondo dei meli.

1. Storia e origini dei meli
2. Simbolismo e mitologia dei meli
3. Diversità delle varietà di meli
4. Anatomia del melo
5. Scegli il Melo Ideale per il tuo Giardino
6. Preparare il terreno per la semina
7. Tecniche di piantagione di meli
8. Cura e manutenzione dei giovani meli
9. Potatura e formazione dei meli
10. Innesto: tecniche e consigli
11. Fecondazione e nutrizione dei meli
12. Irrigazione e gestione delle acque
13. Protezione contro le malattie
14. Controllo dei parassiti
15. Meli e impollinatori
16. Varietà di meli per climi freddi
17. Varietà di meli per climi temperati
18. Varietà di meli per climi caldi
19. Meli nani e spalliere
20. Meli selvatici e ancestrali
21. Meli e biodiversità
22. Raccolta e conservazione delle mele
23. Uso culinario delle mele

24. Mele da sidro: varietà e ricette

25. Mele al forno: le migliori selezioni

26. Mele masticabili: gli elementi essenziali

27. Marmellata e gelatina di mele

28. Mele essiccate e altre mele conservate

29. Meli in coltivazione biologica

30. Il melo nella cultura biodinamica

31. Meli e Agroforestazione

32. Meli e permacultura

33. Meli in vaso e balcone

34. Meli per piccoli giardini

35. L'arte del frutteto: layout e design

36. Rinnova un vecchio frutteto

37. Meli e clima: adattamento e resilienza

38. Meli e cambiamenti climatici

39. Tecniche di potatura avanzate

40. Tecniche di innesto avanzate

41. Innovazioni nella coltivazione delle mele

42. Meli nel mondo

43. Meli e tradizioni locali

44. Il posto dei meli nell'arte e nella letteratura

45. Meli ed educazione: laboratori e attività

46: Creare un frutteto educativo

47. Meli ed economia locale

48. Meli e turismo rurale

49. Meli e gastronomia

50. Benefici nutrizionali delle mele

51. Meli e salute

52. Meli negli spazi pubblici

53. Meli e urbanistica

54. Meli ed ecologia urbana

55. Meli e comunità

56. Meli e pratiche tradizionali

57. Meli e innovazioni tecnologiche

58. Meli e legislazione

59. Risorse e riferimenti sugli alberi di mele

60. Il futuro dei meli

61. L'evoluzione dei meli attraverso i secoli

62. I grandi esploratori dei meli

63. Meli e civiltà antiche

64. I meli nei rituali e nelle cerimonie

65. Diversità genetica dei meli

66. Selezione e ibridazione dei meli

67. I pionieri della coltivazione delle mele

68. Meli e tradizioni agricole

69. L'addomesticamento del melo

70. Meli selvatici e il loro ruolo ecologico

71. Meli e colture autoctone

72. Conservazione delle varietà ancestrali

73. La scienza del melo: biologia e genetica

74. L'evoluzione delle tecniche colturali

75. I Grandi Frutteti Storici

76. Meli e Beni Culturali

77. Impatto dei meli sugli ecosistemi

78. La vita segreta dei meli

79. Il ciclo di vita di un melo

80. Scelta e preparazione delle talee

81. Le basi della semina dei meli

82. Diversi metodi di propagazione

83. Progetta e pianta un frutteto

84. La crescita e lo sviluppo dei meli

85. Il programma annuale di assistenza

86: Tecniche di potatura del frutteto

87. Potatura e rimodellamento degli alberi di mele

88. Innesti e propagazione vegetativa

89. Concimazione organica e minerale

90. Meli e sequestro del carbonio

91. Prevenire e curare le malattie fogliari

92. Gestione integrata dei parassiti

93. Predatori naturali e controllo biologico

94. Le diverse famiglie di mele

95. Cimelio di famiglia e varietà moderne

96. La selezione dei meli per l'autoconsumo

97. Il mercato Apple: produzione e distribuzione

98. Tecniche di raccolta e post-raccolta

99. Immagazzinamento e conservazione a lungo termine

100. Meli nell'arte culinaria

101. Ricette per sidro e altre bevande

102. Mele in Pasticceria e Confetteria

103. Mele in Cucina Salata

104. Meli e feste delle mele

105. Meli e macina del sidro: tradizione e modernità

106. Meli e leggende locali

107. Meli ed educazione ambientale

108. Creare un giardino di mele nelle scuole

109. Meli e paesaggi commestibili

110. Meli nel paesaggio

111. Orto Botanico e Meli

112. L'importanza del melo nell'agriturismo

113. Protezione dei meli dai cambiamenti climatici

114. Tecniche di selezione resiliente

115. Riproduzione dei meli in laboratorio

116. Meli e innovazioni agronomiche

117. Le sfide della coltivazione sostenibile delle mele

118. Meli ed ecosistemi urbani

119. Il futuro dei meli: prospettive e innovazioni

120. La biologia floreale dei meli

121. Processo di impollinazione nei meli

122. Formazione del frutto: dal germoglio alla mela

123: I diversi colori e consistenze delle mele

124. La composizione chimica delle mele

125. Studi fitosanitari sui meli

126. Malattie fungine dei meli

127. Infezioni batteriche dei meli

128. Controllo dei parassiti del melo

129. Virus che colpiscono i meli

130. Sfide della coltivazione commerciale delle mele

131. L'industria Apple: tendenze e innovazioni

132. Tecniche del commercio equo e solidale per le mele

133. Certificazione biologica dei meleti

134. Meli e politiche agricole

135. Meleti e cooperative agricole

136. Meli e sviluppo sostenibile

137. Meli nei paesi in via di sviluppo

138. Meli e sicurezza alimentare

139. Meli nell'agricoltura rigenerativa

140. Meccanizzazione della coltivazione della mela

141. Utilizzo dei droni e della tecnologia nei frutteti

142. Meli ed energie rinnovabili

143. I meli nell'arte e nell'architettura del paesaggio

144. Meli nei giardini comunitari

145. Meli e pianificazione urbana sostenibile

146. L'impatto dei meli sulla fauna locale

147. Casi di studio: frutteti nel mondo

148. Il ruolo dei meli nell'agroecologia

149. Meli e politiche di conservazione

150. Riabilitare i meli abbandonati

151: Meli e orticoltura urbana

152. I meli e l'educazione scolastica

153. I meli nella letteratura e nella poesia

154. Meli nell'arte visiva

155. Meli e arti culinarie

156. Meli e Medicina Tradizionale

157. Proprietà medicinali delle mele

158. Meli e alimenti salutari

159. Il ruolo dei meli nelle diete

160. Meli e dieta equilibrata

161. Mele nella prevenzione delle malattie

162. Meli e ricerca medica

163. L'impatto ecologico dei meleti

164. Rimboschimento con meli

165. Meli e cambiamenti climatici: casi di studio

166. L'adattamento dei meli ai nuovi climi

167. Gestione dell'acqua nei meleti

168. Il futuro dei meli nelle zone aride

169. Meli e specie da compagnia

170. Associazione dei meli con altre colture

171. La conservazione delle antiche varietà di meli

172. Meli e cultura popolare

173. Meli nelle fiere e nei mercati

174. Meli e feste tradizionali

175. Meli e prodotti tipici

176. Marketing delle mele: strategie e sfide

177. Meli e tecniche di lavorazione

178. Meli e industria dei succhi di frutta

179. Meli e produzione di aceto

180. I meli e la produzione di composte e puree

181. Meli e Prodotti Innovativi

182. Meli e tribunale circoscrizionale

183. Meli e autonomia alimentare

184. Meli e artigianato locale

185. Meli e patrimonio regionale

186. Meli e identità culturale

187. Meli e turismo enogastronomico

188. I meli nelle esperienze sensoriali

189. Meli e Benessere

190. Meli e agricoltura familiare

191. La trasmissione della conoscenza del melo

192. Meli e innovazioni digitali

193. I meli e la blockchain alimentare

194. Tracciabilità dei prodotti Apple

195. Meli e piattaforme di commercio online

196. Meli e strategie di marketing

197. Meli e influencer digitali

198. Il ruolo dei meli nella transizione ecologica

199. Conclusione: il futuro luminoso dei meli

Capitolo 1: Storia e origini dei meli

I meli, membri iconici della famiglia delle Rosacee, hanno una storia ricca e complessa che abbraccia millenni. Il loro viaggio, dalle foreste selvagge dell'Asia centrale ai frutteti ordinati delle civiltà moderne, è un'affascinante storia di adattamento, addomesticamento e diffusione culturale.

Origini selvagge

Gli antenati dei meli domestici (Malus domestica) sono originari dei Monti Tian Shan, una catena montuosa situata al confine tra Kazakistan, Kirghizistan e Cina. Qui prospera ancora oggi il Malus sieversii, una specie di melo selvatico. Studi genetici hanno dimostrato che Malus sieversii è l'antenato principale della maggior parte delle varietà di mele moderne. Probabilmente questi boschi di meli selvatici erano molto diversi dai frutteti odierni, con un'enorme diversità genetica e mele di ogni dimensione e colore.

Addomesticamento

La domesticazione dei meli iniziò probabilmente tra i 4.000 e i 10.000 anni fa, in concomitanza con lo sviluppo dell'agricoltura. Le prime civiltà sedentarie iniziarono a selezionare i meli più produttivi e quelli che producevano i frutti più gustosi. Questi primi sforzi di selezione gettarono le basi per la diversità varietale che conosciamo oggi.

Le rotte commerciali, in particolare la Via della Seta, hanno svolto un ruolo cruciale nella diffusione dei meli. Le carovane trasportavano semi e piantine di mele attraverso l'Asia, il Medio Oriente e infine in Europa. Ogni regione ha adattato le pratiche di coltivazione in base al clima e alle esigenze specifiche, creando una moltitudine di varietà locali.

Meli in Europa

I Greci e i Romani contribuirono notevolmente alla diffusione del melo in Europa. I Romani, in particolare, erano sapienti agricoltori che praticavano l'innesto e l'allevamento di alberi da frutto. Stabilirono frutteti in tutto l'Impero, garantendo la diffusione delle migliori varietà di meli.

Durante il Medioevo, i monasteri divennero centri di conservazione e innovazione agricola. I monaci coltivarono frutteti e migliorarono le tecniche di innesto e potatura. Hanno inoltre documentato la conoscenza delle diverse varietà di mele e dei loro usi medicinali e culinari.

Diffusione mondiale

Con l'esplorazione e la colonizzazione europea, i meli furono introdotti nel Nuovo Mondo. I coloni europei piantarono meli nel Nord America già nel XVII secolo. Una delle figure più famose di questo periodo fu Johnny Appleseed (John Chapman), che introdusse i meli in vaste aree degli Stati Uniti piantando vivai.

Nel corso dei secoli, la selezione e l'ibridazione hanno portato alla nascita di migliaia di varietà di mele. Ogni varietà, adattata alle condizioni climatiche e ai terreni specifici, nonché alle preferenze di gusto locali, rappresenta un capitolo unico in questa storia globale.

La storia del melo è una testimonianza vivente della coevoluzione tra uomo e natura. Dalle selvagge montagne dell'Asia centrale agli attenti frutteti dei quattro angoli del mondo, i meli hanno attraversato il tempo e i continenti, adattandosi ed evolvendosi con le civiltà umane. Oggi continuano a simboleggiare la ricchezza del nostro patrimonio agricolo e culturale, ricordando l'importanza della diversità e della conservazione in un mondo in continua evoluzione.

Capitolo2: Simbolismo e mitologia dei meli

I meli, al di là del loro ruolo cruciale nell'alimentazione umana, occupano un posto speciale nell'immaginario collettivo. Sin dai tempi antichi, questi alberi da frutto sono stati avvolti nel simbolismo e nella mitologia, rappresentando vari concetti come conoscenza, immortalità, amore e tentazione. Diamo un'occhiata ai vari significati culturali e mitologici associati ai meli nel corso della storia e delle civiltà.

I meli nella mitologia greco-romana

Nella mitologia greca, le mele erano spesso associate a dei ed eroi. Uno dei miti più famosi è quello delle mele d'oro del Giardino delle Esperidi. Questo mitico giardino, custodito da ninfe e da un drago, conteneva mele d'oro che donavano l'immortalità. Eracle (Ercole) doveva compiere dodici fatiche, una delle quali consisteva nel rubare queste mele d'oro, simboleggiando così l'accesso all'immortalità e il raggiungimento delle imprese divine.

Nella mitologia romana, Pomona, la dea dei frutti e dei frutteti, vegliava sugli alberi da frutto, compresi i meli. Veniva spesso raffigurata con una mela in mano, a simboleggiare fertilità e abbondanza.

La mela nella Bibbia e nelle tradizioni giudaico-cristiane

Nella tradizione giudaico-cristiana, il melo è spesso identificato come l'albero della conoscenza del bene e del male nel Giardino dell'Eden. Sebbene il testo biblico originale non specifichi il tipo di frutto, la mela è diventata il simbolo convenzionale di questo frutto proibito. Il consumo della mela da parte di Eva, spinto dal serpente, portò alla caduta dell'uomo, simboleggiando la tentazione, il peccato e la conoscenza proibita.

Questa interpretazione ha avuto un'influenza duratura sull'arte e sulla letteratura occidentale, dove la mela spesso rappresenta la tentazione e la dualità della natura umana.

Meli e simbolismo celtico

Per i Celti i meli erano sacri e rappresentavano l'immortalità e la conoscenza. Il melo era uno degli alberi importanti nell'albero cosmico celtico, simboleggiando la connessione tra il mondo mortale e l'altro mondo. Nelle leggende celtiche, mele e frutteti magici erano spesso associati alla mitica isola di Avalon, un paradiso dove si poteva raggiungere l'immortalità.

Meli e simbolismo nordico

Nella mitologia norrena anche le mele svolgono un ruolo importante. Idunn, la dea dell'eterna giovinezza, conservava mele magiche che assicuravano agli dei la loro immortalità. Quando Loki, il dio dell'inganno, ingannò Idunn e lo portò via da Asgard con le sue mele, gli dei cominciarono a invecchiare. Questo mito simboleggia l'importanza delle mele come fonte di vita e giovinezza perpetua.

I meli nelle tradizioni popolari e letterarie

Le mele hanno un posto di rilievo anche nelle fiabe e nelle leggende popolari. Ad esempio, in "Biancaneve" dei fratelli Grimm, una mela avvelenata gioca un ruolo centrale nella trama, simboleggiando sia la bellezza ingannevole che il pericolo nascosto.

In letteratura, le mele sono spesso usate per simboleggiare vari temi. Nel "Paradiso perduto" di John Milton, la mela è una potente metafora della tentazione e della caduta dell'uomo. Nell'Ulisse di James Joyce la mela rappresenta il desiderio e la conoscenza.

Il simbolismo moderno dei meli

Oggi i meli continuano ad essere simboli potenti in varie culture. Spesso rappresentano l'amore e l'abbondanza nelle feste e nelle celebrazioni. In alcune culture asiatiche regalare mele è un segno di pace e prosperità.

Nell'orticoltura e nella permacultura, il melo è diventato un simbolo di sostenibilità e resilienza. I frutteti comunitari e gli orti urbani utilizzano spesso il melo come emblema di connessione con la natura e la produzione alimentare locale.

Il simbolismo e la mitologia del melo rivelano la profondità del rapporto umano con questo albero da frutto. Dall'immortalità e la conoscenza nei miti antichi alla tentazione e al peccato nelle tradizioni giudeo-cristiane, i meli sono stati simboli onnipresenti in varie culture. Continuano a rappresentare valori essenziali come la fertilità, l'abbondanza e la resilienza, illustrando l'importanza duratura dei meli nell'immaginario collettivo e nella cultura umana.

Capitolo 3: Diversità delle varietà di meli

I meli (Malus domestica) sono testimoni viventi della storia dell'agricoltura umana, incarnando un'eccezionale diversità che riflette millenni di selezione, coltivazione e adattamento. Oggi esistono migliaia di varietà di mele, ciascuna con caratteristiche distinte adatte a diversi usi, gusti e climi. Contempliamo insieme la ricchezza di questa diversità, le sue origini, la sua importanza per la cultura e l'agricoltura, così come le sfide e le opportunità legate alla sua preservazione.

Origini della diversità delle mele

La diversità delle varietà di mele affonda le sue radici nelle foreste selvagge di Malus sieversii, l'antenato selvatico del melo domestico, che cresce ancora nelle montagne del Tian Shan in Asia centrale. Gli scambi di semi e piante attraverso le rotte commerciali, in particolare la Via della Seta, hanno consentito la diffusione e la diversificazione dei meli in diverse regioni del mondo.

L'addomesticamento dei meli iniziò diverse migliaia di anni fa, quando gli agricoltori selezionavano gli alberi che producevano i frutti più gustosi, più grandi o più resistenti. Queste prime selezioni sono state essenziali per lo sviluppo di varietà locali adatte alle condizioni climatiche e alle specifiche preferenze di gusto.

Varietà culinarie e usi diversificati

Le mele si distinguono per la loro versatilità culinaria. Alcune varietà sono ideali da consumare fresche, grazie al loro sapore dolce e alla consistenza croccante, come la "Golden Delicious" o la "Fuji". Altri, come "Granny Smith", con la loro pronunciata acidità, sono perfetti per cucinare e cuocere al forno.

Le varietà di mele da sidro, come "Dabinett" e "Kingston Black", vengono coltivate appositamente per la produzione di sidro, grazie al loro equilibrio di zucchero, acidità e tannini. Queste varietà sono spesso inadatte al consumo fresco ma ottime per la fermentazione.

Anche le mele destinate all'essiccazione o alla spremitura richiedono caratteristiche specifiche. Ad esempio, "Braeburn" è apprezzato per il suo succo saporito ed equilibrato, mentre varietà come "Empire" o "Rome Beauty" sono spesso utilizzate per la loro capacità di mantenere la forma e il sapore dopo la disidratazione.

Importanza culturale e agricola

La diversità delle varietà di meli non è solo una risorsa agricola, ma anche un importante elemento culturale. Ogni regione ha spesso le proprie varietà locali, coltivate e preservate da generazioni di giardinieri e agricoltori. Queste varietà locali, come il "Calville Blanc" in Francia o l'"Egremont Russet" in Inghilterra, sono testimoni della storia agricola e culinaria della loro regione.

In agricoltura, questa diversità è fondamentale per la resilienza dei frutteti alle malattie, ai parassiti e alle variazioni climatiche. Le varietà resistenti a malattie specifiche, come la "Liberty" resistente alla ticchiolatura, sono fondamentali per ridurre l'uso di pesticidi e promuovere pratiche agricole sostenibili.

Sfide e preservazione della diversità

Nonostante questa ricchezza, la diversità delle varietà di meli è minacciata dall'omogeneizzazione dell'agricoltura e dalle preferenze commerciali per poche varietà standardizzate. Concentrarsi su un numero limitato di varietà può aumentare la vulnerabilità dei frutteti alle epidemie e ai cambiamenti climatici.

Gli sforzi di conservazione sono quindi essenziali. Un ruolo cruciale lo giocano le banche del germoplasma, le raccolte di alberi da frutto e le iniziative per la salvaguardia delle varietà locali. I programmi di conservazione, come quelli gestiti da istituzioni come la National Fruit Collection nel Regno Unito o il Centro di risorse genetiche INRAE in Francia, cercano di preservare questa diversità genetica per le generazioni future.

La diversità delle varietà di mele è un tesoro agricolo e culturale, il risultato di migliaia di anni di selezione e adattamento umano. Non offre solo una ricchezza di sapori e usi culinari, ma anche una resilienza essenziale per un'agricoltura sostenibile. Preservare questa diversità è una questione cruciale di fronte alle sfide contemporanee, garantendo che i meli continuino a nutrire e ispirare l'umanità per i secoli a venire.

Capitolo 4: Anatomia del melo

Il melo (Malus domestica), appartenente alla famiglia delle Rosacee, è un albero da frutto ampiamente coltivato in tutto il mondo. La sua struttura complessa e le sue varie parti svolgono un ruolo cruciale nel suo sviluppo, riproduzione e produttività. Vediamo qui l'anatomia del melo dettagliando i suoi componenti principali: radici, tronco, rami, foglie, fiori e frutti.

Radici

Le radici del melo costituiscono le fondamenta dell'albero, fornendo l'ancoraggio e l'assorbimento dei nutrienti e dell'acqua dal terreno. Si dividono in due tipologie principali: fittoni e radici laterali. I fittoni si estendono in profondità nel terreno, mentre le radici laterali si estendono orizzontalmente, formando una fitta rete che massimizza l'assorbimento delle risorse.

Le radici del melo sono anche associate alle micorrize, funghi simbiotici che aumentano la superficie di assorbimento delle radici e migliorano l'acquisizione di nutrienti essenziali, in particolare il fosforo.

Tronco

Il tronco è la struttura portante centrale e principale del melo. Trasporta acqua e sostanze nutritive dalle radici ai rami e alle foglie attraverso lo xilema e conduce i prodotti della fotosintesi dalle foglie al resto dell'albero attraverso il floema.

La corteccia del tronco protegge i tessuti interni da lesioni, malattie e variazioni climatiche. Nel tempo, il tronco si ispessisce e sviluppa ulteriori strati di legno e cambio, un tessuto meristematico responsabile della crescita del diametro dell'albero.

Rami

I rami del melo emergono dal tronco e si dividono in strutture più piccole chiamate rametti. Sostengono foglie, fiori e frutti e svolgono un ruolo cruciale nella fotosintesi e nella riproduzione. La disposizione dei rami, spesso chiamata intelaiatura, influenza la forma dell'albero e la sua capacità di produrre frutti.

I rami più vecchi, chiamati rami da carpentiere, sostengono il peso dei rami fruttiferi e dei frutti. La potatura dei rami è una pratica comune per stimolare la crescita dei frutti, migliorare la penetrazione della luce e prevenire le malattie.

Foglie

Le foglie del melo sono strutture piatte e sottili, solitamente di forma ovale con bordi seghettati. Sono i principali siti della fotosintesi, il processo mediante il quale le piante convertono la luce solare in energia chimica.

Ogni foglia è composta da una lamina, un picciolo (il gambo che collega la foglia al ramo) e talvolta stipole (piccole strutture a forma di foglia alla base del picciolo). Gli stomi, minuscoli pori sulle superfici fogliari, regolano lo scambio di gas e la traspirazione, svolgendo un ruolo cruciale nella gestione dell'acqua e dei nutrienti.

Fiori

I fiori del melo sono essenziali per la riproduzione dell'albero. Sono tipicamente raggruppati in infiorescenze chiamate corimbi, ciascun corimbo contiene diversi fiori. Un tipico fiore di melo ha cinque petali, numerosi stami (le strutture che producono il polline) e un pistillo centrale formato da diversi carpelli.

L'impollinazione, spesso effettuata da insetti come le api, è necessaria per la formazione dei frutti. Il polline deve essere trasferito dagli stami al pistillo, dove feconda gli ovuli, determinando lo sviluppo di semi e frutti.

I frutti

Il frutto del melo, comunemente chiamato mela, è un esempio di frutto carnoso. Si sviluppa dall'ovaio del fiore dopo la fecondazione. La mela è composta da più strati: l'epicarpo (la buccia esterna), il mesocarpo (la polpa succosa) e l'endocarpo (la parete interna che circonda i semi).

Le mele generalmente contengono cinque carpelli disposti a stella, ciascuno contenente uno o più semi. La diversità delle varietà di mele risulta dalla selezione e dall'ibridazione, ciascuna varietà ha caratteristiche specifiche di dimensione, colore, sapore e consistenza.

L'anatomia del melo rivela una notevole complessità, poiché ciascuna parte dell'albero svolge un ruolo essenziale nella sua crescita, riproduzione e sopravvivenza. Dalle radici profonde ai gustosi frutti, rami e foglie, ogni componente contribuisce alla vitalità dell'albero e alla sua capacità di produrre mele. Comprendere questa anatomia è fondamentale per agricoltori, giardinieri e ricercatori che si sforzano di ottimizzare la coltivazione dei meli e preservarne la diversità per le generazioni future.

Capitolo 5: Scegliere il melo ideale per il tuo giardino

Piantare un melo nel tuo giardino è una decisione gratificante che può fornire frutti gustosi, abbellire il tuo spazio e contribuire all'ecosistema locale. Tuttavia, la scelta del melo ideale richiede un'attenta considerazione per garantire che l'albero prosperi e produca in abbondanza. Diamo un'occhiata ai fattori chiave da considerare quando si seleziona il melo ideale per il proprio giardino.

Fattori climatici

I meli sono relativamente resistenti, ma le loro esigenze climatiche variano a seconda della varietà. È essenziale scegliere una varietà adatta alla tua zona rustica. Le zone di resistenza definiscono la temperatura minima che le piante possono sopportare. Ad esempio, varietà come "Honeycrisp" e "McIntosh" si adattano bene ai climi più freddi, mentre "Gala" e "Fuji" prosperano meglio nei climi più caldi.

Tipo di terreno

I meli preferiscono un terreno fertile e ben drenato con un pH da leggermente acido a neutro (tra 6,0 e 7,0). Prima della semina è consigliabile saggiare il terreno per verificarne il pH e la composizione. L'aggiunta di compost o materia organica può migliorare la fertilità e il drenaggio del suolo. Se il terreno è argilloso o scarsamente drenato, valuta di piantare su tumuli o letti rialzati.

Spazio e dimensione

La dimensione del tuo giardino determinerà il tipo di melo che puoi piantare. Gli alberi di mele sono disponibili in molte forme e dimensioni, tra cui:

Meli nani: raggiungono generalmente tra i 2 e i 3 metri di altezza e sono adatti a piccoli giardini o piantagioni di contenitori.

Meli semi-nani: raggiungono dai 3 ai 4,5 metri di altezza e offrono un buon compromesso tra dimensioni e produzione di frutti.

Meli standard: possono raggiungere dai 6 ai 9 metri di altezza e richiedono più spazio ma spesso producono una maggiore quantità di frutti.

Impollinazione

L'impollinazione è fondamentale per la produzione di frutta. La maggior parte dei meli sono autosterili, il che significa che richiedono un'altra varietà di meli nelle vicinanze per garantire l'impollinazione incrociata. Piantare almeno due varietà compatibili nel tuo giardino o nelle vicinanze garantisce una migliore produzione di frutti. Varietà come "Golden Delicious" possono fungere da impollinatori universali per molte altre varietà.

Obiettivi culturali

I tuoi obiettivi di crescita influenzano anche la scelta del melo. Se desideri mele per il consumo fresco, varietà come "Fuji", "Gala" o "Honeycrisp" sono ideali per il loro sapore e la consistenza croccante. Per cucinare e cuocere al forno, varietà come "Granny Smith" o "Braeburn" sono preferite per la loro acidità e la capacità di mantenere la forma durante la cottura.

Per la produzione del sidro, vengono coltivate varietà specifiche come "Dabinett" e "Kingston Black" per il loro equilibrio unico di zucchero, acidità e tannini, essenziali per produrre sidro di qualità.

Resistenza alle malattie

Alcune varietà di meli sono più resistenti alle malattie di altre. La ticchiolatura del melo, la peronospora e il fuoco batterico sono malattie comuni che possono colpire i meli. La scelta di varietà resistenti alle malattie, come "Liberty", "Enterprise" o "Redfree", può ridurre la necessità di interventi chimici e facilitare la gestione del frutteto.

Manutenzione e dimensioni

I meli richiedono una potatura regolare per mantenere la loro salute e produttività. Alcune varietà potrebbero richiedere più manutenzione di altre. I meli nani e semi-nani sono spesso più facili da potare e raccogliere a causa delle loro dimensioni più piccole. Le varietà a crescita rapida possono richiedere potature più frequenti per controllarne la forma e favorire una migliore fruttificazione.

Scegliere il melo ideale per il proprio giardino è una decisione che deve tenere conto di diversi fattori, tra cui il clima, il tipo di terreno, lo spazio disponibile, le esigenze di impollinazione, gli obiettivi di coltivazione, la resistenza alle malattie e le esigenze della pianta. Prendendoti il tempo per considerare queste cose, puoi selezionare una varietà che prospererà nel tuo giardino e ti fornirà frutti deliziosi per molti anni. Che tu voglia gustare mele fresche, cuocere torte o produrre sidro, c'è un melo adatto alle tue esigenze e al tuo ambiente.

Capitolo 6: Preparare il terreno per la semina

Un'adeguata preparazione del terreno è un elemento essenziale per garantire il successo della piantagione di qualsiasi albero da frutto, compresi i meli. Il terreno ben preparato fornisce un ambiente favorevole alla crescita delle radici, all'assorbimento dei nutrienti e alla salute generale dell'albero. In questo capitolo esploreremo i passaggi chiave per preparare il terreno prima di piantare un melo.

Analisi del suolo

Prima di iniziare qualsiasi preparazione, si consiglia di effettuare un'analisi approfondita del terreno. Ciò aiuta a determinare il pH del terreno, la consistenza, il contenuto di nutrienti e i livelli di drenaggio. Un test del terreno può essere effettuato utilizzando i kit di test disponibili presso i garden center o inviando un campione di terreno a un laboratorio di analisi. Queste informazioni sono fondamentali per scegliere le modifiche necessarie e garantire un ambiente ottimale per la crescita del melo.

Pulizia e preparazione del sito

Prima di piantare, è importante pulire il sito di semina. Rimuovi erbacce, detriti vegetali e pietre che potrebbero ostacolare la crescita delle radici del melo. Assicurati inoltre che il sito abbia un buon drenaggio per evitare ristagni idrici, che possono portare a malattie delle radici.

Emendamenti del suolo

A seconda dei risultati dell'analisi del suolo, potrebbero essere necessarie modifiche per correggere gli squilibri e migliorare la struttura del suolo. Ad esempio, se il pH del terreno è troppo acido o troppo alcalino, è possibile utilizzare ammendanti come calce o zolfo per regolare il pH verso livelli ottimali per la crescita del melo.

Per migliorare la fertilità del suolo, l'aggiunta di materia organica come compost, letame decomposto o fertilizzanti organici può fornire i nutrienti essenziali necessari per la crescita delle radici e lo sviluppo degli alberi. Gli ammendanti organici aiutano anche a migliorare la struttura del suolo, promuovendo una migliore ritenzione idrica e fornendo un habitat favorevole per gli organismi benefici del suolo.

Preparare la buca per piantare

Quando pianti il melo, assicurati di scavare una buca di dimensioni adeguate. Il buco dovrebbe essere largo il doppio della zolla dell'albero e abbastanza profondo da accogliere le radici senza piegarle o comprimerle. Assicurarsi che i bordi del foro siano ben decompattati per facilitare la crescita delle radici ed evitare la formazione di sacche d'aria.

Istituzione e piantagione

Una volta preparata la buca e modificato il terreno, è il momento di piantare il melo. Posiziona l'albero nella buca assicurandoti che il colletto (la zona in cui le radici incontrano il tronco) sia a livello del terreno. Riempi la buca con il terreno ammendato, avendo cura di compattare il terreno attorno alle radici per eliminare le sacche d'aria.

Irrigazione e manutenzione

Dopo la semina, annaffia abbondantemente l'albero per aiutare a stabilire le radici nel terreno. Assicurati di mantenere un'irrigazione regolare durante il primo anno di crescita per favorire lo sviluppo delle radici e garantire la salute dell'albero.

Un'attenta preparazione del terreno prima di piantare un melo è un passo cruciale per garantire il successo a lungo termine dell'albero. Testando il terreno, pulendo il sito, apportando le modifiche necessarie e piantando adeguatamente l'albero, puoi creare un ambiente ottimale per la crescita delle radici e la salute generale del melo. Con la cura adeguata, il tuo melo può prosperare e ricompensarti con un'abbondanza di deliziose mele per molti anni a venire.

Capitolo 7: Tecniche di semina delle mele

Piantare un melo è un compito gratificante che richiede un po' di preparazione e cura. Le tecniche di piantagione adeguate sono essenziali per garantire la crescita sana dell'albero e la produttività a lungo termine. Diamo un'occhiata a sette tecniche chiave per piantare con successo meli.

1. Scegliere il momento giusto

Il momento ideale per piantare un melo è spesso l'autunno o l'inizio della primavera, quando l'albero è ancora dormiente. Tuttavia, nelle zone con inverni rigidi, potrebbe essere meglio piantare in primavera per evitare danni dovuti al gelo. Evitare di piantare durante periodi di forte gelo o caldo estremo.

2. Selezione della posizione

Scegli una posizione soleggiata con un buon drenaggio per il tuo melo. Assicurati che abbia abbastanza spazio per crescere, tenendo conto delle sue dimensioni mature e della distanza richiesta tra gli alberi se ne stai piantando diversi. Evita le zone in cui l'acqua può ristagnare, poiché ciò può portare a problemi di marciume radicale.

3. Preparazione del terreno

Prepara il terreno estirpando l'area e allentando il terreno su un'area più grande della zolla radicale dell'albero. Aggiungi compost o letame ben decomposto per migliorare la fertilità del terreno. Evitare di aggiungere troppi ammendanti ricchi di azoto, poiché ciò può incoraggiare un'eccessiva crescita del fogliame a scapito della produzione di frutti.

4. Scavare la buca

Scava una buca larga due volte la zolla dell'albero e abbastanza profonda da accogliere le radici senza piegarle. La chioma dell'albero (l'area in cui le radici incontrano il tronco) dovrebbe essere a livello del terreno una volta piantato l'albero. Assicurati che i bordi del foro siano ben decompattati per facilitare la crescita delle radici.

5. Piantare l'albero

Posiziona l'albero nella buca e riempila con il terreno modificato. Assicurati che l'albero sia dritto e che le radici siano distribuite uniformemente nella buca. Imballare leggermente il terreno attorno alle radici per eliminare le sacche d'aria e innaffiare abbondantemente per aiutare a stabilire le radici nel terreno.

6. Protezione degli alberi

Proteggi l'albero dai danni degli animali, dalle erbacce e dalle malattie installando un paletto per sostenerlo, utilizzando pacciame organico per soffocare le erbacce e applicando un trattamento preventivo contro malattie e parassiti.

7. Manutenzione regolare

Una volta piantato l'albero, assicurati di annaffiare regolarmente per il primo anno per favorire lo sviluppo delle radici. Potare l'albero ogni anno per favorire una buona struttura e un'abbondante fruttificazione. Fornire una dieta equilibrata utilizzando fertilizzanti adeguati alle esigenze specifiche del melo.

Quindi piantare un melo richiede un po' di preparazione e cura, ma ne vale la pena. Seguendo queste sette tecniche di semina, puoi creare un ambiente favorevole alla crescita sana del tuo melo e goderti deliziose mele per molti anni a venire.

Capitolo 8: Cura e manutenzione dei giovani meli

I primi anni di vita di un melo sono cruciali per stabilire una solida base che ne determinerà la salute e la produttività per tutta la sua vita. Una cura e una manutenzione adeguate durante questo periodo possono fare la differenza tra un melo vigoroso e fruttifero e uno che sta lottando per sopravvivere. Vediamo le principali pratiche per la cura e il mantenimento dei giovani meli per garantirne una crescita ottimale.

Irrigazione

I giovani meli necessitano di annaffiature regolari per favorire lo sviluppo delle radici e garantire l'idratazione, soprattutto durante i periodi di siccità. Per il primo anno dopo la semina, assicurati di annaffiare profondamente l'albero una o due volte alla settimana, fornendo acqua sufficiente per penetrare nella zona delle radici. Riduci gradualmente la frequenza dell'irrigazione man mano che l'albero matura, in base alle condizioni meteorologiche e alla struttura del terreno.

Pacciamatura

Applicare uno strato di pacciame organico attorno alla base del giovane melo offre molti vantaggi. Il pacciame aiuta a trattenere l'umidità del terreno, a sopprimere le erbe infestanti e a mantenere una temperatura del suolo più costante. Assicurati di lasciare uno spazio tra il pacciame e il tronco dell'albero per evitare che la corteccia marcisca.

Formato

La potatura regolare dei giovani meli è essenziale per favorire una struttura robusta, una buona circolazione dell'aria e un'abbondante fruttificazione. Durante i primi anni di crescita, concentrati sulla formazione di una struttura ad albero forte rimuovendo i rami danneggiati, mal indirizzati o incrociati. Scegli una potatura leggera e attenta per non compromettere la crescita dell'albero.

Fecondazione

I giovani meli beneficiano di una dieta equilibrata per sostenere la loro crescita vigorosa. Prima di piantare, mescola il compost o il letame ben decomposto nel terreno per fornire i nutrienti essenziali. Durante i primi anni di crescita, potete anche somministrare una volta all'anno, all'inizio della primavera, un concime bilanciato appositamente formulato per gli alberi da frutto.

Protezione contro parassiti e malattie

I giovani meli sono spesso vulnerabili agli attacchi di parassiti e alle malattie. Ispeziona regolarmente l'albero per rilevare eventuali segni di infestazione o malattia, come foglie deformate, macchie fogliari o escrescenze insolite. Utilizzare metodi di controllo biologico quando possibile e applicare trattamenti preventivi secondo necessità per proteggere l'albero dai danni.

Protezione contro i danni fisici

Proteggi il giovane melo dai danni fisici causati da falciatrici, diserbanti chimici e animali. Installa protezioni per la corteccia attorno alla base dell'albero per prevenire danni ai roditori e utilizza dei picchetti per sostenere l'albero e proteggerlo dai danni del vento.

Monitoraggio e adattamento

Infine, monitora attentamente la crescita e lo sviluppo del tuo giovane melo e adatta di conseguenza le tue pratiche di cura. Osservare i segni di stress come avvizzimento delle foglie, ingiallimento o caduta prematura delle foglie e adattare di conseguenza le pratiche di irrigazione, concimazione e controllo dei parassiti.

Pertanto, la cura e il mantenimento adeguati dei giovani meli sono essenziali per stabilire una solida base che favorirà una crescita sana e un'abbondante produzione di frutti a lungo termine. Fornendo un'irrigazione adeguata, una pacciamatura protettiva, un'attenta potatura, una fertilizzazione equilibrata e una protezione da parassiti e malattie, puoi aiutare il tuo giovane melo a fiorire e prosperare nel tuo giardino.

Capitolo 9: Potatura e formazione dei meli

La potatura e la formazione del melo sono pratiche essenziali per garantirne la salute, l'aspetto estetico e la produttività. Manipolando la crescita dell'albero, i giardinieri possono influenzarne la struttura, il vigore e la capacità di produrre frutti di qualità. Diamo un'occhiata all'importanza della potatura e della formazione dei meli e alle tecniche chiave per implementarle con successo.

Dimensioni e obiettivi di allenamento

La potatura e la formazione del melo perseguono diversi obiettivi essenziali:

Stimolare la crescita: rimuovendo rami morti, malati o danneggiati, la potatura incoraggia la crescita di nuovi tessuti sani.

Promuovere la fruttificazione: assottigliando il fogliame per consentire una migliore penetrazione della luce solare e promuovendo l'aerazione, la potatura può aumentare la produzione di frutti.

Controllare la dimensione dell'albero: regolando la crescita dei rami, la potatura aiuta a mantenere l'albero a dimensioni gestibili per la raccolta e la manutenzione.

Migliora la struttura dell'albero: stabilendo una struttura solida ed eliminando i rami concorrenti, la potatura contribuisce alla formazione di un albero equilibrato ed esteticamente gradevole.

Tecniche di potatura

Le tecniche di potatura del melo variano a seconda dell'età dell'albero, del suo tipo di crescita e dei suoi obiettivi di crescita. Ecco alcune tecniche di potatura comunemente usate:

Potatura di formazione: questa potatura viene effettuata su alberi giovani per stabilire un quadro solido ed equilibrato. I rami concorrenti vengono rimossi per incoraggiare la crescita verticale dominante e rami laterali ben distribuiti.

Potatura fruttificazione: questa potatura viene eseguita su alberi maturi per favorire la produzione di frutti. I rami morti, malati o danneggiati vengono rimossi e i rami interni vengono assottigliati per consentire una migliore penetrazione della luce e dell'aria.

Potatura di rinnovamento: questa potatura viene effettuata su vecchi alberi per rivitalizzarne la crescita e la produttività. I rami vecchi e improduttivi vengono rimossi per favorire la crescita di nuovi ramoscelli vigorosi.

Quando potare i meli

La potatura dei meli viene solitamente effettuata durante il periodo di riposo dell'albero, cioè durante l'inverno quando l'albero ha perso le foglie. Tuttavia, durante la stagione di crescita è possibile effettuare anche alcune potature leggere per correggere problemi immediati o incoraggiare una crescita specifica.

Strumenti di potatura

Per ottenere una potatura efficace è fondamentale utilizzare gli strumenti giusti. Le cesoie manuali sono ideali per potare rami di piccolo diametro, mentre i troncarami a manico lungo sono adatti per rami più spessi. Per i rami di diametro maggiore si utilizzano le seghe da potatura, mentre per raggiungere i rami più alti possono essere necessarie scale e impalcature.

La potatura e la formazione del melo sono pratiche essenziali per favorire una crescita sana, una fruttificazione abbondante e un aspetto estetico dell'albero. Comprendendo gli obiettivi della potatura, utilizzando tecniche adeguate e seguendo il programma di potatura consigliato, i giardinieri possono aiutare i loro meli a prosperare e a produrre frutti deliziosi anno dopo anno. Che si tratti di un giardino domestico o di un frutteto commerciale, la potatura e la formazione dei meli sono un'abilità preziosa per qualsiasi appassionato o professionista dell'orticoltura frutticola.

Capitolo 10: Innesto di meli: tecniche e consigli

L'innesto di meli è una pratica secolare che consiste nella combinazione delle caratteristiche desiderabili di diverse varietà per produrre alberi più robusti, più resistenti alle malattie e che offrono frutti di migliore qualità. Questa tecnica è ampiamente utilizzata dai giardinieri dilettanti e dai frutteti professionisti per creare frutteti diversi e produttivi. Vediamo le diverse tecniche per l'innesto dei meli nonché alcuni consigli per portare a termine con successo questa delicata operazione.

Tecniche di innesto

Innesto diviso: l'innesto diviso è una delle tecniche di innesto più comuni per i meli. Consiste nel praticare un'incisione a forma di fessura sul portinnesto, nella quale viene inserita una talea della varietà da innestare. Questo metodo viene spesso utilizzato per innestare varietà di meli compatibili nel diametro del tronco.

Innesto a cresta: l'innesto a cresta è una tecnica più delicata che prevede il taglio di un piccolo scudo a forma di T nella corteccia del portainnesto. Una gemma dormiente della varietà da

innestare viene quindi inserita sotto la gemma e fissata in posizione con nastro da innesto.
Questo metodo viene solitamente utilizzato durante la stagione di crescita quando la corteccia
si stacca facilmente.

Innesto da avvicinamento: l'innesto da avvicinamento è un metodo utilizzato per innestare rami
di melo su un albero già stabilito. Si tratta di praticare un'incisione circolare nella corteccia del
ramo del portinnesto e di inserire una talea della varietà da innestare. Una volta che la talea ha
stabilito le radici, viene tagliata dall'albero genitore e diventa un nuovo albero innestato.

Suggerimenti per un innesto di successo

Scegli marze sane: seleziona marze da alberi sani e vigorosi. Evitare gli innesti provenienti da
rami malati o indeboliti, poiché potrebbero non attecchire.

Diametri corrispondenti: assicurati che il diametro della marza corrisponda al diametro del
portainnesto per ottenere un adattamento perfetto. Un abbinamento preciso favorisce
un'unione più rapida e forte tra marza e portinnesto.

Utilizzare una buona attrezzatura per l'innesto: utilizzare strumenti di innesto affilati e puliti per
eseguire tagli netti e precisi. Ciò riduce il rischio di danni alla corteccia e favorisce una rapida
guarigione.

Proteggi l'innesto: proteggi l'innesto dalle intemperie, dalle malattie e dai parassiti avvolgendo
l'area innestata con nastro da innesto o argilla da innesto. Ciò aiuta anche a mantenere un
ambiente umido favorevole alla guarigione.

Osservare e mantenere: monitorare regolarmente l'innesto per rilevare eventuali segni di
rigetto o malattia. Fornire cure adeguate, compresa l'irrigazione regolare e la protezione dai
parassiti, per favorire la crescita e lo sviluppo dell'albero innestato.

L'innesto di meli è una tecnica preziosa per creare alberi da frutto diversi e produttivi. Utilizzando tecniche di innesto adeguate e seguendo alcuni semplici consigli, i giardinieri possono innestare con successo i meli e godersi un'abbondanza di frutti deliziosi. Che si tratti di miglioramento genetico, conservazione di vecchie varietà o creazione di nuove combinazioni di sapori, l'innesto offre una moltitudine di opportunità per arricchire frutteti e frutteti.

Capitolo 11: Fecondazione e nutrizione dei meli

Una corretta fertilizzazione dei meli è essenziale per garantire una crescita vigorosa, una fruttificazione abbondante e frutti di alta qualità. Fornendo agli alberi i nutrienti necessari nelle giuste quantità e al momento giusto, i giardinieri possono promuoverne la salute e la produttività a lungo termine. Ricerchiamo insieme l'importanza della concimazione e della nutrizione dei meli e le pratiche consigliate per garantire il loro benessere .

I bisogni nutrizionali dei meli

Come tutte le piante, i meli necessitano di una serie di sostanze nutritive per sostenerne la crescita e lo sviluppo. I nutrienti più importanti per i meli sono:

Azoto (N): Promuove la crescita di foglie e steli.

Fosforo (P): stimola lo sviluppo delle radici e dei frutti.

Potassio (K): rafforza la resistenza alle malattie e allo stress ambientale.

Calcio (Ca): Contribuisce alla formazione delle pareti cellulari e alla regolazione del bilancio idrico.

Magnesio (Mg): Essenziale per la formazione della clorofilla e la fotosintesi.

Oltre a questi macronutrienti, i meli necessitano anche di micronutrienti come ferro, zinco, manganese e rame per funzioni specifiche come la fotosintesi, la regolazione degli ormoni della crescita e la formazione di enzimi.

Tecniche di fecondazione del melo

Analisi del terreno: prima di applicare qualsiasi fertilizzante, si consiglia di analizzare il terreno per determinarne i livelli di nutrienti e il pH. Ciò consente di regolare le applicazioni di fertilizzanti in base alle esigenze specifiche dell'albero e del terreno.

Fertilizzante bilanciato: utilizzare un fertilizzante bilanciato appositamente formulato per alberi da frutto, contenente proporzioni equilibrate di azoto, fosforo e potassio, nonché micronutrienti essenziali.

Concimazione primaverile: applicare la maggior parte del fertilizzante all'inizio della primavera, appena prima della rottura delle gemme, per favorire la crescita vigorosa delle foglie e delle gemme.

Fertilizzazione autunnale: un'applicazione di fertilizzante in autunno può aiutare ad aumentare le riserve di nutrienti dell'albero in preparazione alla successiva stagione di crescita.

Fertilizzazione fogliare: oltre alla fertilizzazione del terreno, l'applicazione di fertilizzanti fogliari può fornire rapidamente i nutrienti direttamente alle foglie per un assorbimento immediato.

Tecniche di conservazione dei nutrienti

Oltre all'applicazione dei fertilizzanti, esistono diverse tecniche di conservazione dei nutrienti che possono aiutare a ottimizzare l'uso delle risorse disponibili:

Pacciame organico: l'applicazione di uno strato di pacciame organico attorno alla base dell'albero aiuta a trattenere l'umidità del terreno e a fornire nutrienti organici mentre si decompone.

Compostaggio: l'aggiunta di compost regolare alla base dell'albero fornisce una fonte continua di nutrienti organici e migliora la struttura del suolo.

Rotazione delle colture: la rotazione delle colture nel frutteto può aiutare a ridurre l'esaurimento dei nutrienti del suolo ruotando le famiglie di colture.

Una corretta fertilizzazione e nutrizione dei meli è essenziale per garantirne la salute, il vigore e la produttività a lungo termine. Comprendendo le esigenze nutrizionali degli alberi, utilizzando buone pratiche di fertilizzazione e adottando tecniche di conservazione dei nutrienti, i giardinieri possono promuovere una crescita robusta e un'abbondante fruttificazione dei meli nel loro frutteto. Con la dovuta cura, i meli possono fornire una fonte affidabile di deliziose mele anno dopo anno, arricchendo i giardini e i frutteti di molti avidi coltivatori.

Capitolo 12: Irrigazione e gestione delle acque nei meleti

Un'irrigazione efficace e una corretta gestione dell'acqua sono elementi essenziali per garantire la crescita sana e la produttività dei meleti. Con i cambiamenti climatici e le variazioni meteorologiche, è sempre più importante implementare pratiche di irrigazione sostenibili per garantire un adeguato approvvigionamento idrico riducendo al minimo le perdite e gli sprechi. Diamo un'occhiata all'importanza dell'irrigazione e della gestione dell'acqua nei meleti, nonché alle migliori pratiche per un uso efficiente e responsabile delle risorse idriche.

Importanza dell'irrigazione

I meli hanno bisogno di acqua adeguata per sostenere la crescita, lo sviluppo delle radici e la produzione di frutti. L'irrigazione è particolarmente cruciale nelle aree con precipitazioni insufficienti o irregolari o durante periodi di siccità prolungata. Fornendo un'irrigazione adeguata, i coltivatori possono garantire una fornitura costante di acqua agli alberi, favorendone la salute e la produttività.

Metodi di irrigazione

Irrigazione a goccia: questo metodo di irrigazione prevede la fornitura di acqua direttamente alle radici degli alberi utilizzando tubi forati o gocciolatori. Consente una distribuzione precisa dell'acqua, riducendo le perdite per evaporazione e promuovendo un uso efficiente dell'acqua.

Irrigazione a pioggia: l'irrigazione a pioggia prevede la spruzzatura di acqua sul fogliame e sul terreno attorno agli alberi utilizzando sistemi di irrigazione automatici o perni. Sebbene questo metodo sia più soggetto a perdite per evaporazione, viene spesso utilizzato nei frutteti più grandi per una copertura uniforme.

Irrigazione a goccia interrata: una variante dell'irrigazione a goccia, questo metodo prevede l'interramento dei tubi di irrigazione sotto la superficie del suolo, fornendo idratazione diretta alle radici riducendo al contempo le perdite per evaporazione.

Gestione delle risorse idriche

Oltre ai metodi di irrigazione, una gestione efficace dell'acqua nei meleti implica anche la considerazione dei seguenti fattori:

Monitoraggio dell'umidità del suolo: è importante monitorare regolarmente l'umidità del suolo per garantire che gli alberi ricevano una quantità adeguata di acqua senza il rischio di irrigazione eccessiva o insufficiente.

Utilizzo di sensori e tecnologie: i sensori di umidità del suolo e i sistemi di irrigazione intelligenti possono aiutare a ottimizzare l'uso dell'acqua fornendo dati in tempo reale sul fabbisogno idrico degli alberi e regolando automaticamente le portate di irrigazione.

Pratiche di conservazione dell'acqua: l'adozione di pratiche di conservazione dell'acqua come la pacciamatura, la raccolta dell'acqua piovana e la gestione del deflusso può aiutare a ridurre la dipendenza dall'irrigazione e a conservare le risorse idriche.

Un'irrigazione efficiente e una gestione responsabile dell'acqua sono fondamentali per garantire la salute e la produttività dei meleti. Utilizzando metodi di irrigazione adeguati, monitorando attentamente l'umidità del suolo e adottando pratiche di conservazione dell'acqua, i coltivatori possono ottimizzare l'uso delle risorse idriche massimizzando al tempo stesso la resa e la qualità dei frutti. Impegnandosi nella gestione sostenibile dell'acqua, i coltivatori di mele possono contribuire a preservare gli ecosistemi locali e garantire la sostenibilità a lungo termine delle loro aziende agricole.

Capitolo 13: Protezione dalle malattie della mela: strategie e pratiche

La protezione dalle malattie è un aspetto cruciale della gestione dei meleti. Le malattie fungine, batteriche e virali possono causare danni significativi agli alberi, compromettendone la salute, la produttività e la qualità dei frutti. Per garantire rese ottimali e sostenibilità a lungo termine, è fondamentale adottare efficaci strategie di prevenzione e controllo. Diamo un'occhiata all'importanza della protezione dalle malattie del melo e alle migliori pratiche per ridurre al minimo i rischi e proteggere la salute degli alberi.

Importanza della protezione dalle malattie

Le malattie del melo possono causare gravi danni, tra cui defogliazione, marciume dei frutti, distorsione dei rami e persino la morte dell'albero. Oltre alle perdite economiche dirette, le malattie possono anche indebolire la resistenza degli alberi agli stress ambientali e renderli più vulnerabili agli attacchi di altri agenti patogeni. Pertanto, la protezione dalle malattie è essenziale per mantenere la salute e la produttività dei meleti.

Strategie di protezione

Rotazione delle colture: la rotazione delle colture può aiutare a ridurre la diffusione delle malattie prevenendo l'accumulo di agenti patogeni nel terreno. Ruotando le colture di mele con altre piante, i coltivatori possono interrompere il ciclo vitale delle malattie e ridurne la prevalenza.

Selezione di varietà resistenti: la scelta di varietà di meli resistenti alle malattie può ridurre la suscettibilità degli alberi alle infezioni. Molte varietà moderne vengono selezionate per la loro resistenza a malattie specifiche come la ticchiolatura, la macchia fogliare e il marciume dei frutti.

Manutenzione culturale: pratiche adeguate di manutenzione culturale, come la potatura regolare, la rimozione di frutti marci o infetti e la pulizia dei detriti vegetali, possono aiutare a ridurre la diffusione di malattie nel frutteto.

Fungicidi e trattamenti preventivi: l'applicazione regolare di fungicidi e altri prodotti fitosanitari può aiutare a prevenire le infezioni e a controllare la diffusione delle malattie. È importante seguire le raccomandazioni del produttore e applicare i trattamenti in modo preventivo per ottenere i migliori risultati.

Monitoraggio e intervento

Il monitoraggio regolare dei frutteti è essenziale per rilevare rapidamente i segni di malattia e adottare misure di intervento adeguate. I sintomi comuni a cui prestare attenzione includono macchie fogliari, crescite anomale, scolorimento delle foglie e marciume dei frutti. Agendo rapidamente per isolare e curare gli alberi infetti, i coltivatori possono limitare la diffusione della malattia e proteggere la salute del resto del frutteto.

La protezione dalle malattie è una componente vitale della gestione dei meleti. Adottando strategie di prevenzione come la rotazione delle colture, la selezione di varietà resistenti, il mantenimento culturale e l'applicazione di trattamenti preventivi, i coltivatori possono ridurre il rischio di infezioni e proteggere la salute e la produttività dei loro alberi. Con un monitoraggio regolare e un intervento rapido, è possibile ridurre al minimo i danni causati dalle malattie e mantenere i frutteti sani e rigogliosi anno dopo anno.

Capitolo 14: Controllo dei parassiti nei meleti: strategie e pratiche

Il controllo dei parassiti è un aspetto essenziale della gestione dei meleti. Parassiti come insetti, acari e roditori possono causare danni significativi agli alberi, compromettendone la salute, la crescita e la produttività. Per garantire rese ottimali e preservare la qualità dei frutti, è fondamentale adottare efficaci strategie di prevenzione e controllo. Mostriamo l'importanza del controllo dei parassiti nei meleti e le migliori pratiche per ridurre al minimo i rischi e proteggere la salute degli alberi.

Importanza del controllo dei parassiti

I parassiti del melo possono causare una serie di problemi, tra cui il deperimento delle foglie, la deformazione dei frutti, la putrefazione dei rami e persino la morte dell'albero. Oltre alle perdite economiche dirette, i parassiti possono anche indebolire la resistenza degli alberi alle malattie e renderli più vulnerabili agli stress ambientali. Pertanto, il controllo dei parassiti è essenziale per mantenere la salute e la produttività dei meleti.

Strategie di controllo

Monitoraggio regolare: il monitoraggio regolare dei frutteti è fondamentale per rilevare rapidamente la presenza di parassiti e valutare l'entità del danno potenziale. I coltivatori dovrebbero ispezionare attentamente foglie, rami e frutti per individuare eventuali segni di infestazione.

Pratiche colturali: pratiche colturali come la potatura regolare, il diserbo e la pulizia dei residui vegetali possono aiutare a ridurre gli habitat favorevoli ai parassiti e a limitarne la diffusione nel frutteto.

Uso di trappole ed esche: l'uso di trappole ed esche può aiutare ad attirare e intrappolare i parassiti, riducendone così la popolazione e l'impatto sugli alberi.

Utilizzo di nemici naturali: incoraggiare la presenza di nemici naturali come insetti predatori, parassiti e uccelli può aiutare a controllare le popolazioni di parassiti in modo rispettoso dell'ambiente e sostenibile.

Applicazione di pesticidi selettivi: quando necessario, l'applicazione di pesticidi selettivi può essere utilizzata per colpire specificamente i parassiti riducendo al minimo l'impatto sull'ambiente e sulla salute umana.

Monitoraggio e intervento

Il monitoraggio regolare dei frutteti è essenziale per rilevare rapidamente la presenza di parassiti e adottare misure di intervento adeguate. Segni comuni di infestazione includono foglie danneggiate, crescite anomale, frutti deformati e segni di alimentazione sulla corteccia. Agendo rapidamente per isolare e trattare gli alberi infestati, i coltivatori possono limitare i danni causati dai parassiti e proteggere la salute del resto del frutteto.

Il controllo dei parassiti è una componente vitale della gestione dei meleti. Adottando strategie di prevenzione come il monitoraggio regolare, le pratiche colturali, l'uso di trappole ed esche, l'incoraggiamento dei nemici naturali e l'applicazione selettiva di pesticidi, i coltivatori possono ridurre il rischio di infestazioni e proteggere la salute e la produttività dei loro alberi. Con un attento monitoraggio e un intervento rapido, è possibile ridurre al minimo i danni causati dai parassiti e mantenere i frutteti sani e rigogliosi anno dopo anno.

Capitolo 15: Meli e impollinatori: una relazione vitale

Il rapporto tra meli e impollinatori è essenziale per garantire una fruttificazione abbondante e una produzione di frutti di qualità. Gli impollinatori, come api, bombi, farfalle e altri insetti, svolgono un ruolo cruciale nel processo riproduttivo dei meli trasferendo il polline dai fiori maschili a quelli femminili. Diamo un'occhiata all'importanza degli impollinatori per i meli, alle minacce che devono affrontare e ai modi per promuovere la loro presenza nei frutteti.

L'importanza degli impollinatori per i meli

I meli sono piante da fiore ermafrodite, che producono organi riproduttivi sia maschili che femminili all'interno dei loro fiori. Affinché i fiori femminili possano essere impollinati e produrre frutti, il polline dei fiori maschili deve essere trasferito in modo efficiente. È qui che entrano in gioco gli impollinatori. Le api, in particolare, sono impollinatori particolarmente efficaci per i meli, ma anche altri insetti svolgono un ruolo importante in questo processo.

Minacce agli impollinatori

Sfortunatamente, le popolazioni di impollinatori devono affrontare molte minacce, tra cui la perdita di habitat, l'uso di pesticidi, l'inquinamento, le malattie e i parassiti. Il declino delle popolazioni di api domestiche e selvatiche, in particolare, è una delle maggiori preoccupazioni perché può avere gravi ripercussioni sull'impollinazione delle colture, compresi i meli.

Promozione della presenza di impollinatori nei frutteti

Per favorire la presenza di impollinatori nei meleti è fondamentale adottare pratiche di gestione agricola rispettose dell'ambiente e favorevoli agli insetti impollinatori. Ecco alcuni passaggi che possono essere eseguiti:

Creare aree di rifugio: creare aree di rifugio con vegetazione autoctona e fiori selvatici per fornire habitat e una fonte di cibo agli impollinatori.

Ridurre l'uso di pesticidi: limitare l'uso di pesticidi chimici e favorire metodi di controllo biologico e alternative più delicate per ridurre i rischi per gli impollinatori.

Colture consociate: piantare colture consociate che attraggono gli impollinatori intorno ai meleti per fornire un'ulteriore fonte di cibo e riparo.

Installazione di alveari: incoraggiare l'installazione di alveari nei frutteti per fornire una popolazione locale di api mellifere che aiutino l'impollinazione.

Gli impollinatori svolgono un ruolo vitale nell'impollinazione dei meli e nella produzione di frutti. Proteggere e promuovere la presenza di impollinatori nei frutteti è fondamentale per garantire rese ottimali e la sostenibilità a lungo termine della coltivazione delle mele. Adottando pratiche di gestione responsabili dal punto di vista ambientale, riducendo l'uso di pesticidi e fornendo habitat favorevoli agli impollinatori, i coltivatori possono aiutare a preservare questo prezioso rapporto tra meli e impollinatori, garantendo una produzione di frutta abbondante e di qualità per le generazioni a venire.

Capitolo 16: Varietà di meli adattate ai climi freddi: scelta saggia per raccolti abbondanti

I climi freddi spesso pongono sfide uniche per i coltivatori di mele. Le basse temperature, le gelate tardive e le stagioni di crescita brevi possono limitare la scelta delle varietà di meli che prosperano in queste condizioni. Tuttavia, attraverso la selezione e lo sviluppo di varietà adatte ai climi freddi, oggi è possibile coltivare con successo i meli anche nelle regioni più fresche. Analizziamo l'importanza di scegliere varietà di meli adatte ai climi freddi e alcune delle migliori opzioni a disposizione dei coltivatori.

L'importanza della selezione delle varietà adattate

I meli sono piante adattative, ma non tutte le varietà sono uguali in termini di tolleranza al freddo e capacità di prosperare in climi freddi. La scelta di varietà appositamente selezionate per la loro resistenza al freddo e adattabilità alle condizioni climatiche locali è essenziale per garantire il successo della coltivazione di meli nelle regioni fredde. Queste varietà sono meglio attrezzate per sopravvivere agli inverni rigidi, resistere alle gelate tardive e produrre frutti di qualità in condizioni climatiche meno miti.

Le migliori varietà di mele per i climi freddi

Honeycrisp: Questa popolare varietà è apprezzata per i suoi frutti grandi, croccanti e succosi, oltre che per la sua buona resistenza al freddo. Honeycrisp si adatta bene ai climi freddi e garantisce un sapore eccellente anche dopo periodi di gelo.

Haralson: originaria del Minnesota, Haralson è rinomata per la sua resistenza al freddo estremo e la sua capacità di produrre frutti di qualità in condizioni climatiche difficili. Le sue mele sono aspre e succose, ideali per cucinare e preparare il sidro.

Zestar! : Questa varietà precoce è apprezzata per la sua resistenza al freddo e la capacità di maturare rapidamente anche in climi freddi. Le sue mele sono croccanti e dolci, dal sapore leggermente aspro.

Frostbite: come suggerisce il nome, Frostbite è allevato appositamente per la sua tolleranza al freddo. Questa varietà produce mele di pezzatura medio-grande, con polpa dolce e soda, perfette da consumare fresche o da cucinare.

State Fair: adattata ai climi freddi, la varietà State Fair produce mele medio-grandi con polpa succosa e dolce. È resistente alle malattie e tollera bene gli inverni rigidi.

Scegliere varietà di meli adatte ai climi freddi è fondamentale per garantire raccolti abbondanti e di qualità nelle regioni fresche. Le varietà selezionate per la loro resistenza al freddo, tolleranza alle gelate tardive e capacità di prosperare in condizioni climatiche difficili offrono ai coltivatori l'opportunità di coltivare meli con successo anche nei climi più rigidi. Con una saggia scelta delle varietà e pratiche di coltivazione adeguate, i coltivatori possono gustare mele deliziose superando le sfide poste dai climi freddi.

Capitolo 17: Varietà di mele ideali per i climi temperati: un'abbondanza di scelta per i giardinieri

I climi temperati forniscono le condizioni ideali per la coltivazione dei meli. Con stagioni distinte, inverni miti ed estati moderate, queste regioni consentono ai meli di prosperare e produrre frutti deliziosi e abbondanti. Tuttavia, con così tante varietà disponibili, può essere difficile per i giardinieri scegliere le migliori opzioni per il proprio frutteto. Diamo un'occhiata ad alcune delle varietà di meli più adatte ai climi temperati, che offrono una varietà di sapori, consistenze e tempi di raccolta.

Varietà a raccolta precoce

Early Red One: questa varietà precoce produce mele rosso vivo con polpa soda e succosa. Ideale per il consumo fresco, è pronto per essere raccolto dall'inizio dell'estate, aggiungendo un tocco di colore e sapore ai primi raccolti.

Gala: le mele Gala sono apprezzate per la loro dolcezza e croccantezza, rendendole una scelta popolare per il consumo fresco e le macedonie. Di solito sono pronti per essere raccolti a fine estate, garantendo un primo raccolto abbondante.

Varietà a raccolta tardiva

Jonagold: questa varietà ibrida produce mele medio-grandi con polpa soda e croccante, offrendo una combinazione equilibrata di zucchero e acidità. Le mele Jonagold sono generalmente pronte per essere raccolte nel tardo autunno, il che le rende la scelta ideale per torte e dessert.

Fuji: le mele Fuji sono note per il loro sapore dolce e la consistenza croccante, che le rendono perfette per il consumo fresco e la conservazione a lungo termine. Vengono generalmente raccolti nel tardo autunno, fornendo un raccolto abbondante per i mesi invernali.

Varietà versatili

Golden Delicious: le mele Golden Delicious sono apprezzate per la loro delicata dolcezza e la polpa succosa, che le rendono versatili per il consumo fresco, la cottura al forno e la produzione del sidro. Vengono generalmente raccolti nel tardo autunno, fornendo un'abbondanza di frutta per una varietà di usi.

Granny Smith: con la loro polpa croccante e il sapore aspro, le mele Granny Smith sono perfette per torte, dessert e insalate. Vengono generalmente raccolti nel tardo autunno, fornendo un raccolto tardivo ai giardinieri che desiderano prolungare la stagione di crescita.

I giardinieri dei climi temperati hanno la fortuna di poter scegliere tra un'ampia gamma di varietà di meli adatte alle loro condizioni di crescita. Che si tratti di raccolta precoce, tardiva o versatile, esistono varietà per tutti i gusti e le esigenze. Con un'attenta pianificazione e la cura adeguata, i giardinieri possono godere di un'abbondanza di deliziose mele durante tutta la stagione di crescita, arricchendo i loro giardini e le loro tavole con i frutti del loro lavoro.

Capitolo 18: Varietà di mele adatte ai climi caldi: coltivare frutti succulenti sotto il sole cocente

Nelle aree con climi caldi, la coltivazione dei meli può presentare sfide uniche a causa delle alte temperature e dell'esposizione prolungata alla luce solare. Tuttavia, con la scelta delle varietà adatte, è del tutto possibile coltivare con successo meli anche in queste condizioni. Visitiamo alcune delle varietà di meli più adatte ai climi caldi, che offrono una combinazione di resistenza al calore, qualità dei frutti e rese affidabili.

Varietà resistenti al calore

Anna: la varietà Anna è nota per la sua tolleranza al caldo e la capacità di produrre frutti di qualità anche in climi caldi. Le sue mele sono dolci e succose, con la buccia striata di rosso su fondo giallo. Sono pronti per essere raccolti all'inizio della stagione, il che li rende la scelta ideale per le zone con estati lunghe e calde.

Dorsett Golden: originario delle regioni calde della Florida, il Dorsett Golden è ben adattato ai climi caldi e umidi. Le sue mele sono di colore giallo dorato con polpa dolce e croccante. Questa varietà è anche autoimpollinante, il che significa che non ha bisogno di un altro albero per l'impollinazione, rendendola una scelta pratica per i piccoli giardini.

Varietà a raccolta tardiva

Cripps Pink (Pink Lady): La varietà Cripps Pink, conosciuta anche come Pink Lady, è apprezzata per la sua resistenza al calore e la capacità di produrre frutti di qualità anche nei climi caldi. Le sue mele sono di colore rosa brillante con polpa soda e croccante, offrendo un sapore dolce e aspro unico. Di solito sono pronti per essere raccolti nel tardo autunno, garantendo un raccolto tardivo per prolungare la stagione di crescita.

Granny Smith: sebbene tradizionalmente coltivata in climi più freddi, la varietà Granny Smith può prosperare anche in climi caldi con un'adeguata irrigazione e protezione dal sole caldo. Le sue mele verdi aspre sono ideali per torte, dessert e insalate, garantendo un raccolto tardivo per le regioni con estati lunghe.

Varietà adattate alla siccità

Arkansas Black: la varietà Arkansas Black è apprezzata per la sua resistenza alla siccità e la capacità di produrre frutti anche in condizioni di bassa umidità. Le sue mele sono di colore dal rosso scuro al nero con polpa soda e croccante, che offre un sapore ricco e dolce. Di solito sono pronti per essere raccolti nel tardo autunno, il che li rende una scelta sostenibile per le aree con estati calde e secche.

Golden Delicious: Sebbene richieda una certa irrigazione durante i periodi di siccità, la varietà Golden Delicious è abbastanza resistente al caldo e può produrre frutti di qualità nei climi caldi. Le sue mele sono di colore giallo dorato con polpa dolce e succosa, ideali per il consumo fresco e la cottura.

La coltivazione di meli in climi caldi è molto fattibile con la scelta di varietà adatte al caldo e alla siccità. Le varietà resistenti al calore, a raccolta precoce o tardiva e adattate alla siccità offrono ai giardinieri una gamma di opzioni per produrre frutti succulenti sotto il sole caldo. Con la cura adeguata e una gestione efficiente dell'acqua, i coltivatori possono godere di un'abbondanza di deliziose mele anche nelle regioni più calde, aggiungendo un tocco di freschezza ai loro giardini e alle loro tavole.

Capitolo 19: Coltivazione di meli nani e spalliere: massimizzare lo spazio e la bellezza nei giardini

I meli nani e le spalliere offrono ai giardinieri un modo innovativo ed estetico per coltivare alberi da frutto, anche negli spazi più piccoli. Che sia su un balcone, in un piccolo giardino o lungo un muro, queste tecniche di coltivazione massimizzano l'utilizzo dello spazio creando allo stesso tempo attraenti elementi decorativi. Esaminiamo i vantaggi e le tecniche per coltivare meli nani e alberi a spalliera, nonché le varietà più adatte a questi metodi di coltivazione.

I vantaggi dei meli nani e delle spalliere

Massimizzare lo spazio: i meli nani e le spalliere consentono ai giardinieri di coltivare alberi da frutto anche negli spazi più ristretti, come cortili, terrazze e piccoli giardini urbani. Le loro piccole dimensioni e la forma compatta li rendono ideali per la coltivazione in contenitori o lungo le pareti.

Facilità di manutenzione: grazie alle loro dimensioni ridotte e alla forma controllata, i meli nani e le spalliere sono più facili da curare rispetto agli alberi da frutto tradizionali. La potatura e la raccolta sono più accessibili, consentendo ai giardinieri di prendersi cura dei propri alberi in modo più efficace.

Estetica: I meli nani e le spalliere aggiungono un tocco decorativo a qualsiasi giardino o spazio esterno. La loro forma elegante e il fogliame rigoglioso possono fungere da punto focale attraente o da barriera naturale, aggiungendo bellezza e interesse visivo all'ambiente.

Tecniche di coltivazione del melo nano

I meli nani sono varietà selezionate appositamente per le loro piccole dimensioni, che li rendono ideali per la coltivazione in contenitori o piccoli spazi. Ecco alcune tecniche di coltivazione dei meli nani:

Coltivazione in contenitori: pianta meli nani in contenitori di dimensioni adeguate riempiti con terriccio di qualità. Assicurati che i contenitori abbiano fori di drenaggio e posizionali in un luogo soleggiato.

Potatura regolare: potare regolarmente i meli nani per mantenere la loro forma compatta e incoraggiare la produzione di frutti. Rimuovere i rami morti o danneggiati e limitare la crescita eccessiva per mantenere gli alberi di dimensioni gestibili.

Tecniche di coltivazione a spalliera

Le spalliere sono alberi da frutto allevati a crescere lungo un supporto, come un muro o una recinzione, mediante particolari tecniche di potatura e formazione. Ecco alcune tecniche di coltivazione a spalliera:

Formazione dei rami orizzontali: potare i rami dei giovani alberi per incoraggiarli a crescere orizzontalmente lungo il supporto. Legateli regolarmente ai tralicci o ai fili tesi per mantenerli in posizione.

Potatura regolare: potare regolarmente i rami a spalliera per mantenerne la forma e la struttura. Rimuovi la crescita indesiderata e pota i rami laterali per incoraggiare la produzione di frutti lungo il tronco principale.

Varietà consigliate

Per i meli nani sono particolarmente adatte varietà come "Pixie Crunch", "Gala", "Ballerina" e "Pinkabelle". Per quanto riguarda le spalliere, varietà come "Fuji", "Granny Smith", "Golden Delicious" e "Red Delicious" possono essere allevate con successo lungo i supporti.

I meli nani e le spalliere offrono ai giardinieri un modo pratico ed estetico per coltivare alberi da frutto anche negli spazi più piccoli. Le loro dimensioni ridotte, la facilità di manutenzione e la bellezza li rendono scelte attraenti per giardini urbani, cortili e terrazze. Scegliendo le varietà adatte e utilizzando le giuste tecniche di coltivazione, i giardinieri possono godersi un'abbondanza di deliziose mele aggiungendo un tocco di verde e bellezza al loro ambiente esterno.

Capitolo 20: Alla scoperta dei meli selvatici e ancestrali: un viaggio nella storia e nella biodiversità

I meli selvatici e ancestrali, spesso trascurati a favore dei cugini domestici, nascondono tuttavia un'incredibile ricchezza in termini di storia, biodiversità e potenziale genetico. Questi alberi, che si sono evoluti in habitat naturali e selvaggi, offrono uno spaccato affascinante dell'origine e della diversità dei meli moderni. In questo capitolo approfondiremo il mondo dei meli selvatici e antichi, esplorandone la storia, l'importanza ecologica e il potenziale per il futuro della coltivazione delle mele.

Storia e origine

I meli selvatici, conosciuti anche come meli selvatici europei (Malus sylvestris), sono gli antenati dei meli domestici che conosciamo oggi. Originari delle regioni montuose dell'Asia centrale e del Medio Oriente, questi alberi furono addomesticati migliaia di anni fa dagli antichi abitanti di queste regioni. Le prime tracce della coltivazione della mela risalgono a tempi antichissimi, con riferimenti in testi antichi e testimonianze archeologiche di semi di melo risalenti a millenni.

Importanza ecologica

I meli selvatici svolgono un ruolo cruciale negli ecosistemi naturali come fonti di cibo e riparo per molte specie di animali selvatici. I loro fiori forniscono il nettare alle api e ad altri insetti impollinatori, mentre i loro frutti sono una fonte di cibo essenziale per uccelli, mammiferi e persino insetti. Essendo una specie autoctona, i meli selvatici contribuiscono anche alla diversità genetica degli ecosistemi, rendendoli più resistenti ai cambiamenti ambientali e alle malattie.

Potenziale genetico

Oltre alla loro importanza ecologica, i meli selvatici e antichi sono preziosi anche per il loro potenziale genetico. La loro diversità genetica fornisce ai ricercatori e ai coltivatori un'ampia gamma di caratteristiche desiderabili, come la resistenza alle malattie, la tolleranza alle condizioni ambientali difficili e la qualità dei frutti. Utilizzando tecniche di incrocio selettivo e selezione controllata, è possibile incorporare questi tratti nelle varietà di mele domestiche, creando cultivar più robuste e adatte alle sfide odierne della coltivazione delle mele.

Conservazione e Preservazione

La conservazione dei meli selvatici e ancestrali è fondamentale per preservare la diversità genetica di questa preziosa specie. In tutto il mondo sono in corso iniziative di conservazione per identificare, proteggere e ripristinare le popolazioni di mele selvatiche minacciate dalla perdita di habitat, dalla deforestazione e da altre pressioni ambientali. Questi sforzi mirano a garantire che le generazioni future abbiano accesso a questa ricca fonte di biodiversità e al suo potenziale per l'agricoltura e la ricerca.

I meli selvatici e ancestrali rappresentano molto più che semplici alberi nel paesaggio naturale. La loro storia affascinante, l'importanza ecologica e il potenziale genetico li rendono tesori della biodiversità globale. Conservando e preservando queste preziose risorse genetiche, aiutiamo a garantire un futuro sostenibile per la coltivazione delle mele e per gli ecosistemi naturali in cui questi straordinari alberi prosperano da millenni.

Capitolo 21: Meli e biodiversità: l'interconnessione ecologica

Il melo e la biodiversità hanno un rapporto complesso e profondo, essenziale per la salute degli ecosistemi e la sostenibilità dell'agricoltura. Essendo una specie da frutto emblematica, il melo svolge un ruolo centrale nella promozione della biodiversità, sia negli habitat naturali che negli agroecosistemi coltivati. Qui scopriamo l'importanza dei meli per la biodiversità, le minacce a questo rapporto e i modi per preservarlo per le generazioni future.

Biodiversità negli habitat naturali

Nei loro habitat naturali, come foreste, praterie e aree montuose, i meli selvatici contribuiscono alla biodiversità fornendo cibo e riparo a una moltitudine di specie animali e vegetali. I loro fiori attirano gli impollinatori, come api e farfalle, mentre i loro frutti servono come fonte di cibo per uccelli, mammiferi e insetti. In quanto specie autoctone, i meli selvatici sono parte integrante di questi ecosistemi, contribuendo alla loro stabilità e resilienza di fronte ai cambiamenti ambientali.

Biodiversità negli agroecosistemi

Negli agroecosistemi coltivati, i meleti possono anche promuovere la biodiversità se gestiti in modo sostenibile ed ecologico. La diversità delle varietà di mele, delle pratiche di coltivazione e degli habitat associati, come siepi, zone cuscinetto e prati fioriti, possono fornire habitat e risorse per una varietà di specie, inclusi impollinatori, organismi benefici e organismi del suolo. Promuovendo un approccio olistico alla gestione agricola, i produttori possono creare agroecosistemi ricchi di biodiversità, a vantaggio sia della produzione alimentare che della conservazione della natura.

Minacce alla biodiversità delle mele

Nonostante la loro importanza per la biodiversità, i meli e i loro habitat devono affrontare molte minacce, tra cui la perdita di habitat, la deforestazione, il cambiamento climatico, le malattie e i parassiti. La conversione delle terre selvagge in terreni agricoli e urbani comporta la perdita di habitat per i meli selvatici e altre specie, mentre malattie come la ticchiolatura e il fuoco batterico minacciano la salute dei meli coltivati. L'eccessiva dipendenza da un numero limitato di varietà commerciali può anche ridurre la diversità genetica e aumentare la vulnerabilità a malattie e parassiti.

Conservazione della biodiversità dei meli

Per preservare la biodiversità delle mele, è essenziale adottare misure per proteggere gli habitat naturali rimanenti, promuovere pratiche agricole sostenibili e incoraggiare la conservazione delle varietà di mele locali e antiche. Ciò potrebbe includere la creazione di riserve naturali, la creazione di corridoi biologici, la promozione della diversità genetica nei frutteti e il sostegno alle iniziative di ricerca e conservazione. Aumentando la consapevolezza e mobilitando le comunità locali, i governi e le organizzazioni ambientaliste, possiamo lavorare insieme per preservare la biodiversità delle mele e garantire un futuro sostenibile a questi alberi iconici e agli ecosistemi che sostengono.

I meli e la biodiversità sono strettamente legati e svolgono un ruolo fondamentale nel promuovere la salute degli ecosistemi naturali e degli agroecosistemi coltivati. Riconoscendo l'importanza di questo rapporto e adottando misure per preservarlo, possiamo contribuire a garantire la sopravvivenza dei meli e la diversità delle forme di vita che dipendono da essi. Lavorando insieme per proteggere gli habitat naturali, promuovere pratiche agricole sostenibili e preservare la diversità genetica dei meli, possiamo garantire un futuro prospero a questi alberi iconici e alla biodiversità che li circonda.

Capitolo 22: Raccolta e conservazione delle mele: preservare la freschezza autunnale per i mesi a venire

La raccolta e la conservazione delle mele sono aspetti essenziali della coltivazione di questi frutti deliziosi e versatili. Dalla selezione dei frutti a maturazione ottimale alla loro conservazione a lungo termine, ogni passaggio gioca un ruolo cruciale nel preservarne la freschezza, il sapore e la qualità nutrizionale. In questo capitolo esploreremo le migliori pratiche per la raccolta e la conservazione delle mele, garantendo una fornitura di frutta succulenta per i mesi a venire.

La raccolta delle mele

La raccolta delle mele deve essere effettuata al momento giusto per garantire un frutto di qualità ottimale. I segni di maturità includono colore brillante, fermezza al tatto, profumo dolce e facile distacco dall'albero. È importante maneggiare con cura le mele durante la raccolta per evitare ammaccature e danni.

Metodi di conservazione

Una volta raccolte, le mele devono essere adeguatamente conservate per prolungarne la durata di conservazione. Ecco alcuni metodi comuni per conservare le mele:

Conservazione a freddo: le mele possono essere conservate a una temperatura compresa tra 0 e 4°C in un luogo fresco e buio, come una cantina o un frigorifero. Il freddo rallenta il processo di maturazione e preserva la freschezza del frutto per diversi mesi.

Imballaggio personalizzato: avvolgi ogni mela in un giornale o in carta kraft per evitare che si tocchino e si sfreghino l'una contro l'altra. Ciò riduce il rischio di marcire e prolunga la durata di conservazione.

Conservazione in atmosfera controllata: i grandi coltivatori e le strutture di stoccaggio professionali possono utilizzare camere ad atmosfera controllata per regolare la temperatura, l'umidità e i livelli di ossigeno, prolungando la durata di conservazione delle mele.

Varietà di mele da conservare

Alcune varietà di mele si conservano meglio di altre. Le mele con polpa soda e densa, come Granny Smith, Fuji, Gala e Honeycrisp, sono generalmente adatte alla conservazione a lungo termine grazie alla loro capacità di resistere all'avvizzimento e al decadimento.

Suggerimenti per una conservazione di successo

Ispezionare regolarmente: controllare regolarmente le condizioni delle mele conservate e rimuovere immediatamente quelle che mostrano segni di deterioramento per prevenire la diffusione della putrefazione.

Tienili asciutti: evita le aree umide o scarsamente ventilate, poiché l'umidità può favorire la crescita di muffe e batteri.

Utilizzare contenitori adatti: conservare le mele in cestini, casse o sacchetti a rete che consentano un'adeguata circolazione dell'aria proteggendole da urti e danni.

La raccolta e la conservazione delle mele sono passaggi cruciali per gustare questi deliziosi frutti tutto l'anno. Seguendo corrette pratiche di raccolta e utilizzando metodi di conservazione adeguati, giardinieri e consumatori possono preservare la freschezza e la qualità delle mele per i mesi a venire, godendosi il gusto dell'autunno anche in pieno inverno. Con un'attenta cura e pianificazione, le mele possono essere una fonte di bontà e nutrimento tutto l'anno.

Capitolo 23: L'arte culinaria delle mele: un festival di sapori e creatività

Le mele sono più di un semplice frutto; sono una vera icona culinaria, un ingrediente versatile che può essere utilizzato in una moltitudine di piatti dolci e salati, dall'antipasto al dessert. La loro dolcezza naturale, la consistenza croccante e la varietà di sapori li rendono un ingrediente base nelle cucine di tutto il mondo. Guardiamo insieme all'uso culinario delle mele, dai classici alle innovazioni contemporanee, evidenziando la ricchezza e la diversità di questo umile frutto.

Mele negli antipasti

Le mele possono aggiungere un tocco di freschezza e dolcezza a molti antipasti, siano essi insalate, antipasti o piatti di carne. Ecco alcune idee creative per utilizzare le mele negli antipasti:

Insalata Waldorf: un'insalata classica a base di mele croccanti, sedano, noci e uvetta, il tutto ricoperto da una salsa di maionese e yogurt. Un'esplosione di consistenze e sapori!

Bruschetta alle mele e formaggio di capra: fette di baguette tostate condite con cremoso formaggio di capra, mele a dadini, miele e timo fresco. Un connubio perfetto tra dolce e salato.

Mele nei piatti principali

Le mele possono anche essere utilizzate per aggiungere dolcezza e complessità ai piatti principali, siano essi carne, pollame o piatti vegetariani. Ecco alcuni esempi stimolanti:

Maiale con mele e senape: teneri filetti di maiale dorati serviti con senape e salsa di mele, accompagnati da purè di patate o riso. Un piatto comfort perfetto per le fresche serate autunnali.

Pollo al curry con mele: un curry profumato di cocco, zenzero e spezie, con teneri pezzi di pollo e mele cotti alla perfezione. Servito con riso basmati o naan, è una delizia per le papille gustative.

Mele nei dessert

Le mele sono forse più famose per il loro utilizzo nei dessert, dove la loro dolcezza naturale viene messa in risalto in un'infinita varietà di creazioni dolci. Ecco alcuni esempi di dolci classici e creativi:

Torta di mele: una torta classica realizzata con una crosta croccante e un generoso ripieno di morbide fettine di mela, spolverate di cannella e zucchero. Servito con una pallina di gelato alla vaniglia, è una vera delizia.

Crumble di mele e cannella: mele a cubetti mescolate con zucchero di canna e cannella, condite con una miscela croccante di farina, burro e farina d'avena. Cotto fino a quando la superficie sarà dorata e croccante, questo crumble è perfetto per un'accogliente serata autunnale.

L'uso culinario delle mele è tanto vario quanto delizioso e offre numerose possibilità creative per chef e appassionati di cucina. Che si tratti di antipasti, portate principali, dessert o anche di bevande, le mele aggiungono un tocco di freschezza, dolcezza e complessità a un'ampia varietà di piatti. Con la loro infinita versatilità e il gusto irresistibile, le mele continueranno a essere fonte di ispirazione per gli chef di tutto il mondo, deliziando le papille gustative e risvegliando i sensi ad ogni morso.

Capitolo 24: Mele da sidro: un'esplorazione di sapori e tradizioni

Le mele da sidro occupano un posto speciale nel mondo del bere, offrendo una tavolozza diversificata di sapori e una storia ricca di tradizione. Dai frutteti ai produttori di sidro artigianali, queste mele uniche sono accuratamente selezionate per la loro acidità, contenuto di zucchero e sapori complessi, dando origine a una bevanda apprezzata da secoli. In questo capitolo approfondiremo il mondo delle mele da sidro, esplorando le varietà più apprezzate e condividendo alcune ricette per sfruttare appieno le loro deliziose qualità.

Varietà di mele da sidro

Le mele da sidro vengono scelte per le loro caratteristiche specifiche, che contribuiscono alla qualità e alla complessità del sidro prodotto. Ecco alcune delle varietà più comunemente utilizzate nella produzione di sidro:

Agrodolce: queste mele sono caratterizzate dal basso contenuto di acido e dall'alto contenuto di zuccheri, che conferiscono al sidro un sapore ricco e corposo. Varietà come Dabinett, Kingston Black e Yarlington Mill vengono spesso utilizzate per la loro capacità di aggiungere profondità e complessità al sidro.

Bittersharp (amaro e aspro): queste mele combinano un'elevata acidità con un contenuto di zucchero moderato, conferendo al sidro un equilibrio tra acidità frizzante e dolcezza delicata. Varietà come Michelin, Ellis Bitter e Foxwhelp conferiscono al sidro una spiccata intensità di sapore.

Piccante: le mele di questa categoria si caratterizzano principalmente per la loro pronunciata acidità, che conferisce al sidro una freschezza vivace e piccante. Varietà come Tremlett's Bitter, Bramley e Brown Snout vengono spesso utilizzate per aggiungere nitidezza e vivacità al sidro.

Dolce: anche se meno comunemente usate, le mele dolci possono essere aggiunte in piccole quantità per addolcire il sidro e bilanciarne il profilo aromatico. Varietà come Sweet Coppin, Sweet Alford e Sweet Blenheim conferiscono al sidro una dolcezza naturale e una piacevole rotondità.

Ricette di mele con sidro

Oltre a gustare il sidro crudo, le mele da sidro possono essere utilizzate anche in una varietà di ricette culinarie, aggiungendo profondità di sapore e un tocco di eleganza a una vasta gamma di piatti. Ecco alcune idee per utilizzare le mele da sidro in cucina:

Salsa di mele da sidro: cuocere a fuoco lento le fette di mele da sidro con sidro, zucchero, cannella e succo di limone finché sono teneri e ridotti a una salsa densa. Servi questa salsa deliziosamente dolce e piccante con arrosto di maiale o pollo.

Tarte Tatin di mele al sidro: preparate una versione raffinata della famosa tarte Tatin sostituendo le tradizionali mele con mele da sidro caramellate nel burro e zucchero. Servite questa crostata tiepida con una pallina di gelato alla vaniglia per un dessert irresistibile.

Chutney di mele da sidro: mescola le mele da sidro a cubetti con cipolle, uvetta, aceto di sidro, zucchero e spezie per creare un chutney deliziosamente dolce e piccante. Questo condimento versatile è perfetto per accompagnare formaggi, carne o piatti vegetariani.

Le mele da sidro sono molto più di un semplice ingrediente per fare il sidro; sono una fonte inesauribile di ispirazione culinaria, offrendo una gamma di sapori ricchi e complessi da esplorare. Che sia in un bicchiere di sidro duro o in una ricetta di cucina creativa, le mele da sidro aggiungono un tocco di raffinatezza e autenticità ad ogni piatto. Scoprendo le diverse varietà di mele da sidro e sperimentando ricette innovative, gli appassionati di cucina potranno scoprire tutta la bellezza e la diversità di questo umile frutto e le tradizioni che lo circondano.

Capitolo 25: Cucinare le mele: scelta, usi e know-how

Le mele da cucinare, con la loro consistenza compatta e il perfetto equilibrio tra dolcezza e acidità, sono ingredienti essenziali in molte ricette dolci e salate. Che tu stia preparando una torta di mele dorate, un sidro speziato o una profumata composta di frutta, scegliere la giusta varietà di mele da cuocere è essenziale per ottenere risultati deliziosi. Esploriamo le migliori selezioni di mele da cucina, i loro usi culinari e alcuni consigli per sceglierle e prepararle con successo.

Le migliori varietà di mele da cucina

Granny Smith: con la loro brillante acidità e consistenza, le mele Granny Smith sono perfette per torte di mele, composte e salse. La loro polpa rimane soda una volta cotta, rendendoli ideali per ricette in cui si desidera una consistenza croccante.

Golden Delicious: le mele Golden Delicious offrono una dolcezza naturale e un sapore delicato che si abbina bene ai dolci da forno, come patatine e mele al forno. La loro carne tenera diventa deliziosamente tenera una volta cotta.

Jonagold: questa varietà versatile offre il perfetto equilibrio tra dolcezza e acidità, rendendola la scelta ideale per un'ampia varietà di piatti da forno, tra cui crostate, torte, muffin e composte.

Braeburn: le mele Braeburn sono amate per il loro sapore complesso e la consistenza compatta che mantiene bene una volta cotte. Sono perfetti per crostate, patatine e mele cotte.

Usi culinari della cottura delle mele

Le mele al forno possono essere utilizzate in un'infinita varietà di ricette dolci e salate. Ecco alcune idee per sfruttare il loro delizioso sapore e consistenza:

Torta di mele: le mele al forno sono l'ingrediente principale di una classica torta di mele, dove sono combinate con zucchero, cannella e una crosta croccante e dorata.

Salsa di mele: cuocere le mele da cucina con un po' di zucchero, succo di limone e spezie per creare una salsa di mele profumata, perfetta per accompagnare arrosto di maiale, pancake o yogurt.

Mele al forno: guarnisci le mele con zucchero di canna, cannella e burro, quindi cuocile finché diventano tenere e dorate per un dessert confortante e delizioso.

Suggerimenti per la scelta e la preparazione delle mele da forno

Scegli mele sode: cerca mele sode e non ammaccate che mantengano la loro consistenza durante la cottura.

Sbucciarle o no: a seconda della ricetta, potete scegliere di sbucciare le mele prima della cottura o di lasciarle con la buccia per una consistenza più rustica.

Tagliarle uniformemente: per una cottura uniforme, tagliare le mele in pezzi di uguali dimensioni prima di utilizzarle nelle vostre ricette.

Le mele al forno sono ingredienti versatili e deliziosi che aggiungono un tocco di dolcezza e sapore a una varietà di piatti dolci e salati. Scegliendo le varietà giuste e preparandole con cura, potrete creare dolci e pasticcini che delizieranno il vostro palato e scalderanno il vostro cuore. Che si tratti di torta di mele fatta in casa, composta di frutta fresca o confortanti mele al forno, le mele al forno sono un alimento indispensabile in ogni cucina creativa e accogliente.

Capitolo 26: Mele masticabili: simbolo di freschezza e piacere

Le mele masticabili, con la loro consistenza croccante, la dolcezza naturale e la gamma di gusti diversi, sono molto più di un semplice spuntino. Rappresentano un simbolo di freschezza, salute e piacere del gusto per milioni di persone in tutto il mondo. Che si tratti di una pausa veloce al lavoro, di uno spuntino energetico dopo la scuola o di un dessert leggero dopo cena, le mele masticabili sono un alimento essenziale nella vita di tutti i giorni. Vediamo l'importanza delle mele masticabili, le loro varietà più apprezzate e i motivi per cui continuano a occupare un posto speciale nelle nostre abitudini alimentari.

Le varietà essenziali di mele masticabili

Gala: con la loro polpa croccante e succosa, le mele Gala sono apprezzate per la loro delicata dolcezza e l'aroma floreale. La loro buccia rossa e gialla brillante aggiunge un tocco di colore vibrante ad ogni boccone.

Fuji: le mele Fuji offrono un'irresistibile combinazione di morbidezza e croccantezza, con un sapore leggermente dolce e una consistenza soda. La loro pelle a strisce rosse e gialle li rende facilmente riconoscibili.

Honeycrisp: acclamate per la loro consistenza croccante e succosa, le mele Honeycrisp offrono il perfetto equilibrio tra dolcezza e acidità, con deliziose note di miele. La loro pelle rossa e gialla è spesso screziata di macchie bianche.

Pink Lady: riconoscibili dalla buccia rosa brillante e dalla polpa croccante, le mele Pink Lady offrono una dolcezza aspra e rinfrescante, con una consistenza soda e succosa che le rende perfette per uno spuntino fuori casa.

Perché le mele masticabili sono essenziali

Nutrizione e salute: le mele masticabili sono naturalmente ricche di fibre, vitamine e antiossidanti, che le rendono uno spuntino nutriente e benefico per la salute. Aiutano a mantenere la sazietà, regolano i livelli di zucchero nel sangue e favoriscono una sana digestione.

Praticità e Versatilità: Le mele masticabili sono pratiche da portare ovunque e possono essere consumate crude, senza richiedere preparazione. Sono versatili e possono essere incorporati in una varietà di ricette, dalle insalate ai dessert.

Piacere e Soddisfazione: Addentare una mela fresca e croccante è una piacevole esperienza sensoriale che regala una sensazione di freschezza e soddisfazione. La varietà di sapori e consistenze delle mele masticabili offre un'esperienza di gusto unica ad ogni boccone.

Suggerimenti per sfruttare al massimo le mele masticabili

Scegliere le mele fresche: cerca mele sode, senza ammaccature o ammaccature, con la buccia liscia e lucente.

Conservare in frigorifero: conservare le mele masticabili in frigorifero per prolungarne la freschezza e la croccantezza.

Lavare prima di sgranocchiare: lavare le mele masticabili sotto l'acqua fredda prima di mangiarle per rimuovere eventuali residui di sporco o pesticidi.

Le mele masticabili sono più di un semplice spuntino; sono simbolo di freschezza, salute e piacere del gusto. Con la loro consistenza croccante, la dolcezza naturale e la varietà di sapori, le mele masticabili continuano a occupare un posto speciale nelle nostre abitudini alimentari e nella nostra cultura culinaria. Che sia per uno spuntino veloce, una pausa rinfrescante o un dessert leggero, le mele masticabili regalano un'esperienza di gusto appagante e deliziosa ad ogni boccone.

Capitolo 27: La magia della marmellata di mele e della gelatina: una dolcezza da preservare

La marmellata e la gelatina di mele incarnano l'epitome della dolcezza fruttata, catturando il sapore e l'aroma delle mele fresche in una deliziosa miscela dolce. Che sia su una fetta di pane tostato a colazione, come accompagnamento a un piatto di formaggi o come ingrediente segreto in una ricetta di forno, la marmellata e la gelatina di mele aggiungono un tocco di magia ad ogni pasto. Facciamo un viaggio nei segreti della preparazione di marmellate e gelatine di mele, nei loro usi culinari e nella loro importanza nel nostro patrimonio culinario.

Preparare marmellata e gelatina di mele

Preparare la marmellata e la gelatina di mele è un processo che richiede pazienza, precisione e amore per le tradizioni culinarie. Ecco una panoramica dei passaggi principali:

Preparazione delle mele: Iniziate selezionando le mele fresche e mature, poi sbucciatele, privatele del torsolo e tagliatele a pezzetti. Diverse varietà di mele possono essere miscelate per creare sapori complessi ed equilibrati.

Cottura delle mele: I pezzi di mela vengono cotti a fuoco lento in un pentolino con zucchero, succo di limone ed eventualmente spezie come cannella o chiodi di garofano. La cottura è lenta e costante, permettendo alle mele di rilasciare il loro succo naturale e di addensarsi fino a formare una deliziosa composta.

Inscatolamento: Una volta che la marmellata o gelatina ha raggiunto la consistenza desiderata, viene versata in barattoli sterilizzati e chiusi ermeticamente. I vasetti vengono poi posti a bagnomaria per un'ulteriore sterilizzazione, garantendo una lunga durata.

Usi culinari di marmellate e gelatine di mele

Marmellate e gelatine di mele aggiungono un tocco di dolcezza e sapore a una varietà di piatti dolci e salati. Ecco alcuni modi creativi per utilizzarli in cucina:

Sul Pane Tostato: Spalmate la marmellata di mele sul pane tostato per una colazione veloce e deliziosa.

In pasticceria: utilizza la gelatina di mele come ripieno per torte, biscotti e muffin per un tocco fruttato e dolce.

Con Formaggi: Accompagnare un tagliere di formaggi con marmellata di mele per un perfetto connubio tra dolce e salato.

Significato storico e culturale

Marmellate e gelatine di mele hanno una lunga storia in molte culture in tutto il mondo, spesso associate a tradizioni familiari e festività stagionali. Il processo di preparazione manuale di marmellate e gelatine è un'arte tramandata di generazione in generazione, un modo per preservare il sapore e la bontà delle mele raccolte per i mesi a venire.

Le mele in marmellata e gelatina rappresentano una celebrazione del sapore e della tradizione, catturando l'essenza stessa delle mele fresche in una sorpresa dolce e deliziosa. Che si tratti di uno spuntino veloce, di un dessert elegante o di un regalo fatto in casa, la marmellata e la gelatina di mele sono un modo delizioso per godersi la stagione delle mele tutto l'anno. Con la loro versatilità culinaria e il loro patrimonio culturale, le marmellate e le gelatine di mele continueranno a deliziare le papille gustative e a scaldare i cuori per le generazioni a venire.

Capitolo 28: La magia delle mele essiccate e di altre mele conservate: un assaggio di sole in tutte le stagioni

Le mele essiccate e altre conserve offrono un modo delizioso per prolungare la stagione delle mele ben oltre il picco estivo, catturando la dolcezza e il sapore del frutto in una forma che può essere gustata tutto l'anno. Che siano spicchi essiccati per uno spuntino sano, salsa di mele per accompagnare i piatti o conservate per aggiungere un tocco di dolcezza ai vostri dessert, le mele essiccate e le altre conserve sono uno scrigno di sapore e nutrimento. Visitiamo le meraviglie delle mele essiccate e conservate, i loro benefici per la salute e i loro versatili usi in cucina.

Preparazione di mele secche e altre mele conservate

Preparare mele essiccate e altre conserve è un processo che richiede pazienza, cura e amore per le tradizioni culinarie. Ecco una panoramica dei principali metodi di conservazione delle mele:

Mele essiccate: le mele vengono tagliate a rondelle sottili e poste su vassoi di essiccazione. Vengono poi essiccati lentamente a bassa temperatura fino a raggiungere una consistenza soda e gommosa.

Salsa di mele: le mele vengono sbucciate, private del torsolo e tagliate a pezzi, quindi cotte a fuoco basso con zucchero, succo di limone ed eventualmente spezie fino a renderle morbide e addensate.

Mele in scatola: le mele vengono cotte con zucchero e succo di limone, quindi inscatolate in barattoli sterilizzati. I vasetti vengono poi sigillati ermeticamente e sterilizzati per garantire una lunga conservabilità.

Benefici per la salute delle mele essiccate e conservate

Le mele essiccate e altre conserve non sono solo deliziose, ma offrono anche numerosi benefici per la salute. Ricche di fibre, vitamine e antiossidanti, mele essiccate e altre conserve possono aiutare a mantenere la salute dell'apparato digerente, regolare lo zucchero nel sangue e rafforzare il sistema immunitario.

Usi versatili in cucina

Le mele essiccate e altre conserve possono essere utilizzate in molti modi in cucina. Ecco alcune idee per inserirli nelle vostre ricette:

Spuntino salutare: le mele essiccate sono uno spuntino sano e conveniente da portare ovunque.

Topping ai cereali: aggiungi mele essiccate ai cereali o al muesli per un tocco dolce e fruttato.

Ingredienti per la cottura: usa mele essiccate o salsa di mele come ingrediente in torte, muffin o crostate per un sapore dolce e naturale.

Le mele essiccate e altre conserve offrono un modo delizioso e nutriente per gustare le mele tutto l'anno. Che si tratti di uno spuntino veloce, di un tocco dolce in una ricetta o di un regalo fatto in casa, le mele essiccate e altre conserve sono un modo versatile e delizioso per godersi il gusto dell'estate in ogni stagione. Con la loro consistenza morbida e il sapore concentrato, le mele essiccate e altre conserve sono un tesoro di sapori e nutrienti da scoprire e gustare.

Capitolo 29: Coltivazione biologica di meli: nutrire la terra per nutrire le persone

La coltivazione biologica del melo incarna un approccio rispettoso dell'ambiente e della salute, favorendo pratiche agricole sostenibili che preservino la biodiversità, proteggano gli ecosistemi e forniscano cibo sano e nutriente. Questo metodo di coltivazione enfatizza l'uso di tecniche naturali per promuovere suoli, piante e comunità sane, riducendo al minimo l'uso di pesticidi, fertilizzanti chimici e altri input sintetici. Diamo uno sguardo ai principi e ai vantaggi della coltivazione biologica delle mele e al suo ruolo cruciale nella costruzione di un futuro alimentare sostenibile ed etico.

I principi della coltivazione biologica della mela

Tutela della biodiversità: la coltivazione biologica del melo promuove la biodiversità favorendo la presenza di una varietà di specie vegetali e animali nei frutteti. Siepi, fiori selvatici e habitat per insetti utili sono spesso integrati per sostenere la salute dell'ecosistema.

Salute del suolo: le pratiche biologiche enfatizzano la salute del suolo promuovendo la materia organica, utilizzando fertilizzanti naturali come compost e letame e praticando la rotazione delle colture per evitare l'esaurimento dei nutrienti.

Gestione naturale dei parassiti: invece di fare affidamento sui pesticidi chimici, la coltivazione biologica delle mele utilizza metodi di controllo biologico come l'introduzione di insetti utili, la rotazione delle colture e l'uso di trappole per controllare i parassiti.

Rispetto per le risorse naturali: le pratiche biologiche riducono al minimo l'uso di risorse non rinnovabili come combustibili fossili e acqua, promuovendo tecniche di gestione sostenibile dell'acqua e favorendo le energie rinnovabili.

I vantaggi dei meli in coltivazione biologica

Alimenti sani e nutrienti: le mele coltivate biologicamente sono prive di residui di pesticidi e spesso contengono livelli più elevati di nutrienti, vitamine e composti antiossidanti, rendendole una scelta più sana per i consumatori.

Tutela dell'Ambiente: Riducendo l'uso di pesticidi e fertilizzanti chimici, la coltivazione biologica del melo contribuisce alla preservazione della qualità dell'aria, dell'acqua e del suolo, nonché alla protezione degli ecosistemi naturali e della biodiversità.

Sostenere gli agricoltori locali: l'agricoltura biologica spesso avvantaggia le piccole aziende agricole a conduzione familiare e gli agricoltori locali fornendo loro prezzi equi per i loro prodotti e incoraggiando pratiche agricole sostenibili.

Ridurre l'impatto sui cambiamenti climatici: Utilizzando pratiche agricole rispettose dell'ambiente, la coltivazione biologica dei meli contribuisce alla riduzione delle emissioni di gas serra e alla lotta contro i cambiamenti climatici.

La coltivazione biologica della mela rappresenta un approccio olistico e rispettoso all'agricoltura, che promuove la salute della terra, delle piante, degli animali e delle comunità. Con particolare attenzione alla biodiversità, alla salute del suolo e alla gestione naturale dei parassiti, la coltivazione biologica delle mele offre una soluzione sostenibile ed etica per affrontare le sfide alimentari e ambientali del 21° secolo. Scegliendo prodotti provenienti da agricoltura biologica, possiamo sostenere pratiche agricole più rispettose dell'ambiente e contribuire a costruire un futuro alimentare più sano, giusto e sostenibile per tutti.

Capitolo 30: I meli nella coltivazione biodinamica: armonia tra terra, piante e stelle

La coltivazione biodinamica delle mele va oltre l'agricoltura biologica tradizionale per incorporare i principi di sostenibilità, equilibrio ecologico e armonia cosmica. Basandosi sugli insegnamenti di Rudolf Steiner degli inizi del 20° secolo, la biodinamica considera l'azienda agricola come un organismo vivente, interconnesso con le forze della natura e i ritmi cosmici. Immergiamoci nei principi e nelle pratiche della coltivazione biodinamica delle mele, esplorandone le origini, i metodi e i risultati.

I Fondamenti della Coltivazione Biodinamica della Mela

L'unità della fattoria: la biodinamica vede la fattoria come un ecosistema olistico, dove ogni elemento – dalle piante agli animali, al suolo e all'acqua – è interconnesso e interdipendente.

Preparazioni biodinamiche: la biodinamica utilizza preparati speciali, come il compost di sterco di corno e la silice di quarzo, per stimolare la fertilità del suolo e rafforzare la vitalità delle piante.

Il Calendario Lunare: La coltivazione biodinamica segue un calendario lunare per pianificare il lavoro agricolo, tenendo conto dei cicli lunari e planetari per la semina, la coltivazione e la raccolta delle mele.

Pratiche olistiche: oltre alle pratiche agricole, la biodinamica incorpora anche elementi spirituali e culturali, come la meditazione, la musica e le celebrazioni stagionali, per nutrire le menti e le anime degli agricoltori e dei consumatori.

I vantaggi della coltivazione biodinamica del melo

Qualità della frutta: le mele coltivate biodinamicamente sono rinomate per la loro qualità superiore, il sapore intenso e la ricchezza nutrizionale, grazie alla migliore salute del suolo e delle piante.

Sostenibilità ambientale: Promuovendo la biodiversità, la salute del suolo e la conservazione delle risorse naturali, la coltivazione biodinamica del melo contribuisce alla preservazione degli ecosistemi e alla lotta al cambiamento climatico.

Resilienza agricola: le pratiche biodinamiche rafforzano la resilienza dei frutteti alle malattie e ai parassiti, promuovendo una biodiversità equilibrata e la salute generale dell'ecosistema.

Connessione spirituale: la biodinamica invita agricoltori e consumatori a riconnettersi con la terra, le stagioni e i cicli naturali, creando una connessione profonda e significativa con il cibo e l'ambiente.

La coltivazione biodinamica delle mele rappresenta un approccio olistico ed ecologico all'agricoltura, che promuove la salute del territorio, delle piante e delle comunità. Integrando i principi di sostenibilità, armonia cosmica e rispetto per la vita, la biodinamica offre una visione stimolante e trasformativa dell'agricoltura per il 21° secolo. Scegliendo mele coltivate in modo biodinamico, sosteniamo pratiche agricole che nutrono corpo e mente, contribuendo al tempo stesso a preservare il nostro pianeta per le generazioni future.

Capitolo 31: Meli e agroforestali: un'alleanza per un futuro sostenibile

L'agroforestazione, spesso definita simbiosi tra agricoltura e silvicoltura, offre un approccio innovativo e sostenibile alla coltivazione delle mele, integrando gli alberi da frutto in sistemi agroforestali diversificati. Questa pratica ancestrale sfrutta i molteplici benefici degli alberi per migliorare la produttività agricola, proteggere il suolo, regolare il clima e promuovere la biodiversità. Contempliamo i principi, i benefici e le applicazioni dell'agroforestazione nella coltivazione delle mele, nonché il suo ruolo cruciale nella costruzione di un futuro alimentare sostenibile e resiliente.

I principi dell'agroforestazione

Diversificazione delle colture: l'agroforestazione promuove la diversificazione delle colture integrando gli alberi da frutto in sistemi agricoli misti, dove i meli coesistono con altre colture, dai legumi ai cereali.

Protezione del suolo: gli alberi da frutto aiutano a proteggere il suolo dall'erosione e dalla perdita di fertilità stabilizzando la struttura del suolo e riducendo il deflusso dell'acqua piovana.

Clima e microclima: gli alberi da frutto aiutano a regolare il clima locale fornendo ombra, riducendo le temperature e favorendo la circolazione dell'aria, creando un microclima favorevole alla crescita delle colture.

Biodiversità: i sistemi agroforestali aumentano la biodiversità fornendo habitat per una varietà di specie animali e vegetali, promuovendo l'impollinazione, il controllo biologico dei parassiti e la salute generale dell'ecosistema.

I vantaggi dell'agroforestazione per i meli

Aumento della produttività: integrando i meli in sistemi agroforestali diversificati, la produttività complessiva dei frutteti può essere aumentata attraverso un uso più efficiente dello spazio, dei nutrienti e dell'acqua.

Resilienza ai cambiamenti climatici: i sistemi agroforestali sono più resistenti a condizioni meteorologiche estreme, come siccità e tempeste, grazie alla diversità delle colture e alla protezione offerta dagli alberi.

Migliore qualità dei frutti: i meli coltivati in ambienti agroforestali spesso beneficiano di una migliore qualità dei frutti, grazie a un equilibrio naturale di nutrienti, acqua e luce.

Sostenibilità ambientale: l'agroforestazione contribuisce alla conservazione delle risorse naturali, alla riduzione delle emissioni di gas serra e alla preservazione della biodiversità, promuovendo pratiche agricole rispettose dell'ambiente.

Applicazioni pratiche dell'agroforestazione nella coltivazione delle mele

Viali di alberi: integrare viali di alberi da frutto tra filari di meli per fornire ombra, promuovere la biodiversità e fornire ulteriore frutto.

Siepi vive: pianta siepi vive attorno ai frutteti per fungere da barriere frangivento, habitat per insetti utili e fonti di cibo per la fauna selvatica.

Agroforestazione intensiva: utilizzare sistemi agroforestali intensivi in cui i meli sono interpiantati con una varietà di colture complementari, come legumi, erbe aromatiche e verdure, per massimizzare la produttività e la diversità delle colture.

L'agroforestazione offre un approccio innovativo e sostenibile alla coltivazione dei meli, integrando gli alberi da frutto in sistemi agricoli diversificati che promuovono la produttività, la resilienza e la sostenibilità ambientale. Combinando i benefici degli alberi per il suolo, il clima e la biodiversità con le esigenze delle colture da frutto, l'agroforestazione rappresenta un modello promettente per il futuro dell'agricoltura. Adottando pratiche agroforestali nella coltivazione delle mele, possiamo creare sistemi alimentari più resilienti, equi e rispettosi del pianeta per le generazioni future.

Capitolo 32: Meli e permacultura

La permacultura, un sistema di progettazione ecologica che integra i principi di sostenibilità e rigenerazione naturale, offre un approccio innovativo e armonioso alla coltivazione dei meli. Combinando le tecniche tradizionali con i moderni concetti di gestione dell'ecosistema, la permacultura crea frutteti di mele resilienti, produttivi ed ecologicamente equilibrati.

I principi della permacultura

La permacultura si basa su tre principi etici: prendersi cura della Terra, prendersi cura delle persone e condividere equamente le risorse. Questi principi guidano la progettazione e la gestione dei sistemi agricoli, compresi i meleti. Concentrandosi sull'osservazione della natura e sull'uso saggio delle risorse, la permacultura mira a ridurre al minimo gli impatti ambientali negativi massimizzando la biodiversità e la produttività.

Scelta delle varietà di meli

In un frutteto in permacultura, la scelta delle varietà di meli è cruciale. Le varietà locali e resistenti alle malattie sono preferite per il loro adattamento al clima e alle condizioni specifiche della regione. La diversità genetica è incoraggiata anche perché riduce la vulnerabilità ai parassiti e alle malattie. Piantare più varietà di meli può anche prolungare il periodo di raccolta e migliorare l'impollinazione incrociata.

Associazione per la semina e il raccolto

Gli alberi di mele traggono grandi benefici dalla piantagione di gilda, un concetto chiave nella permacultura. Una gilda è un gruppo di piante che si sostengono a vicenda fornendo nutrienti, migliorando la struttura del suolo o respingendo i parassiti. Ad esempio, intorno ai meli si possono piantare piante che fissano l'azoto, come il trifoglio o le leguminose, per arricchire il terreno di azoto. Le piante tappezzanti come la consolida maggiore o le fragole possono aiutare a conservare l'umidità del suolo e ridurre la concorrenza delle erbe infestanti.

Gestione delle risorse idriche

Una gestione efficace dell'acqua è essenziale nella permacultura. Tecniche come gli swales, fossati pieni di materia organica che catturano e immagazzinano l'acqua piovana, possono essere utilizzate per irrigare naturalmente i meleti. La pacciamatura organica viene applicata anche attorno agli alberi per conservare l'umidità, migliorare la fertilità del suolo e ridurre l'evaporazione.

Fertilità del suolo e compostaggio

Mantenere la fertilità del suolo è un altro aspetto fondamentale della permacultura. Il compostaggio e l'utilizzo di materiali organici come letame, foglie morte e residui colturali arricchiscono il terreno e ne migliorano la struttura. Le tecniche di compostaggio fuori terra, come il compostaggio delle lasagne, possono essere utilizzate attorno ai meli per fornire un apporto costante di sostanze nutritive.

Controllo dei parassiti e delle malattie

La permacultura promuove metodi integrati di controllo dei parassiti e delle malattie. Incoraggiando la biodiversità, creiamo un equilibrio naturale che aiuta a controllare le popolazioni di parassiti. I predatori naturali, come le coccinelle e gli uccelli, svolgono un ruolo cruciale nella regolazione degli insetti nocivi. Inoltre, intorno ai meli si possono coltivare piante repellenti, come l'aglio e la lavanda, per scoraggiare i parassiti.

Raccolta e utilizzo delle mele

La permacultura incoraggia l'uso multiuso delle mele e dei sottoprodotti delle mele. Oltre a essere consumate fresche, le mele possono essere trasformate in sidro, aceto, marmellate e altri prodotti alimentari. I residui di potatura e le foglie morte possono essere compostati o utilizzati come pacciamatura, chiudendo così il ciclo dei nutrienti e riducendo al minimo gli sprechi.

Resilienza e adattamento

I frutteti di mele in permacultura sono progettati per essere resilienti ai rischi climatici e ai cambiamenti ambientali. Diversificando le colture e utilizzando pratiche agricole sostenibili, riduciamo la dipendenza dagli input esterni e rafforziamo la capacità dei sistemi di adattarsi alle interruzioni. I meli coltivati secondo i principi della permacultura beneficiano di un ambiente sano ed equilibrato che favorisce una crescita vigorosa e una produzione fruttuosa.

I meli integrati in un sistema di permacultura rappresentano una perfetta simbiosi tra tradizione e innovazione. Rispettando i principi ecologici e promuovendo la diversità e la sostenibilità, i meleti in permacultura offrono non solo un'abbondante produzione di frutti sani, ma anche un modello di gestione agricola che rispetta la natura e le generazioni future.

Capitolo 33: Meli in vaso e balcone

Coltivare meli in vaso sul balcone è un modo innovativo e affascinante per godersi la frutta fresca e la bellezza degli alberi da frutto anche in ambiente urbano. Questa pratica unisce le gioie del giardinaggio alla praticità dei piccoli spazi, offrendo allo stesso tempo un raccolto gustoso e sano.

Scelta delle varietà di meli

La scelta delle varietà è fondamentale per la buona riuscita della coltivazione dei meli in vaso. Le varietà nane e seminane sono particolarmente adatte a questo metodo di coltivazione per le loro dimensioni compatte e l'apparato radicale meno esteso. Le varietà popolari includono "Golden Delicious", "Red Delicious" e "Granny Smith". Queste varietà producono frutti saporiti e sono abbastanza resistenti da prosperare in vaso.

Selezione dei contenitori

Anche la scelta dei contenitori è fondamentale per la salute e la crescita dei meli. I vasi dovrebbero essere abbastanza grandi da consentire lo sviluppo delle radici. Si consiglia un vaso di almeno 45-60 cm di diametro e profondità. I vasi in terracotta, legno o plastica spessa sono buone opzioni perché garantiscono un adeguato isolamento termico e una lunga durata. Assicurati che il vaso abbia fori di drenaggio per evitare l'accumulo di acqua e prevenire la putrefazione delle radici.

Substrato ed emendamenti

Il substrato utilizzato per coltivare i meli in vaso deve essere ben drenante e ricco di sostanze nutritive. L'ideale è una miscela di terriccio di qualità, compost e sabbia grossolana. Questa miscela consente un buon drenaggio fornendo allo stesso tempo i nutrienti necessari per la crescita degli alberi. Anche l'aggiunta di fertilizzanti organici, come letame compostato o pellet di compost, può migliorare la fertilità del suolo.

Piantagione e manutenzione

Quando si pianta, è importante posizionare l'albero in modo che la chioma, la giunzione tra le radici e il tronco, sia leggermente sopra il livello del suolo per evitare malattie legate all'umidità. Dopo la semina, annaffiare abbondantemente per far sì che le radici attecchiscano.

I meli in vaso richiedono annaffiature regolari, soprattutto durante i periodi caldi e secchi. È essenziale mantenere il substrato umido, ma non fradicio. L'irrigazione profonda è la soluzione migliore per incoraggiare le radici a diffondersi e rafforzarsi.

Dimensioni e formazione

La potatura è un passo importante per mantenere la forma compatta dei meli in vaso e incoraggiare una fruttificazione abbondante. La potatura di formazione dovrebbe essere effettuata a fine inverno o all'inizio della primavera prima che i germogli scoppino. Consiste nell'eliminare i rami morti, malati o incrociati e nel favorire una struttura aperta che consenta una buona circolazione dell'aria e un'adeguata esposizione alla luce.

Impollinazione e fruttificazione

L'impollinazione è un fattore chiave per ottenere un buon raccolto di mele. Alcune varietà di meli richiedono l'impollinazione incrociata, il che significa che hanno bisogno di un altro melo nelle vicinanze per produrre frutti. Se lo spazio è limitato, le varietà autofertili, come la "Golden Delicious", possono essere una soluzione. In alternativa, puoi impollinare manualmente i fiori utilizzando un pennello per trasferire il polline da un fiore all'altro.

Gestione dei parassiti e delle malattie

I meli in vaso possono essere vulnerabili a parassiti e malattie, come afidi, acari e crosta di mele. Il monitoraggio regolare e l'intervento rapido sono essenziali per mantenere gli alberi sani. I metodi di controllo biologico, come l'introduzione di coccinelle per controllare gli afidi o l'uso di soluzioni di sapone insetticide, possono essere efficaci. Anche la potatura dei rami infetti e la rimozione delle foglie cadute possono aiutare a prevenire la diffusione della malattia.

Raccolta e utilizzo

La raccolta delle mele coltivate in vaso è un'esperienza gratificante. Le mele dovrebbero essere raccolte quando sono completamente mature e pronte da mangiare. Puoi gustarli freschi, usarli per preparare crostate, composte o succhi, oppure conservarli per un consumo successivo. La soddisfazione di raccogliere i propri frutti, coltivati con cura sul proprio balcone, aggiunge una dimensione in più a questa esperienza di giardinaggio urbano.

I meli in vaso e sui balconi rappresentano una splendida occasione per avvicinare la natura alla vita cittadina. Con un'attenta scelta delle varietà, dei contenitori e delle pratiche colturali adeguate, è possibile creare un piccolo frutteto urbano, produttivo ed esteticamente gradevole.

Ciò non solo ti consente di gustare frutta fresca locale, ma anche di godere dei benefici calmanti e terapeutici del giardinaggio all'aperto, anche in un piccolo spazio.

Capitolo 34: Meli per piccoli giardini

Coltivare meli in piccoli giardini è una pratica gratificante che permette di godere di frutti freschi e gustosi senza richiedere grandi spazi. Con le giuste varietà, tecniche di coltivazione e cure, anche i giardinieri urbani possono godersi le delizie delle mele coltivate in casa.

Scelta delle varietà adattate

Per i piccoli giardini la scelta delle varietà di melo è fondamentale. I meli nani e seminani sono particolarmente adatti perché richiedono meno spazio e sono più facili da gestire. Varietà come "Dwarf Gala", "Dwarf Honeycrisp" e "Dwarf Fuji" offrono una crescita compatta producendo frutti deliziosi. Anche i meli a spalliera, addestrati per crescere piatti contro un muro o una recinzione, sono un'ottima opzione per massimizzare lo spazio verticale.

Piantagione e spaziatura

La piantumazione di meli nei piccoli giardini deve essere pianificata attentamente per ottimizzare l'utilizzo dello spazio. I meli nani possono essere piantati a una distanza di 1,5-2 metri l'uno dall'altro, mentre i semi-nani richiedono una distanza leggermente più ampia, intorno ai 3-4 metri. I meli a spalliera possono essere piantati anche più vicini, a seconda del disegno della spalliera e del supporto utilizzato.

Suolo e fertilità

I meli prosperano in un terreno ben drenato e ricco di sostanza organica. Prima della messa a dimora è consigliabile migliorare il terreno con compost o stallatico ben decomposto. Un pH del terreno da leggermente acido a neutro, compreso tra 6,0 e 7,0, è ideale per la crescita del melo. I test del terreno possono aiutare a determinare quali aggiustamenti sono necessari per creare un ambiente di crescita ottimale.

Manutenzione e dimensioni

La potatura regolare è fondamentale per mantenere i meli compatti e produttivi nei piccoli giardini. La potatura di formazione va effettuata in inverno, prima dello scoppio dei germogli, per strutturare l'albero e favorirne una crescita equilibrata. La potatura di mantenimento durante tutto l'anno rimuove i rami morti, malati o incrociati e favorisce la fruttificazione.

Tecniche di potatura specifiche, come la potatura a coppa o la potatura a spalliera, possono essere utilizzate per controllare la forma e le dimensioni degli alberi. La potatura ad alberello crea una struttura aperta, favorendo la circolazione dell'aria e la penetrazione della luce, mentre la spalliera massimizza lo sfruttamento dello spazio verticale e facilita la gestione degli alberi.

Irrigazione e fecondazione

Un'irrigazione regolare e adeguata è essenziale per la salute dei meli, soprattutto durante i periodi di siccità. Gli alberi giovani richiedono annaffiature frequenti per stabilire un forte apparato radicale, mentre gli alberi maturi beneficiano di un'irrigazione profonda una volta alla settimana. L'uso del pacciame organico attorno agli alberi aiuta a conservare l'umidità del suolo e a sopprimere le erbacce.

La concimazione dei meli nei piccoli giardini dovrebbe essere eseguita con attenzione per evitare nutrienti in eccesso. In primavera ed estate si consiglia un apporto equilibrato di concime, ricco di azoto, fosforo e potassio. Anche i fertilizzanti organici, come il compost o il letame ben decomposto, possono essere utilizzati per migliorare la fertilità del suolo in modo naturale e sostenibile.

Impollinazione e fruttificazione

L'impollinazione è un aspetto chiave della coltivazione dei meli. Molte varietà di meli richiedono l'impollinazione incrociata per produrre frutti. Piantare diverse varietà compatibili nelle vicinanze può migliorare l'impollinazione e aumentare il raccolto. Le api e altri impollinatori svolgono un ruolo vitale in questo processo, quindi la creazione di un ambiente favorevole agli impollinatori, con fiori e piante attraenti, può apportare grandi benefici alla produzione di frutta.

Gestione dei parassiti e delle malattie

I meli nei piccoli giardini possono essere vulnerabili a parassiti e malattie. Il monitoraggio regolare e l'intervento precoce sono essenziali per mantenere gli alberi sani. Le pratiche di giardinaggio biologico, come l'uso di predatori naturali e soluzioni di sapone insetticida, possono aiutare a controllare i parassiti. La rotazione delle colture e la potatura delle parti malate degli alberi sono misure efficaci per prevenire le malattie.

Raccolta e utilizzo

Raccogliere le mele da un piccolo orto è un'esperienza gratificante. Le mele dovrebbero essere raccolte quando sono mature, solitamente a fine estate o in autunno, a seconda della varietà. I frutti possono essere consumati freschi, utilizzati per preparare crostate, composte, succhi oppure conservati per un utilizzo successivo. Le mele adeguatamente curate e raccolte a maturazione offrono un sapore eccezionale e l'impareggiabile soddisfazione di consumare frutta coltivata in casa.

Coltivare meli in piccoli giardini consente di creare uno spazio verde produttivo ed estetico, anche in ambiente urbano. Con scelte di varietà appropriate, tecniche di semina e cura adeguate e un'attenta attenzione alla fertilità del suolo e alla gestione dei parassiti, è possibile godersi le delizie delle mele fresche e saporite, direttamente dal proprio giardino, contribuendo allo stesso tempo alla biodiversità e alla bellezza del proprio ambiente.

Capitolo 35: L'arte del frutteto: layout e design

Lo sviluppo di un frutteto è un'arte che unisce estetica, funzionalità e sostenibilità. Creare un frutteto non significa solo piantare alberi da frutto, ma progettare uno spazio armonioso che ottimizzi la produzione rispettando l'ambiente e le esigenze del giardiniere.

Scelta della posizione ideale

La scelta della posizione è fondamentale per il successo di un frutteto. Gli alberi da frutto generalmente richiedono una posizione soleggiata, ricevendo almeno 6-8 ore di luce solare al giorno. Anche un terreno ben drenante è essenziale per evitare ristagni d'acqua, che possono causare marciumi radicali. Si consiglia di effettuare analisi del terreno per determinarne il pH e la composizione, quindi apportare le modifiche necessarie per creare un ambiente favorevole alla crescita degli alberi.

Selezione di varietà e diversità

La selezione delle varietà di alberi da frutto dovrebbe essere fatta in base al clima, al tipo di terreno e allo spazio disponibile. L'integrazione di una diversità di specie e varietà non solo consente di distribuire i raccolti su un periodo più lungo, ma migliora anche l'impollinazione e riduce il rischio di malattie e parassiti. Piantare varietà resistenti alle malattie locali e adattate a condizioni climatiche specifiche può aumentare notevolmente le possibilità di successo.

Pianificazione e spaziatura

Una disposizione attentamente pianificata è essenziale per ottimizzare l'uso dello spazio e garantire una buona circolazione dell'aria tra gli alberi. La corretta spaziatura tra gli alberi varia a seconda della specie e della varietà. Ad esempio, i meli nani possono essere piantati a 2-3 metri di distanza l'uno dall'altro, mentre le varietà standard richiedono 5-8 metri di distanza. Tenere conto della dimensione adulta degli alberi aiuta a prevenire la sovrappopolazione e facilita la manutenzione.

Tecniche di semina

La piantagione degli alberi da frutto deve essere effettuata con attenzione per garantirne l'insediamento e la crescita. Scavare una buca due volte più larga e profonda della zolla radicale facilita la radicazione. L'aggiunta di compost o letame ben decomposto sul fondo della buca arricchisce il terreno e fornisce i nutrienti necessari. Quando piantate, assicuratevi che la chioma dell'albero, dove il tronco incontra le radici, sia a livello del suolo per prevenire malattie.

Progettazione ecologica e permacultura

Incorporare i principi della permacultura nella progettazione di un frutteto può migliorarne la sostenibilità e la resilienza. Le corporazioni vegetali, in cui vengono piantate insieme specie complementari, promuovono la biodiversità e la salute degli alberi da frutto. Ad esempio, piantare erbe, verdure e fiori attorno agli alberi può attirare gli impollinatori, respingere i parassiti e migliorare la fertilità del suolo. I sistemi Bioswales e di raccolta dell'acqua piovana possono essere integrati per una gestione efficiente dell'acqua.

Gestione delle risorse idriche

L'irrigazione è un elemento fondamentale nella gestione del frutteto. L'installazione di sistemi di irrigazione a goccia fornisce l'acqua direttamente alle radici, riducendo gli sprechi e lo stress idrico sugli alberi. La pacciamatura attorno agli alberi aiuta a conservare l'umidità del suolo, a regolare la temperatura e a sopprimere le erbacce. È importante monitorare regolarmente il fabbisogno idrico degli alberi, soprattutto durante i periodi di siccità.

Dimensioni e formazione

La potatura regolare è essenziale per mantenere la salute e la produttività degli alberi da frutto. La potatura di formazione, effettuata nei primi anni, aiuta a sviluppare una struttura solida e ben ventilata. La potatura di mantenimento, effettuata annualmente, rimuove i rami morti, malati o incrociati, favorendo così una migliore circolazione dell'aria e l'accesso alla luce. Tecniche specifiche, come la potatura ad alberello o a spalliera, possono essere utilizzate per modellare gli alberi in base alle preferenze estetiche e ai vincoli di spazio.

Protezione contro parassiti e malattie

Proteggere gli alberi da frutto da parassiti e malattie è fondamentale per la loro longevità e produttività. Pratiche di gestione integrata dei parassiti, che combinano metodi biologici, colturali e meccanici, possono essere implementate per ridurre al minimo l'uso di sostanze chimiche. Incoraggiare la presenza di predatori naturali, come uccelli e insetti utili, e piantare varietà resistenti alle malattie sono strategie efficaci per mantenere un frutteto sano.

Raccolta e utilizzo

La raccolta della frutta è il culmine del mantenimento di un frutteto. Ogni varietà di albero da frutto ha un tempo di raccolta specifico ed è importante raccogliere i frutti quando sono maturi per godere del loro sapore ottimale. I frutti possono essere consumati freschi, trasformati in marmellate, succhi o conserve, oppure conservati per un uso successivo. Massimizzare l'utilizzo dei frutti raccolti consente di aggiungere valore agli sforzi investiti nella coltivazione del frutteto.

Estetica e Benessere

Un frutteto ben progettato non è solo produttivo, ma anche esteticamente gradevole. La disposizione degli alberi, l'integrazione delle piante da compagnia e l'uso di materiali naturali creano uno spazio piacevole e armonioso. Un frutteto può diventare un luogo di relax e contemplazione, offrendo un rifugio tranquillo e un collegamento diretto con la natura. Gli alberi da frutto che fioriscono in primavera e carichi di frutti in estate aggiungono bellezza stagionale e fascino speciale allo spazio.

L'arte della disposizione e della progettazione del frutteto unisce scienza e creatività per creare un ecosistema produttivo e sostenibile. Tenendo conto degli aspetti pratici, ecologici ed estetici, è possibile trasformare anche un piccolo giardino in un rigoglioso e incantevole frutteto, dove gli alberi da frutto prosperano e garantiscono raccolti abbondanti per gli anni a venire.

Capitolo 36: Ristrutturare un vecchio frutteto

Ristrutturare un vecchio frutteto è un'impresa gratificante che permette di dare nuova vita a uno spazio spesso trascurato e di godere dei frutti di alberi che hanno una storia. Questo compito richiede un approccio metodico, pazienza e comprensione delle esigenze degli alberi da frutto. Ecco alcuni passaggi e consigli per trasformare un vecchio frutteto in uno spazio produttivo e sano.

Valutazione iniziale

Il primo passo è valutare lo stato attuale del frutteto. È importante identificare quali alberi sono ancora sani, quali richiedono cure intensive e quali sono irreparabili. Esamina ogni albero per rilevare eventuali segni di malattie, parassiti, danni fisici o stress ambientale. Questa valutazione iniziale aiuta a determinare le priorità e le azioni necessarie per ciascun albero.

Pulizia e schiarimento

La pulizia del frutteto è un passaggio fondamentale. Rimuovi rami morti, alberi abbattuti, erbacce e detriti che ingombrano lo spazio. Ciò non solo rende il frutteto più accessibile, ma riduce anche gli habitat dei parassiti e favorisce la circolazione dell'aria e la penetrazione della luce. Uno spazio libero facilita inoltre l'ispezione e la manutenzione futura degli alberi.

Dimensione della riabilitazione

La potatura di ripristino è una tecnica essenziale per il ringiovanimento dei vecchi alberi da frutto. Si tratta della rimozione dei rami morti, malati o danneggiati e del diradamento della chioma per migliorare la circolazione della luce e dell'aria. Potrebbe essere necessaria una potatura severa per gli alberi molto trascurati, ma dovrebbe essere eseguita gradualmente nel corso di diverse stagioni per evitare di stressare eccessivamente gli alberi.

Cura del suolo

Un terreno sano è fondamentale per la crescita degli alberi da frutto. Testare il terreno per determinarne il pH, la composizione e i livelli di nutrienti è un passo importante. Migliorare il terreno con compost, letame ben decomposto e altri ammendanti organici può rivitalizzare gli alberi e stimolarne la crescita. La pacciamatura attorno agli alberi aiuta a conservare l'umidità, a regolare la temperatura del suolo e a sopprimere le erbacce.

Gestione dei parassiti e delle malattie

I vecchi frutteti possono essere un terreno fertile per parassiti e malattie. L'implementazione di pratiche di gestione integrata dei parassiti consente di controllare le popolazioni in modo ecologico. L'uso di trappole a feromoni, l'introduzione di predatori naturali e l'applicazione di trattamenti biologici sono metodi efficaci. Ispezionare regolarmente gli alberi e trattare i problemi non appena si presentano aiuta a mantenere sano il frutteto.

Fecondazione e irrigazione

La fertilizzazione regolare è essenziale per fornire agli alberi i nutrienti di cui hanno bisogno per la crescita e la produzione di frutti. Utilizzare fertilizzanti organici ricchi di azoto, fosforo e potassio all'inizio della primavera e durante tutta la stagione di crescita. L'irrigazione deve essere adattata alle esigenze degli alberi, soprattutto durante i periodi di siccità. L'installazione di un sistema di irrigazione a goccia può garantire un approvvigionamento idrico costante ed evitare lo stress idrico.

Ringiovanimento tramite innesto

Per alcuni alberi secolari, l'innesto può essere un metodo efficace per ringiovanire il frutteto. L'innesto comporta l'inserimento di una nuova varietà o cultivar su un albero esistente per migliorarne la produttività o introdurre caratteristiche desiderabili. Questa tecnica permette inoltre di preservare le caratteristiche genetiche dei vecchi alberi rinnovandone la vitalità.

Ripiantare gli alberi

In alcuni casi, potrebbe essere necessario ripiantare gli alberi per sostituire quelli irreparabili. La scelta delle varietà adatte al clima, al terreno e alle condizioni specifiche del frutteto è fondamentale. Gli alberi appena piantati dovrebbero essere adeguatamente distanziati per evitare il sovraffollamento e consentire una crescita sana. Fornire cure adeguate ai giovani alberi, compresa l'irrigazione, la concimazione e la protezione dai parassiti, è essenziale per il loro insediamento.

Integrazione della biodiversità

L'integrazione delle piante da consociazione e la promozione della biodiversità nel frutteto possono migliorare la salute generale dell'ecosistema. Piantare erbe, fiori e verdure attorno agli alberi da frutto attira impollinatori e predatori naturali di parassiti. La creazione di habitat per uccelli, insetti utili e altre specie può aiutare a mantenere l'equilibrio ecologico e ridurre la necessità di pesticidi chimici.

Monitoraggio e manutenzione continui

La ristrutturazione di un vecchio frutteto è un progetto a lungo termine che richiede monitoraggio e manutenzione regolari. Ispezionare gli alberi ogni stagione per rilevare segni di stress, malattie o parassiti consente di intervenire rapidamente e mantenere la salute del frutteto. La potatura di manutenzione, la fertilizzazione, l'irrigazione e il controllo dei parassiti dovrebbero essere integrati in un programma di gestione continuo.

Rinnovare un vecchio frutteto richiede tempo, impegno e conoscenza, ma ne vale la pena. Non solo riportiamo in vita alberi vecchi e spesso storici, ma creiamo anche uno spazio produttivo ed ecologico. Con un approccio metodico e rispettoso dell'ambiente, è possibile trasformare un vecchio frutteto in un paradiso di biodiversità e delizie della frutta, garantendo raccolti abbondanti e gustosi per le generazioni a venire.

Capitolo 37: Meli e clima: adattamento e resilienza

Il melo, un albero da frutto iconico, deve affrontare sfide crescenti dovute ai cambiamenti climatici. Comprendere come questi alberi si adattano e sviluppano la resilienza in condizioni ambientali variabili è fondamentale per giardinieri, agricoltori e ricercatori. Questa esplorazione degli alberi di mele e del clima evidenzia le strategie e le pratiche per far crescere questi alberi con successo nonostante le fluttuazioni climatiche.

Comprendere le esigenze climatiche dei meli

I meli generalmente prosperano nei climi temperati con inverni freddi ed estati moderatamente calde. Richiedono un periodo di riposo invernale, caratterizzato da temperature fredde, per garantire fioritura e fruttificazione ottimali. Il numero di ore di freddo (sotto i 7°C) è un fattore determinante per interrompere la dormienza. Le varietà di meli hanno esigenze diverse in termini di ore fredde, il che influenza il loro adattamento ai vari climi.

Impatto del cambiamento climatico

Il cambiamento climatico sconvolge le condizioni necessarie affinché i meli crescano in diversi modi. Gli inverni più miti riducono il numero di ore fredde, ritardando la fioritura e influenzando la fruttificazione. Le ondate di caldo estive possono causare stress idrico, bruciare le foglie e ridurre la qualità dei frutti. Eventi meteorologici estremi, come temporali e gelate tardive, possono danneggiare alberi e raccolti.

Selezione di varietà adattate

Scegliere varietà di meli adatte alle condizioni climatiche locali è una strategia chiave per migliorarne la resilienza. Le varietà con un basso fabbisogno di freddo sono più adatte alle regioni in cui gli inverni sono diventati più miti. Le varietà resistenti al caldo e alla siccità, come alcune varietà di mele cimelio, possono tollerare meglio le estati calde e secche. Piantare varietà diverse aiuta inoltre a ripartire i rischi e a garantire una certa produzione anche in caso di condizioni climatiche sfavorevoli.

Pratiche di gestione adattiva

L'adozione di pratiche di gestione adattativa aiuta a mitigare gli effetti del cambiamento climatico sui meli. L'irrigazione regolare, soprattutto durante i periodi di siccità, è essenziale per mantenere l'umidità del suolo e prevenire lo stress idrico. L'uso del pacciame organico attorno agli alberi aiuta a conservare l'umidità, a regolare la temperatura del suolo e a migliorare la struttura del suolo. Una corretta potatura degli alberi favorisce una migliore circolazione dell'aria e riduce il rischio di malattie.

Protezione contro i cambiamenti climatici estremi

La protezione dei meli dalle condizioni climatiche estreme richiede misure specifiche. Le reti protettive possono essere utilizzate per proteggere gli alberi dalla grandine. Le vele invernali e i ripari possono aiutare a prevenire i danni causati dalle gelate tardive. Nelle aree soggette alle ondate di caldo, è possibile installare sistemi di ombreggiatura temporanei per ridurre l'esposizione diretta al sole e prevenire bruciature di foglie e frutti.

Agroforestazione e microclimi

L'integrazione dei meli nei sistemi agroforestali crea microclimi più favorevoli alla loro crescita. Piantare alberi da ombra o siepi frangivento attorno al frutteto protegge i meli dai forti venti e dalle temperature estreme. Le colture consociate, come quelle delle leguminose, migliorano la fertilità del suolo e la ritenzione idrica, riducendo al contempo l'erosione. Queste pratiche agroecologiche rafforzano la resilienza dei meli creando un ambiente più stabile e diversificato.

Ricerca e Innovazione

La ricerca continua svolge un ruolo cruciale nel migliorare l'adattamento e la resilienza dei meli ai cambiamenti climatici. I programmi di selezione varietale sviluppano cultivar più adatte alle nuove condizioni climatiche. Tecnologie avanzate, come l'irrigazione di precisione e i sistemi di monitoraggio climatico, consentono una gestione dei frutteti più efficiente e reattiva. Le collaborazioni tra ricercatori, agricoltori e istituzioni consentono di condividere conoscenze e promuovere pratiche innovative.

Partecipazione alla comunità e condivisione della conoscenza

La partecipazione della comunità e la condivisione delle conoscenze sono essenziali per rafforzare la resilienza dei meleti. Le reti di giardinieri e agricoltori consentono lo scambio di esperienze, tecniche e risorse per adattarsi meglio alle mutevoli condizioni climatiche. La formazione e i workshop sulla gestione adattativa, sulla selezione varietale e sulle pratiche agroecologiche forniscono strumenti pratici per migliorare la resilienza dei frutteti.

I meli, di fronte alle crescenti sfide climatiche, dimostrano una notevole capacità di adattamento e resilienza. Attraverso una combinazione di selezione varietale, pratiche di gestione adattativa, protezione dai cambiamenti climatici estremi e innovazioni agricole, è possibile coltivare questi alberi iconici in condizioni climatiche mutevoli. Adottando un approccio proattivo e collaborativo, giardinieri e agricoltori possono continuare a godere delle delizie e dei benefici dei meli, anche in un mondo che cambia.

Capitolo 38: Meli e cambiamenti climatici

Il cambiamento climatico rappresenta una sfida importante per molte colture agricole, compresi i meli. Questi alberi da frutto, che richiedono condizioni climatiche specifiche per prosperare, sono particolarmente vulnerabili alle variazioni di temperatura, alle precipitazioni irregolari e agli eventi meteorologici estremi. Per i coltivatori di mele, comprendere e rispondere a queste sfide è fondamentale per garantire raccolti sani e abbondanti.

Impatto delle variazioni di temperatura

I meli richiedono un periodo di freddo invernale per andare in letargo e prepararsi alle fioriture primaverili. I cambiamenti climatici, in particolare gli inverni più miti, stanno riducendo il numero di ore fredde, interrompendo questo ciclo naturale. Senza abbastanza freddo, i meli possono fiorire in modo irregolare o non fiorire affatto, compromettendo la produzione di frutti.

Le primavere anticipate, causate dal riscaldamento globale, possono anche incoraggiare i meli a fiorire prima. Ciò aumenta il rischio che le gelate tardive danneggino i fiori delicati, portando alla perdita del raccolto. Inoltre, estati più calde e più lunghe possono causare stress da caldo sugli alberi, influenzandone la crescita e la qualità dei frutti.

Irregolarità nelle precipitazioni

I meli dipendono da una fornitura regolare di acqua per una crescita ottimale. I cambiamenti climatici spesso portano a periodi di siccità prolungata, seguiti da forti precipitazioni. Queste condizioni irregolari possono causare stress idrico, malattie fungine e danni strutturali agli alberi.

Durante i periodi di siccità, i meli possono soffrire di disidratazione, con conseguente riduzione delle dimensioni e della qualità dei frutti. I sistemi di irrigazione diventano allora essenziali per compensare la mancanza di precipitazioni naturali. Al contrario, le precipitazioni eccessive possono causare la saturazione del suolo, riducendo la capacità delle radici di assorbire l'ossigeno necessario e aumentando il rischio di malattie.

Eventi meteorologici estremi

Anche eventi meteorologici estremi, come tempeste di vento, grandine e ondate di caldo, rappresentano una minaccia significativa per i meli. I temporali possono spezzare i rami e danneggiare i frutti, mentre la grandine può causare danni fisici alle mele, rendendole inadatte alla vendita. Le ondate di caldo prolungate non solo possono causare stress da caldo, ma anche accelerare la maturazione dei frutti, riducendone la qualità e la durata di conservazione.

Adattamento attraverso la selezione varietale

Per contrastare queste sfide climatiche, la selezione varietale gioca un ruolo chiave. Le varietà di meli con basse esigenze di ore fredde sono più adatte alle regioni in cui gli inverni diventano più miti. Allo stesso modo, le varietà resistenti al caldo e alla siccità possono tollerare meglio le condizioni estive estreme. Ricercatori e coltivatori lavorano costantemente per sviluppare e selezionare varietà in grado di resistere alle nuove condizioni climatiche.

Pratiche di gestione e irrigazione

Le pratiche di gestione adattativa, come l'uso di sistemi di irrigazione a goccia, forniscono acqua in modo efficiente e regolare, riducendo così lo stress idrico. La pacciamatura attorno ai meli aiuta a conservare l'umidità del suolo e a regolarne la temperatura. La potatura regolare degli alberi migliora la circolazione dell'aria, riducendo il rischio di malattie e danni causati dalle tempeste.

Protezione contro gelate e tempeste

Proteggere i meli dalle gelate tardive è fondamentale in un clima che cambia. L'uso di vele invernali e di sistemi di riscaldamento nei frutteti può aiutare a prevenire i danni dovuti al gelo. Per difendersi dai temporali, le reti antigrandine e le siepi frangivento possono fornire protezione fisica ad alberi e frutti.

Innovazioni e Tecnologie

L'integrazione di tecnologie avanzate, come sensori climatici e sistemi di irrigazione automatizzati, consente una gestione del frutteto più precisa e reattiva. Questi strumenti forniscono dati in tempo reale sulle condizioni climatiche e sul fabbisogno idrico dei meli, consentendo ai coltivatori di prendere decisioni informate e adeguare rapidamente le loro pratiche di gestione.

Collaborazione e condivisione della conoscenza

Di fronte alle sfide poste dai cambiamenti climatici, la collaborazione tra ricercatori, agricoltori e istituzioni è essenziale. Le reti di condivisione delle conoscenze e la formazione sulle pratiche di gestione sostenibile consentono di diffondere innovazioni e migliori pratiche. I coltivatori possono imparare gli uni dagli altri e adottare strategie comprovate per migliorare la resilienza dei loro frutteti.

I meli, sebbene vulnerabili agli effetti dei cambiamenti climatici, possono adattarsi attraverso sagge pratiche di gestione, selezione varietale e innovazione tecnologica. Comprendendo gli impatti climatici e implementando strategie di adattamento, i coltivatori possono continuare a produrre raccolti abbondanti e di alta qualità, garantendo la sostenibilità di questo prezioso raccolto.

Capitolo 39: Tecniche di potatura avanzate

La potatura è una pratica orticola essenziale che influenza la salute, la produttività e l'estetica degli alberi da frutto e degli arbusti. Le tecniche avanzate di potatura ottimizzano questi aspetti utilizzando metodi sofisticati e ben studiati. Queste tecniche vanno oltre le pratiche di potatura di base e sono spesso utilizzate dai professionisti per massimizzare la resa, prolungare la vita delle piante e creare forme precise.

Dimensioni dell'allenamento

La potatura di formazione si concentra sullo sviluppo di una struttura forte e ben bilanciata nei primi anni di crescita dell'albero. Questa tecnica è fondamentale per i giovani alberi perché stabilisce la forma e la direzione della crescita futura. L'allevamento inizia spesso con la selezione dei rami principali ben distanziati, formando un ampio angolo con il tronco. Ciò crea una tettoia aperta che massimizza la penetrazione della luce e dell'aria, riducendo il rischio di malattie.

Ringiovanimento delle dimensioni

La potatura di ringiovanimento viene utilizzata per rivitalizzare alberi e arbusti invecchiati. Consiste nel rimuovere rami morti, malati o deboli per stimolare la crescita di nuovi germogli vigorosi. Questa tecnica è particolarmente utile per gli alberi da frutto che hanno una produzione ridotta. La potatura di ringiovanimento può richiedere una grave riduzione dell'altezza e della larghezza dell'albero, ma promuove una nuova crescita sana e produttiva.

Dimensione diradamento

Il diradamento comporta la rimozione di alcuni rami per migliorare la circolazione dell'aria e la penetrazione della luce attraverso la chioma. Questa tecnica riduce anche il peso totale dei rami, riducendo così il rischio di rotture durante i temporali o sotto il peso dei frutti. Il diradamento viene spesso utilizzato per alberi da frutto e arbusti ornamentali per aumentare la qualità dei frutti e prevenire malattie fungine.

Riduzione delle dimensioni

La potatura di riduzione viene utilizzata per controllare la dimensione e la forma complessiva di un albero o arbusto. Viene comunemente utilizzato per gli alberi che crescono troppo vicini agli edifici o alle linee elettriche. Questa tecnica richiede un'attenta potatura per ridurre le dimensioni senza danneggiare l'albero. È importante rispettare la struttura naturale dell'albero ed effettuare tagli sui rami laterali per mantenere un aspetto naturale ed equilibrato.

Taglia in verde

La potatura verde, o potatura estiva, viene effettuata durante la stagione di crescita. Questa tecnica è particolarmente efficace nel controllare la crescita eccessiva e nel favorire la fruttificazione. Rimuovendo i germogli indesiderati e diradando i frutti in via di sviluppo, la potatura verde aiuta a concentrare le risorse dell'albero sui frutti rimanenti, migliorandone le dimensioni e la qualità. La potatura verde aiuta anche a mantenere la forma dell'albero e previene l'ombreggiamento eccessivo.

Potatura a spalliera

La potatura di formazione è una tecnica sofisticata utilizzata per formare alberi da frutto contro un muro o un traliccio. Ciò massimizza l'utilizzo dello spazio verticale ed è ideale per piccoli giardini o frutteti urbani. Gli alberi formati vengono potati secondo forme specifiche, come a spalliera, a cordone speronato o a ventaglio. Questo metodo richiede una potatura regolare e precisa per mantenere la forma e la struttura desiderate.

Dimensioni Coppa

La potatura a calice è comunemente usata per alberi da frutto come meli e peri. Questa tecnica prevede la potatura dell'albero per creare una forma a calice o vaso, con una chioma aperta al centro. Ciò consente una migliore penetrazione della luce e un accesso più facile per la raccolta e la potatura. La dimensione della coppa favorisce inoltre una buona ventilazione, riducendo il rischio di malattie fungine.

Dimensione della selezione

La potatura selettiva è una tecnica avanzata che prevede la scelta e la potatura dei rami in base alla loro posizione, orientamento e potenziale di fruttificazione. Questo metodo viene spesso utilizzato nei frutteti commerciali per massimizzare la resa e la qualità dei frutti. Selezionando attentamente i rami fruttiferi ed eliminando quelli non produttivi, la potatura selettiva aiuta a concentrare le risorse dell'albero sulle parti più produttive.

Taglia della testa

La potatura superiore, o capitozzatura, è una tecnica controversa che prevede il taglio della parte superiore dell'albero per limitarne l'altezza. Sebbene questo metodo possa essere necessario per controllare le dimensioni degli alberi negli ambienti urbani, può anche indebolire la struttura dell'albero e renderlo più suscettibile a malattie e danni. Se utilizzata, la potatura della testa deve essere eseguita con attenzione e seguendo le migliori pratiche per ridurre al minimo gli effetti negativi.

Tecniche di potatura specifiche per la coltura

Ogni tipo di pianta ha le proprie esigenze di potatura. Ad esempio, le tecniche di potatura dei cespugli di rose differiscono da quelle utilizzate per le viti o i cespugli di bacche. Comprendere i requisiti specifici di ciascuna coltura aiuta a ottimizzare la salute e la produttività delle piante. Ad esempio, la potatura delle viti mira a promuovere la crescita di nuovi frutti, mentre la potatura dei cespugli di rose mira a incoraggiare una fioritura abbondante e continua.

Innovazioni e strumenti di potatura

I progressi tecnologici hanno anche migliorato le tecniche di potatura. I moderni strumenti di potatura, come le forbici elettriche e le seghe da potatura leggere, facilitano il lavoro di giardinieri e arboricoltori. I droni dotati di telecamere e sensori possono essere utilizzati per monitorare la salute degli alberi e identificare i rami che necessitano di potatura. L'utilizzo di un software di gestione del frutteto consente di pianificare e monitorare in modo più efficiente le operazioni di potatura.

Le tecniche di potatura avanzate sono essenziali per massimizzare la salute, la produttività e l'estetica degli alberi da frutto e degli arbusti. Padroneggiando questi metodi sofisticati, giardinieri e frutticoltori possono creare paesaggi produttivi e visivamente accattivanti, garantendo al tempo stesso la longevità e il vigore delle loro piante.

Capitolo 40: Tecniche di innesto avanzate

L'innesto è un'antica e sofisticata pratica orticola che unisce le caratteristiche desiderate di diverse piante in una sola. Combinando un portainnesto robusto con una marza dalle qualità desiderabili, possiamo creare piante che beneficiano delle migliori caratteristiche di entrambi i componenti. Le tecniche di innesto avanzate vanno oltre i metodi di base, offrendo opportunità per migliorare la produttività, la resistenza alle malattie e l'adattabilità a diversi ambienti.

Innesto diviso

L'innesto diviso è un metodo comunemente usato per ringiovanire vecchi alberi o cambiare varietà. Questa tecnica prevede la pratica di una fessura nel portinnesto e l'inserimento di una marza che è stata tagliata a forma di cuneo. Questo metodo è particolarmente efficace in primavera, quando la linfa comincia a circolare ed i tessuti dell'albero sono più ricettivi all'innesto. L'innesto diviso offre un'alta probabilità di successo e aiuta a creare un forte legame tra il portinnesto e la marza.

Innesto dello stemma

L'innesto a gemma, o innesto a T, è una tecnica in cui una gemma dormiente viene inserita sotto la corteccia del portainnesto. Questo metodo viene spesso utilizzato per alberi da frutto e cespugli di rose. Il portinnesto viene inciso a forma di T e nell'incisione viene inserita la gemma, con un pezzettino di corteccia. L'innesto a gemma è ideale durante la stagione di crescita attiva, quando la corteccia si stacca facilmente dal legno. Questo metodo consente una grande flessibilità ed è relativamente semplice da eseguire.

Innesto di corona

L'innesto a chioma viene utilizzato per alberi di grandi dimensioni dove vengono inserite numerose marze attorno alla circonferenza del portinnesto. Questa tecnica viene spesso utilizzata per cambiare completamente la varietà di un albero maturo. Il portinnesto viene tagliato orizzontalmente e sotto la corteccia esposta vengono inserite diverse marze. L'innesto della corona ringiovanisce un albero mantenendo il tronco e le radici consolidati, il che può accelerare la produzione di nuovi frutti.

Innesto per approccio

L'innesto di avvicinamento prevede l'innesto di due piante vive insieme senza separarle completamente dalle radici fino a quando l'innesto non ha fatto presa. Questa tecnica è utile per le piante difficili da innestare con altri metodi. Gli steli delle due piante vengono tagliati in modo che si incastrino tra loro, e vengono legati insieme fino a fondersi. Una volta stabilito l'innesto, una delle piante può essere tagliata sotto l'innesto. Questo metodo garantisce un alto tasso di successo perché entrambe le parti rimangono alimentate dalle loro radici finché non vengono fuse.

Innesto a ponte

L'innesto a ponte è una tecnica restaurativa utilizzata per salvare alberi la cui corteccia è stata danneggiata dai roditori o dal gelo. Questo metodo prevede l'innesto di sezioni di rametti giovani per creare un "ponte" sulla zona danneggiata, ripristinando così la circolazione della linfa. Vengono inseriti dei ramoscelli sotto e sopra l'area danneggiata, creando connessioni che permettono all'albero di continuare a crescere nonostante il danno. L'innesto a ponte è fondamentale per la sopravvivenza degli alberi feriti, ripristinandone vigore e salute.

Innesto laterale

L'innesto laterale prevede l'inserimento di una marza in un taglio laterale del portainnesto, spesso utilizzato per alberi e arbusti a fusto singolo. Questa tecnica è utile quando il portainnesto è troppo grande per altri metodi di innesto. La marza viene tagliata a forma di cuneo e inserita in un taglio laterale praticato sul portinnesto. Questo metodo consente una buona integrazione e garantisce un solido collegamento, favorendo la crescita armonica della marza e del portinnesto.

Innesto a fessura angolare

L'innesto a spacco angolato è una variante dell'innesto a spacco, in cui il taglio viene effettuato ad angolo per consentire il massimo contatto tra la marza e il portinnesto. Questa tecnica è particolarmente efficace per marze più grandi e portinnesti più piccoli, fornendo una migliore stabilità e un migliore tasso di successo. L'innesto viene tagliato a cuneo e inserito in una fessura angolata, quindi legato saldamente per garantire la fusione dei tessuti.

Innesto di giunzione

L'innesto a giunzione è comunemente usato per piante rampicanti e viti. Questa tecnica prevede di tagliare le estremità del portinnesto e della marza ad angolo e di unirle insieme in modo che i cambi siano allineati. La marza e il portinnesto vengono poi legati insieme con nastro da innesto o cera, favorendo una rapida fusione. L'innesto di giunzione è semplice da eseguire e offre un buon tasso di successo per le piante a crescita rapida.

Innesto mediante margotta

La margotta è un metodo di propagazione in cui una parte della pianta viene incoraggiata a formare radici mentre è ancora attaccata alla pianta madre. Questa tecnica viene spesso utilizzata per piante legnose difficili da innestare o prelevare talee. Una sezione del gambo viene incisa e circondata da muschio umido, quindi avvolta nella plastica per trattenere l'umidità. Una volta che le radici si sono formate, la nuova pianta può essere tagliata dalla pianta madre e trapiantata. Questo metodo garantisce una propagazione efficiente e rapida delle piante difficili.

Le tecniche di innesto avanzate offrono una moltitudine di possibilità per migliorare e diversificare le colture orticole. Padroneggiando questi metodi, giardinieri e frutticoltori possono creare piante più robuste, produttive e adatte alle sfide ambientali, pur continuando l'arte e la scienza dell'innesto.

Capitolo 41: Innovazioni nella coltivazione delle mele

La coltivazione delle mele si è evoluta in modo significativo grazie alle innovazioni tecnologiche e scientifiche. Questi progressi hanno migliorato la produttività, la resistenza alle malattie e la qualità dei frutti, rendendo la coltivazione più sostenibile e rispettosa dell'ambiente. Ecco una panoramica delle principali innovazioni che stanno trasformando oggi la coltivazione delle mele.

Cultivar resistenti alle malattie

La creazione di nuove cultivar di mele resistenti alle malattie è uno dei progressi più importanti. I meli sono spesso vulnerabili a malattie come la ticchiolatura, il fuoco batterico e l'oidio. Grazie alle tecniche di selezione genetica e alla biotecnologia sono state sviluppate varietà resistenti. Queste cultivar richiedono meno trattamenti chimici, riducendo così l'impatto ambientale e i costi di produzione. Ad esempio, varietà come "Liberty" ed "Enterprise" sono note per la loro naturale resistenza alla ticchiolatura.

Sistemi di coltivazione ad alta densità

I sistemi di coltivazione ad alta densità permettono di massimizzare la produzione su una superficie ridotta. Utilizzando portinnesti nani e semi-nani, i meli possono essere piantati più ravvicinati, facilitando la manutenzione, la raccolta e aumentando la resa per ettaro. Questi sistemi beneficiano anche dell'utilizzo di tralicci e strutture di sostegno, ottimizzando l'esposizione alla luce e migliorando la qualità dei frutti. In questi sistemi vengono comunemente utilizzati gli allevamenti a spalliera e a traliccio per mantenere una struttura compatta e produttiva.

Irrigazione e fecondazione di precisione

L'irrigazione e la fertilizzazione di precisione sono tecnologie che forniscono ai meli esattamente ciò di cui hanno bisogno, quando ne hanno bisogno. I sensori del suolo e i sistemi di irrigazione a goccia consentono una gestione precisa dell'acqua, riducendo così gli sprechi e migliorando l'efficienza dell'irrigazione. Inoltre, i sistemi di fertilizzazione di precisione applicano nutrienti in base alle esigenze specifiche delle piante, riducendo al minimo l'uso di fertilizzanti e prevenendo l'inquinamento del suolo e dell'acqua.

Utilizzo di droni e sensori

Droni e sensori svolgono un ruolo sempre più importante nella gestione dei meleti. I droni dotati di telecamere e sensori multispettrali possono monitorare la salute degli alberi, rilevare i primi segni di malattie o stress idrico e mappare i frutteti per una gestione ottimizzata. I sensori a terra misurano variabili come l'umidità del suolo, la temperatura e la crescita degli alberi, fornendo dati in tempo reale per prendere decisioni informate sull'irrigazione, la fertilizzazione e la protezione delle colture.

Tecniche di innesto avanzate

L'innesto rimane una tecnica essenziale per la propagazione dei meli, ma le innovazioni nei metodi di innesto hanno migliorato il tasso di successo e la qualità degli innesti. Tecniche come l'innesto a spacco, a gemma e ad approccio sono state perfezionate per garantire una migliore compatibilità tra marza e portinnesto. I portinnesti moderni offrono una maggiore resistenza alle malattie, un migliore adattamento a terreni diversi e una gestione più semplice delle dimensioni degli alberi, che è fondamentale per i sistemi colturali ad alta densità.

Controllo biologico dei parassiti

Il controllo biologico dei parassiti è un'alternativa ecologica ai pesticidi chimici. Questo metodo utilizza i nemici naturali dei parassiti, come insetti predatori, nematodi e funghi entomopatogeni, per ridurre le popolazioni di parassiti. Ad esempio, l'uso di vespe parassitoidi per controllare le popolazioni di carpocapsa è una pratica comune. Questi approcci biologici riducono l'impatto ambientale e i residui di pesticidi nei frutti, pur mantenendo un efficace controllo dei parassiti.

Selezione assistita da marcatori (MAS)

La selezione assistita da marcatori (MAS) è una tecnologia all'avanguardia che accelera il processo di sviluppo di nuove varietà di mele. Utilizzando marcatori genetici per identificare i tratti desiderati, come la resistenza alle malattie, la qualità dei frutti e la tolleranza allo stress, i coltivatori possono creare cultivar migliorate in modo più rapido e accurato. Questo metodo riduce inoltre la necessità di lunghi periodi di test sul campo, rendendo il processo di selezione più efficiente.

Agricoltura conservativa

L'agricoltura conservativa incorpora pratiche che preservano e migliorano la salute del suolo, aumentando al tempo stesso la produttività dei meli. Tecniche come la non lavorazione, la pacciamatura e la rotazione delle colture aiutano a mantenere la struttura del suolo, aumentano la materia organica e riducono l'erosione. Queste pratiche sostengono la biodiversità del suolo e migliorano la resilienza dei frutteti alle condizioni climatiche estreme. L'uso delle colture di copertura, ad esempio, protegge il suolo dall'erosione e migliora la ritenzione idrica, creando un ambiente più stabile per i meli.

Precisione nella potatura e gestione della chioma

La potatura e la gestione della chioma sono aspetti cruciali della coltivazione delle mele, in quanto influenzano la produttività e la qualità dei frutti. Le innovazioni negli strumenti di potatura, come i potatori elettrici e le piattaforme di potatura mobili, hanno reso questi compiti più precisi e meno laboriosi. Tecniche di potatura avanzate, come la potatura verde e la potatura di ringiovanimento, aiutano a gestire la crescita degli alberi in modo più efficiente, promuovendo una migliore aerazione e un'esposizione uniforme alla luce.

Le innovazioni nella coltivazione delle mele hanno trasformato questa pratica tradizionale in una scienza precisa e altamente produttiva. Integrando progressi tecnologici, metodi di coltivazione sostenibili e tecniche di gestione innovative, i frutticoltori possono produrre mele di alta qualità riducendo al contempo l'impatto ambientale e migliorando la redditività economica dei loro frutteti.

Capitolo 42: Meli nel mondo

Il melo è tra gli alberi da frutto più diffusi e apprezzati in tutto il mondo. La loro storia e cultura risale a millenni fa e occupano un posto di rilievo in molte culture e tradizioni. Dall'Asia all'Europa fino all'America, i meli hanno conquistato tutti i continenti e continuano a incantare le persone con la loro bellezza e i loro frutti deliziosi.

Origini dell'Asia centrale

Le origini del melo risalgono all'Asia centrale, dove ancora oggi si possono trovare popolazioni selvatiche di meli. La ricerca genetica suggerisce che il Kazakistan è il luogo di nascita dei meli coltivati, dove furono addomesticati migliaia di anni fa. I primi meli coltivati erano probabilmente varietà selvatiche selezionate per i loro frutti più grandi e saporiti. Da lì, i meli furono introdotti in altre parti del mondo attraverso la migrazione e il commercio umano.

Espansione in Europa

I meli furono introdotti in Europa millenni fa, probabilmente dai Romani e dai Greci. Erano venerati nella mitologia greca e romana come simboli di bellezza, fertilità e immortalità. I meli erano ampiamente coltivati nei giardini dei monasteri medievali, dove i monaci svilupparono nuove varietà e tecniche di coltivazione. Nel corso del tempo, i meli si diffusero in tutta Europa, diventando una parte essenziale dell'agricoltura e della cultura europea.

Colonizzazione dell'America

I primi coloni europei portarono i meli nel Nord America nel XVI secolo. Gli alberi di mele venivano spesso piantati lungo le rotte migratorie per fornire una fonte di cibo ai viaggiatori. Nel XVII secolo furono istituiti i primi frutteti commerciali nelle colonie americane, producendo mele per il consumo locale e l'esportazione in Europa. Gli alberi di mele sono diventati un simbolo dell'identità americana e negli Stati Uniti sono state sviluppate varietà iconiche come la mela McIntosh.

Diversità varietale

La coltivazione dei meli ha dato origine ad un'impressionante diversità di varietà in tutto il mondo. Migliaia di cultivar sono state sviluppate per le loro diverse caratteristiche, come colore, sapore, consistenza e resistenza alle malattie. Ogni regione ha le sue varietà iconiche, adattate al clima e alle condizioni di crescita. Varietà antiche come pippin, cox orange o granny smith si affiancano a varietà più recenti sviluppate mediante incroci e selezione genetica.

Importanza culturale e simbolica

Gli alberi di mele occupano un posto importante in molte culture e tradizioni in tutto il mondo. Sono spesso associati a simboli di fertilità, prosperità e longevità. Le mele vengono utilizzate nelle cerimonie religiose, nelle feste e nei rituali e sono spesso presenti nell'arte, nella letteratura e nella musica. I meleti sono anche luoghi di incontro e convivialità, dove le persone si riuniscono per raccogliere la frutta, fare picnic e festeggiare le stagioni.

Adattamento alle condizioni climatiche

I meli sono alberi adattivi che possono crescere in un'ampia varietà di climi e terreni. Vengono coltivati in regioni diverse come le regioni temperate dell'Europa e del Nord America, le regioni subtropicali dell'Asia e dell'Africa e persino le regioni montuose e desertiche. Allevatori e orticoltori hanno sviluppato varietà adattate a condizioni climatiche specifiche, consentendo una coltivazione di successo in ambienti diversi.

Le sfide della cultura moderna

Nonostante la loro adattabilità, i meli devono affrontare sfide crescenti nel mondo moderno. Il cambiamento climatico, la deforestazione, l'inquinamento, le malattie e i parassiti minacciano la salute dei meleti di tutto il mondo. Sono necessari nuovi sforzi di conservazione e preservazione per salvaguardare la diversità genetica dei meli e garantirne la sopravvivenza a lungo termine.

I meli sono più di una semplice fonte di cibo; sono simboli della nostra storia, della nostra cultura e del nostro legame con la natura. La loro presenza in tutto il mondo testimonia la loro importanza e il loro impatto sulle nostre vite da millenni, e il loro futuro dipende dal nostro impegno a preservarli e proteggerli per le generazioni future.

I meli sono più che semplici alberi da frutto; sono profondamente radicati nelle tradizioni e nelle culture locali di tutto il mondo. Per secoli questi alberi hanno avuto un ruolo centrale nelle pratiche religiose, nelle feste, nei costumi sociali e anche nelle credenze popolari. La loro presenza onnipresente nei paesaggi rurali e urbani li rende testimoni viventi della storia e dell'identità delle comunità locali.

Simboli di fertilità e prosperità

In molte culture, i meli sono associati a simboli di fertilità e prosperità. La loro capacità di produrre frutti ricchi di sapore e sostanze nutritive in abbondanza è spesso interpretata come un segno di fertilità e benessere. In alcune regioni, gli sposi piantano un melo al loro matrimonio, a simboleggiare il loro augurio per una vita matrimoniale fruttuosa e abbondante.

Celebrazioni e Sagre

Gli alberi di mele sono anche al centro di molte celebrazioni e festival in tutto il mondo. In molte culture europee, la raccolta delle mele viene celebrata con feste tradizionali in cui le persone si riuniscono per raccogliere i frutti, ballare, cantare e gustare le prelibatezze delle mele. Queste feste sono un'opportunità per rafforzare i legami comunitari e perpetuare tradizioni secolari.

Pratiche religiose e spirituali

In alcune tradizioni religiose i meli hanno un significato simbolico particolare. A volte sono associati a divinità o figure mitologiche e vengono eseguiti rituali speciali per onorare la loro presenza. Nel cristianesimo, ad esempio, il melo è spesso associato al Giardino dell'Eden e alla tentazione di Adamo ed Eva. In altre tradizioni, i meli sono venerati come simboli di fertilità e rigenerazione.

Beni culturali e patrimonio

I meleti sono parte integrante del patrimonio culturale e del patrimonio delle comunità locali. La loro presenza nel paesaggio riflette spesso pratiche agricole tradizionali e antichi modi di vita. In alcune zone i meleti sono considerati siti storici e come tali tutelati. La loro conservazione è quindi fondamentale per preservare la memoria collettiva e l'identità culturale delle popolazioni locali.

Influenza sull'arte e sulla letteratura

Gli alberi di mele hanno anche ispirato molti artisti e scrittori nel corso dei secoli. La loro straordinaria bellezza in fiore, l'abbondanza di frutti colorati e il ciclo di vita stagionale sono stati rappresentati in dipinti, poesie, racconti e canzoni in tutto il mondo. I meli sono spesso usati come metafora in letteratura per evocare temi di crescita, trasformazione e rinnovamento.

Conservazione e Valorizzazione

Di fronte alle sfide della globalizzazione, dell'urbanizzazione e del cambiamento ambientale, la conservazione dei meleti e delle tradizioni ad essi associati è diventata una priorità per molte comunità locali. Vengono attuate iniziative di conservazione e valorizzazione per salvaguardare questi preziosi patrimoni culturali e assicurarne la trasmissione alle generazioni future. Sensibilizzare l'opinione pubblica sull'importanza dei meli nelle tradizioni locali è essenziale per garantirne la sopravvivenza a lungo termine.

Gli alberi di melo continuano quindi a svolgere un ruolo vitale nelle tradizioni locali di tutto il mondo, testimoniando la loro importanza culturale e il profondo legame con la storia e l'identità delle comunità umane. Simboleggiano la fertilità, la prosperità, la convivialità e la bellezza, e la loro presenza continua ad arricchire le nostre vite e a nutrire il nostro immaginario collettivo.

Capitolo 44: Il posto dei meli nell'arte e nella letteratura

I meli hanno sempre avuto un posto di rilievo nell'arte e nella letteratura, la loro immagine spesso simboleggia molto più della semplice presenza nel paesaggio. La loro silhouette maestosa, i fiori delicati e i frutti colorati hanno ispirato artisti e scrittori nel corso dei secoli, fornendo uno sfondo ricco di significato e metafora.

Simboli di vita e rinnovamento

In molte culture, i meli sono associati a simboli di vita e rinnovamento. Le loro fioriture primaverili sono spesso viste come un segno di speranza e rinnovamento, segnando l'inizio di una nuova stagione di crescita e prosperità. Gli artisti hanno catturato questa bellezza effimera in dipinti e disegni, mentre gli scrittori la hanno descritta con parole piene di poesia e lirismo.

Tema della tentazione e del peccato

Il melo è anche associato ai temi della tentazione e del peccato, in particolare nella tradizione biblica. Secondo il racconto della Genesi, il frutto proibito mangiato da Adamo ed Eva veniva spesso raffigurato come una mela, anche se la Bibbia non lo specifica esplicitamente. Questa storia ha ispirato numerose interpretazioni artistiche e letterarie, esplorando i concetti di desiderio, disobbedienza e conseguenze.

Bellezza effimera e fragilità della vita

I fiori di melo sono spesso usati come simboli della bellezza fugace e della fragilità della vita. La loro breve fioritura ricorda agli osservatori la caducità del tempo e l'importanza di assaporare ogni momento. Gli artisti hanno rappresentato questa bellezza transitoria in opere che catturano l'essenza del momento presente, mentre gli scrittori l'hanno esplorata in poesie e storie intrise di nostalgia e riflessione.

Metafora di crescita e cambiamento

I meli, con il loro ciclo di vita stagionale, sono spesso usati come metafora di crescita e cambiamento. Le loro foglie che cadono in autunno e i loro boccioli che fioriscono in primavera simboleggiano i cicli della vita e le transizioni che segnano la nostra esistenza. Artisti e scrittori hanno sfruttato questa metafora per esprimere idee sulla maturità, sul passare del tempo e sulla ricerca di significato nella vita.

Patrimonio culturale e identità locale

Infine, i meli sono parte integrante del patrimonio culturale e dell'identità locale di molte comunità in tutto il mondo. I loro frutteti sono simboli di ruralità e tradizione, e sono spesso celebrati in sagre ed eventi locali. Artisti e scrittori locali attingono a questa ricchezza culturale per creare opere che riflettono l'importanza dei meli nella vita quotidiana e nell'immaginario collettivo della loro comunità.

Pertanto, il posto dei meli nell'arte e nella letteratura è profondo e significativo, a testimonianza della loro importanza culturale e simbolica nel corso dei secoli. La loro immagine continua a ispirare e incantare artisti e scrittori di tutto il mondo, fornendo un'inesauribile fonte di ispirazione per esplorare i temi universali della vita, della morte e della natura umana.

Capitolo 45: Meli e istruzione: laboratori e attività

Gli alberi di mele offrono un'opportunità eccezionale per integrare l'apprendimento all'aria aperta e l'educazione ambientale nei programmi educativi. La loro presenza nei frutteti e negli orti scolastici consente di organizzare una serie di laboratori e attività stimolanti che arricchiscono l'esperienza educativa degli studenti e promuovono il loro legame con la natura.

Impianto e manutenzione dei frutteti

Piantare e curare i frutteti di mele sono attività pratiche che consentono agli studenti di sviluppare competenze di giardinaggio e agricoltura. Partecipando alla selezione delle varietà di meli, alla preparazione del terreno e alla piantumazione di alberi, gli studenti apprendono le basi dell'orticoltura contribuendo allo stesso tempo alla creazione di uno spazio verde sostenibile e produttivo nella loro scuola o comunità.

Osservazione del ciclo di vita

Osservare il ciclo di vita dei meli è un'attività affascinante che permette agli studenti di comprendere le diverse fasi di crescita e sviluppo degli alberi da frutto. Osservando i boccioli che sbocciano in primavera, i fiori che si trasformano in frutti in estate e le foglie che cambiano colore in autunno, gli studenti acquisiscono una comprensione approfondita dei processi biologici che governano la vita dei meli.

Studio dell'impollinazione

Studiare l'impollinazione delle mele è un'attività educativa coinvolgente che consente agli studenti di esplorare le interazioni tra piante e impollinatori. Osservando le api e altri insetti in azione, gli studenti imparano come vengono impollinati i fiori dei meli e come ciò contribuisce alla produzione dei frutti. Questa attività incoraggia inoltre gli studenti a riflettere sull'importanza della biodiversità e sulla conservazione degli impollinatori.

Raccolta e lavorazione della frutta

La raccolta e la lavorazione della frutta sono attività pratiche che consentono agli studenti di sperimentare le fasi finali del ciclo di vita del melo. Raccogliendo manualmente i frutti maturi e trasformandoli in deliziosi snack come composte o succhi di frutta, gli studenti sviluppano un legame tangibile con il cibo e apprendono l'importanza di una dieta sana ed equilibrata.

Consapevolezza ambientale

Le attività sui meli offrono una grande opportunità per affrontare importanti questioni ambientali come la conservazione delle risorse naturali e la sostenibilità. Discutendo pratiche agricole rispettose dell'ambiente, come l'agroforestazione e la permacultura, gli studenti sviluppano una maggiore consapevolezza delle sfide ambientali che il nostro pianeta deve affrontare e delle azioni che possono intraprendere per risolverle.

Promozione della salute e del benessere

Infine, le attività intorno ai meli incoraggiano gli studenti ad adottare abitudini di vita sane sottolineando l'importanza di mangiare cibi freschi e locali. Apprendendo i benefici nutrizionali delle mele e partecipando alle attività di raccolta e lavorazione della frutta, gli studenti sono incoraggiati a fare scelte alimentari sane che contribuiscono al loro benessere generale.

Gli alberi di mele offrono una moltitudine di opportunità di apprendimento all'aperto e di educazione ambientale che arricchiscono l'esperienza educativa degli studenti e favoriscono la loro connessione con la natura. Queste attività pratiche incoraggiano gli studenti a sviluppare competenze di giardinaggio e agricoltura, a esplorare i processi biologici che governano la vita vegetale e a pensare in modo critico alle sfide ambientali che il nostro pianeta deve affrontare. Integrando i meli nei programmi educativi, le scuole possono svolgere un ruolo importante nella promozione di uno stile di vita sano, sostenibile e rispettoso dell'ambiente per le generazioni future.

Capitolo 46: Creare un frutteto educativo

I frutteti didattici rappresentano una fantastica opportunità per integrare l'apprendimento pratico con l'educazione ambientale, offrendo agli studenti un'esperienza coinvolgente nel cuore della natura. Questi vibranti spazi verdi non sono solo fonti di cibo, ma anche potenti strumenti educativi che promuovono la comprensione dell'ecologia, l'apprendimento di abilità di vita e il rafforzamento delle connessioni comunitarie.

Selezione di alberi da frutto

Il primo passo nella creazione di un frutteto didattico è la selezione degli alberi da frutto adeguati. È essenziale scegliere varietà che prosperano nel clima locale e offrono una varietà di frutti per un'esperienza di apprendimento ricca e varia. Gli studenti possono partecipare a questa selezione imparando a conoscere le diverse specie e comprendendo le esigenze di ciascun albero.

Preparazione del terreno

Una volta selezionati gli alberi, occorre preparare il terreno per la piantumazione. Questa fase spesso comporta la preparazione del terreno, la creazione di aiuole rialzate o l'installazione di un sistema di irrigazione. Gli studenti possono essere coinvolti in queste attività imparando a conoscere il suolo e le esigenze idriche degli alberi e contribuendo a creare un ambiente favorevole alla crescita delle piante.

Piantagione e manutenzione

Piantare alberi è un'opportunità di apprendimento pratico in cui gli studenti possono mettere in pratica le loro conoscenze su come gestire le piante e assicurarsi che siano ben stabilite. Una volta sistemati gli alberi, gli studenti possono anche partecipare alla manutenzione quotidiana del frutteto, irrigando, potando e potando gli alberi secondo necessità.

Osservazione e apprendimento

Il frutteto didattico offre molteplici opportunità di osservazione e apprendimento. Gli studenti potranno osservare il ciclo vitale degli alberi da frutto, dalla fioritura alla fruttificazione, e conoscere i processi biologici che governano queste trasformazioni. Questa esperienza pratica consente loro di comprendere meglio i concetti teorici trattati in classe e di sviluppare una connessione più profonda con la natura.

Consapevolezza ambientale

Creare un frutteto didattico è anche un'occasione per affrontare importanti questioni ambientali come la biodiversità, la conservazione delle risorse naturali e la sostenibilità. Gli studenti possono discutere le sfide che devono affrontare gli ecosistemi locali ed esplorare possibili soluzioni per proteggerli e preservarli.

L'impegno della comunità

Infine, i frutteti didattici offrono l'opportunità di rafforzare i legami con la comunità coinvolgendo studenti, insegnanti, genitori e membri della comunità locale nel processo di creazione e mantenimento del frutteto. Eventi di piantagione di alberi, laboratori di giardinaggio e visite ai frutteti possono riunire le persone attorno a un obiettivo comune e promuovere un senso di appartenenza e orgoglio nella comunità.

Creare un frutteto didattico è molto più di un semplice progetto di giardinaggio; è un'opportunità per ispirare curiosità, favorire l'apprendimento permanente e coltivare un profondo rispetto per la natura e l'ambiente. Fornendo agli studenti un'esperienza pratica e significativa all'interno della propria scuola o comunità, gli frutteti educativi possono aiutare a formare cittadini responsabili e consapevoli del proprio impatto sul mondo che li circonda.

Capitolo 47: Meli ed economia locale

Il melo è molto più di una semplice coltura agricola; sono le basi di un'economia locale solida e diversificata. In molte parti del mondo, la coltivazione delle mele genera reddito, crea posti di lavoro e stimola lo sviluppo economico, contribuendo così al benessere delle comunità locali.

Creazione di reddito

La coltivazione delle mele è un fattore chiave per la generazione di reddito in molte regioni agricole. I meleti forniscono agli agricoltori una fonte di reddito stabile durante tutto l'anno, sia attraverso la vendita di frutta fresca, prodotti trasformati come succo di mela o sidro, sia attraverso l'agricoltura. Questa diversificazione delle fonti di reddito aiuta a mitigare i rischi associati all'agricoltura e a rafforzare la resilienza economica delle comunità locali.

Creazione di posti di lavoro

La coltivazione di meli crea una serie di posti di lavoro lungo tutta la catena del valore, dalla piantagione e mantenimento dei frutteti alla raccolta, lavorazione e commercializzazione dei prodotti. I posti di lavoro creati dall'industria delle mele includono agricoltori, raccoglitori, lavoratori stagionali, tecnici della trasformazione alimentare, venditori di mercato e molti altri. Questa forza lavoro diversificata contribuisce a rilanciare l'economia locale e a fornire opportunità di lavoro a una vasta gamma di persone.

Diversificazione economica

La coltivazione delle mele offre alle regioni agricole l'opportunità di diversificare le proprie economie e ridurre la dipendenza da settori economici più volatili. Investendo nella produzione di pomacee, le comunità agricole possono ampliare la propria base economica, attrarre nuovi investimenti e rafforzare la propria resilienza agli shock economici esterni.

Promozione del turismo

I meleti sono spesso destinazioni turistiche popolari, che attirano visitatori locali e internazionali durante tutto l'anno. Festival delle mele, visite ai frutteti, degustazioni di prodotti locali ed eventi stagionali offrono agli agricoltori e ai produttori locali l'opportunità di promuovere i loro prodotti e stimolare l'economia turistica locale.

Nel complesso, i meli svolgono un ruolo essenziale nel tessuto economico delle regioni agricole, contribuendo alla generazione di reddito, alla diversificazione economica, alla creazione di posti di lavoro e alla promozione del turismo locale. Investendo nella coltivazione delle mele, le comunità possono rafforzare le proprie economie locali, sostenere gli agricoltori locali e promuovere lo sviluppo sostenibile a lungo termine.

Capitolo 48: Meli e turismo rurale

I meleti non sono solo oasi di verde; sono anche mete preferite dagli amanti del turismo rurale. Offrendo un'esperienza immersiva nel mondo dell'agricoltura e della natura, i meleti attirano visitatori in cerca di autenticità, relax e scoperte del gusto.

Ecoturismo

I meleti offrono un'opportunità unica per esplorare la natura mentre si impara a conoscere l'agricoltura e la cultura locale. I visitatori possono passeggiare tra filari di meli, ammirare i fiori in fiore in primavera e partecipare alle attività di raccolta delle mele in autunno. Questa immersione nella campagna offre ai visitatori una gradita fuga dal trambusto della vita cittadina e un'opportunità per riconnettersi con la natura.

Degustazione di Prodotti Locali

I meleti sono anche luoghi di degustazione di prodotti locali, offrendo ai visitatori l'opportunità di assaggiare una varietà di delizie culinarie a base di mele. Dalle degustazioni di sidro e succo di mela fresco ai dolci fatti in casa e alle marmellate artigianali, i visitatori possono sperimentare il vero gusto delle mele appena raccolte e apprezzare la ricchezza dei sapori locali.

Attività familiari

I meleti sono destinazioni ideali per le famiglie in cerca di avventure all'aria aperta. I bambini potranno divertirsi raccogliendo le mele, partecipando a giochi e attività didattiche e incontrando gli animali della fattoria che spesso vivono nei pressi dei frutteti. Queste esperienze familiari creano ricordi duraturi e rafforzano i legami intergenerazionali.

Eventi stagionali

I meleti spesso organizzano eventi stagionali per attirare visitatori durante tutto l'anno. Dalle feste delle mele ai mercati contadini, dalle gite in carrozza ai concerti all'aperto, questi eventi offrono ai visitatori un'esperienza completa della vita rurale e della cultura locale.

Promozione dell'economia locale

Oltre a fornire un'esperienza turistica arricchente, i meleti contribuiscono a promuovere l'economia locale sostenendo gli agricoltori e i produttori locali. Acquistando prodotti locali e partecipando ad attività agricole, i visitatori sostengono le comunità rurali e aiutano a preservare le tradizioni agricole e culturali della regione.

I meleti sono molto più che semplici aziende agricole; sono mete preferite dagli appassionati di turismo rurale alla ricerca di esperienze autentiche e scoperte del gusto. Offrendo immersione nella natura, degustazioni di prodotti locali, attività familiari ed eventi stagionali, i meleti attirano visitatori da tutto il mondo e aiutano a promuovere l'economia e la cultura locale.

Capitolo 49: Meli e gastronomia

I meli sono sempre stati al centro della gastronomia, offrendo una moltitudine di possibilità culinarie che deliziano i palati di tutto il mondo. La loro versatilità li rende immancabili in svariati piatti, dall'antipasto al dolce.

Fonte di ispirazione

Gli chef trovano nei meli una fonte inesauribile di ispirazione per creare piatti gustosi e innovativi. Le mele si abbinano perfettamente con un'ampia varietà di ingredienti, aggiungendo un tocco di freschezza e dolcezza ad ogni boccone.

Dolci delizie

In pasticceria le mele sono protagoniste indiscusse. Dalle crostate ai crumble, alle torte e alle ciambelle, le possibilità sono infinite. La loro consistenza succosa e il gusto dolce li rendono l'ingrediente perfetto per una varietà di dessert golosi.

Accompagnamenti stagionali

Le mele sono anche compagne ideali di molti piatti, apportando un tocco di dolcezza e acidità. Composte, chutney o semplicemente fette di mela arrostite, aggiungono una nota di freschezza e sapore ad ogni pasto.

Bevande rinfrescanti

Infine, le mele vengono utilizzate anche per creare una gamma di bevande rinfrescanti, dal sidro di mele frizzante ai cocktail creativi. Il loro sapore fruttato e l'acidità equilibrata li rendono ingredienti pregiati nel mondo delle bevande.

I meli non sono quindi solo alberi da frutto, ma veri e propri tesori gastronomici, che offrono una ricchezza di sapori e possibilità culinarie che deliziano le papille gustative e ispirano i creatori di ricette di tutto il mondo.

Capitolo 50: Benefici nutrizionali delle mele

Le mele sono più di un semplice frutto; sono una vera miniera di benefici nutrizionali. Ricche di fibre, vitamine e antiossidanti, le mele sono un alimento versatile che contribuisce a una dieta sana ed equilibrata.

Fibra alimentare

Le mele sono un'ottima fonte di fibre alimentari, in particolare di fibre solubili come la pectina. Le fibre aiutano a regolare il transito intestinale, prevengono la stitichezza e favoriscono una sana digestione. Aiutano anche a ridurre i livelli di colesterolo nel sangue legandosi ai grassi e rimuovendoli dal corpo.

Vitamine e minerali

Le mele sono ricche di vitamine e minerali essenziali per la salute. Contengono vitamina C, un potente antiossidante che rafforza il sistema immunitario e protegge le cellule dai danni causati dai radicali liberi. Le mele sono anche una fonte di vitamine del gruppo B, potassio, calcio e magnesio, che contribuiscono alla salute delle ossa, dei muscoli e del sistema nervoso.

Antiossidanti

Le mele sono ricche di antiossidanti, composti che proteggono le cellule dai danni causati dai radicali liberi. Queste sostanze svolgono un ruolo cruciale nella prevenzione di malattie croniche come malattie cardiache, cancro e diabete. Tra gli antiossidanti presenti nelle mele troviamo flavonoidi, catechine e acidi fenolici.

Poche calorie

Le mele sono naturalmente povere di calorie, il che le rende uno spuntino ideale per chi tiene sotto controllo il proprio peso o l'apporto calorico. Una mela di medie dimensioni contiene circa 95 calorie, rendendola un'opzione nutriente e saziante per riempire gli spuntini tra i pasti.

Effetti sulla salute

Il consumo regolare di mele è associato a numerosi effetti benefici per la salute. Gli studi hanno dimostrato che le persone che mangiano regolarmente mele hanno un rischio ridotto di sviluppare alcune malattie croniche come malattie cardiache, diabete di tipo 2 e alcuni tipi di cancro. Le mele possono anche aiutare con la gestione del peso e la salute dell'apparato digerente.

Le mele sono un alimento versatile e nutriente che offre numerosi benefici per la salute. Ricche di fibre, vitamine, minerali e antiossidanti, le mele sono una preziosa aggiunta a qualsiasi dieta equilibrata e aiutano a sostenere una salute ottimale a lungo termine.

Capitolo 51: Meli e salute

I meli sono più che semplici alberi da frutto; sono preziosi alleati per la salute umana. Le mele, il loro frutto iconico, sono ricche di nutrienti essenziali e offrono molti benefici per la salute. Il loro consumo regolare contribuisce alla prevenzione di varie malattie e al miglioramento del benessere generale.

Ricchezza di nutrienti

Le mele sono un'ottima fonte di vitamine e minerali. Contengono quantità significative di vitamina C, un potente antiossidante che rafforza il sistema immunitario e aiuta a combattere le infezioni. Forniscono inoltre vitamine A e B, potassio, calcio e magnesio, essenziali per il corretto funzionamento dell'organismo.

Fibra alimentare

Le mele sono particolarmente ricche di fibre, tra cui la pectina, una fibra solubile che aiuta a regolare la digestione e a prevenire la stitichezza. La fibra alimentare svolge anche un ruolo cruciale nel mantenimento della salute cardiovascolare riducendo i livelli di colesterolo nel sangue e stabilizzando i livelli di glucosio nel sangue.

Antiossidanti

Le mele contengono vari antiossidanti, come flavonoidi e polifenoli, che proteggono le cellule dai danni dei radicali liberi. Questi antiossidanti sono associati a un ridotto rischio di malattie croniche, tra cui malattie cardiache, cancro e diabete di tipo 2.

Controllo del peso

Grazie al basso contenuto calorico e all'alto contenuto di fibre, le mele sono uno spuntino ideale per chi vuole controllare il proprio peso. Le fibre aiutano a prolungare la sensazione di sazietà, riducendo l'appetito e aiutando a controllare l'apporto calorico complessivo.

Salute dell'apparato digerente

La fibra presente nelle mele promuove la salute dell'apparato digerente sostenendo l'equilibrio della flora intestinale. Il consumo regolare di mele può aiutare a prevenire disturbi digestivi come stitichezza, gonfiore e infiammazioni intestinali.

Prevenzione delle malattie

Le mele sono associate a un ridotto rischio di diverse malattie croniche. Il loro consumo regolare è legato a un ridotto rischio di malattie cardiovascolari, grazie alla loro capacità di abbassare i livelli di colesterolo e migliorare la salute dei vasi sanguigni. Gli antiossidanti e le fibre presenti nelle mele aiutano anche a prevenire il diabete di tipo 2 e alcuni tipi di cancro.

Le mele, frutti dei meli, sono veri e propri tesori nutrizionali. Ricchi di vitamine, minerali, fibre e antiossidanti, offrono numerosi benefici per la salute. Incorporare le mele nella dieta quotidiana è un modo semplice ed efficace per sostenere la salute generale e prevenire varie malattie.

Capitolo 52: Meli negli spazi pubblici

L'integrazione dei meli negli spazi pubblici trasforma questi luoghi in oasi di verde e benessere per le comunità. La loro presenza apporta numerosi benefici, dal miglioramento della qualità dell'aria alla promozione della biodiversità, senza dimenticare i benefici sociali ed educativi che offrono.

Miglioramento dell'ambiente urbano

I meli contribuiscono in modo significativo a migliorare la qualità dell'aria assorbendo anidride carbonica e rilasciando ossigeno. Aiutano inoltre a filtrare le particelle sottili e a ridurre l'inquinamento atmosferico, rendendo gli spazi urbani più sani e più piacevoli da vivere. Il loro fitto fogliame fornisce ombra, riducendo gli effetti delle isole di calore urbane e creando microclimi più freschi.

Promozione della biodiversità

Piantando meli negli spazi pubblici, incoraggiamo la biodiversità locale. I fiori di melo attirano impollinatori come api e farfalle, essenziali per la riproduzione delle piante. I frutti servono come cibo per varie specie di uccelli e piccoli mammiferi, contribuendo a un ecosistema equilibrato e vivace.

Benefici sociali ed educativi

I meli dei parchi e dei giardini pubblici diventano naturali punti di aggregazione delle comunità. Creano spazi di relax e convivialità dove le persone possono incontrarsi, fare picnic o semplicemente riposarsi all'ombra. Inoltre, questi alberi da frutto offrono un'opportunità di apprendimento unica per bambini e adulti. Si possono organizzare laboratori sulla coltivazione delle mele, sulla potatura e sulla raccolta degli alberi, promuovendo l'educazione e la consapevolezza ambientale.

L'impegno della comunità

Anche il mantenimento degli alberi di mele negli spazi pubblici può promuovere l'impegno della comunità. Le iniziative di piantumazione e cura degli alberi incoraggiano i residenti a partecipare attivamente alla vita del loro quartiere. Questi progetti comunitari rafforzano i legami sociali e danno ai partecipanti un senso di orgoglio e responsabilità per il loro ambiente.

Estetica e patrimonio

I meli aggiungono un'innegabile dimensione estetica agli spazi pubblici. Le loro fioriture in primavera e i loro frutti colorati in autunno portano con sé una bellezza stagionale che delizia gli occhi dei passanti. Inoltre, varietà antiche di meli possono essere incorporate per preservare e celebrare il patrimonio orticolo locale, creando spazi che raccontano una storia e arricchiscono il patrimonio culturale della regione.

Gli alberi di mele negli spazi pubblici offrono numerosi vantaggi, dal miglioramento ambientale al coinvolgimento della comunità e all'arricchimento estetico. Integrando questi alberi da frutto nei parchi e giardini urbani, le comunità stanno creando ambienti più sani, più belli e più connessi, celebrando la natura ed educando le generazioni future.

Capitolo 53: Meli e pianificazione urbana

L'integrazione dei meli nei moderni progetti di pianificazione urbana apporta un innegabile valore estetico, ecologico e sociale. Piantando questi alberi da frutto negli spazi urbani, le città possono offrire ambienti più sani e piacevoli ai propri residenti.

Migliore qualità dell'aria

I meli svolgono un ruolo cruciale nel migliorare la qualità dell'aria nelle aree urbane. Assorbendo l'anidride carbonica ed emettendo ossigeno, aiutano a ridurre l'inquinamento atmosferico. Inoltre, le loro foglie catturano particelle fini e altri inquinanti, contribuendo a rendere l'aria più pulita per gli abitanti delle città.

Riduzione delle Isole di Calore

Le aree urbane spesso soffrono del fenomeno dell'isola di calore, dove le temperature possono essere significativamente più elevate rispetto alle zone rurali circostanti. I meli, con il loro fogliame denso, forniscono ombra e aiutano ad abbassare le temperature locali. La loro evapotraspirazione contribuisce inoltre a rinfrescare l'aria ambiente, creando microclimi più confortevoli.

Promozione della biodiversità urbana

Piantare meli nelle aree urbane promuove la biodiversità fornendo habitat e una fonte di cibo per varie specie, tra cui api, farfalle e uccelli. Sostenendo la presenza di questi impollinatori e di altri animali selvatici, i meli contribuiscono a un ecosistema urbano più equilibrato e resiliente.

Impegno e coesione sociale

I meli nei parchi, negli orti comunitari e negli spazi pubblici diventano punti focali per l'impegno della comunità. I residenti possono riunirsi attorno a progetti di piantagione e cura di meli, rafforzando i legami sociali e promuovendo un senso di comunità. I raccolti delle mele possono anche diventare eventi sociali, riunendo le persone attorno a un'attività comune e festosa.

Educazione e consapevolezza

I meli offrono eccellenti opportunità educative negli ambienti urbani. Le scuole e le organizzazioni comunitarie possono organizzare seminari sulla coltivazione degli alberi da frutto, sulla biodiversità e sull'importanza dell'agricoltura urbana. Queste attività educative aiutano a sensibilizzare gli abitanti delle città sull'importanza della natura e della sostenibilità nel loro ambiente quotidiano.

Estetica e patrimonio

I meli aggiungono un notevole valore estetico ai paesaggi urbani. Le loro fioriture primaverili e i colorati frutti autunnali portano una bellezza stagionale che arricchisce gli spazi pubblici. Piantando varietà antiche o locali di meli, le città possono anche preservare e valorizzare il proprio patrimonio orticolo, fornendo al contempo ai residenti esperienze visive e sensoriali arricchenti.

L'integrazione dei meli nella moderna pianificazione urbana presenta molti vantaggi per le città e i loro abitanti. Migliorando la qualità dell'aria, riducendo le isole di calore, promuovendo la biodiversità, rafforzando la coesione sociale, fornendo opportunità educative e aggiungendo valore estetico, i meli svolgono un ruolo chiave nella creazione di ambienti urbani più sostenibili e vivibili.

Capitolo 54: Meli ed ecologia urbana

L'integrazione dei meli negli ambienti urbani trasforma i paesaggi urbani in spazi più verdi ed ecologici. Questi alberi da frutto svolgono un ruolo fondamentale nel promuovere la sostenibilità e la biodiversità negli ambienti urbani, fornendo allo stesso tempo benefici tangibili ai residenti.

Riduzione dell'inquinamento atmosferico

I meli aiutano a purificare l'aria della città assorbendo l'anidride carbonica e producendo ossigeno. Catturano anche particelle fini e altri inquinanti atmosferici sulle foglie, migliorando la qualità dell'aria. Questi alberi aiutano a mitigare gli effetti negativi dell'inquinamento sulla salute dei residenti urbani.

Gestione dell'acqua piovana

I meli svolgono un ruolo importante nella gestione dell'acqua piovana nelle aree urbane. Il loro apparato radicale assorbe l'acqua piovana, riducendo il deflusso e il rischio di inondazioni. Inoltre, aiutano a ricaricare le falde acquifere e a stabilizzare i suoli, contribuendo a una gestione più sostenibile delle risorse idriche.

Promozione della biodiversità

Piantare meli negli spazi urbani promuove la biodiversità fornendo habitat e una fonte di cibo per una varietà di specie, compresi gli impollinatori come api e farfalle. Questi alberi da frutto attirano anche uccelli e altri animali, creando ecosistemi urbani più vivaci e resilienti.

Miglioramento del benessere mentale e fisico

La presenza di meli nelle città ha un impatto positivo sul benessere mentale e fisico dei residenti. Gli spazi verdi con alberi da frutto offrono luoghi di relax e svago, riducendo lo stress e migliorando l'umore. Inoltre, le attività legate alla coltivazione e alla raccolta delle mele incoraggiano l'esercizio fisico e promuovono un'alimentazione sana.

Consapevolezza ed educazione

I meli nelle aree urbane sono ottimi strumenti educativi per educare gli abitanti delle città sull'importanza della natura e dell'ecologia. Le scuole e le organizzazioni comunitarie possono organizzare laboratori e attività sulla piantagione e la cura dei meli, nonché sulla raccolta dei frutti. Queste iniziative educative rafforzano il legame dei residenti con il loro ambiente e li incoraggiano ad adottare pratiche sostenibili.

Estetica e patrimonio

I meli apportano un notevole valore estetico agli ambienti urbani. I loro fiori in primavera e i frutti colorati in autunno aggiungono bellezza e varietà visiva ai paesaggi urbani. Piantando varietà locali o cimelio, le città possono anche celebrare la loro storia orticola e offrire ai residenti esperienze sensoriali arricchenti.

Contributo all'agricoltura urbana

Gli alberi di mele sono parte integrante dell'agricoltura urbana, consentendo ai residenti di coltivare e raccogliere frutta fresca vicino a casa. Questa pratica promuove la sicurezza alimentare, riduce l'impronta di carbonio associata al trasporto alimentare e sostiene l'economia locale. I frutteti urbani possono anche diventare luoghi di incontro comunitario, rafforzando i legami sociali e incoraggiando la collaborazione tra vicini.

Gli alberi di mele svolgono un ruolo cruciale nella creazione di ecosistemi urbani sostenibili e resilienti. Migliorando la qualità dell'aria, gestendo le acque piovane, promuovendo la biodiversità, migliorando il benessere dei residenti, fornendo opportunità educative, aggiungendo bellezza estetica e sostenendo l'agricoltura urbana, questi alberi da frutto contribuiscono a città più sane e vivibili.

Capitolo 55: Meli e comunità

Gli alberi di mele hanno il potere unico di trasformare le comunità fornendo benefici sociali, economici e ambientali. Integrando questi alberi da frutto negli spazi pubblici e privati, le comunità possono creare ambienti più sani, più belli e più connessi.

Rafforzare i legami sociali

I meli dei quartieri e dei parchi urbani diventano punti di aggregazione naturali. I residenti possono riunirsi per piantare, coltivare e raccogliere mele, creando opportunità di socializzazione e collaborazione. Queste attività comunitarie rafforzano i legami sociali, promuovendo un senso di appartenenza e solidarietà tra i residenti.

Educazione e consapevolezza

I meli offrono preziose opportunità educative. Scuole, orti comunitari e organizzazioni locali possono ospitare laboratori sulla coltivazione delle mele, sulla biodiversità e sull'agricoltura urbana. Bambini e adulti apprendono l'importanza delle piante e dell'ecologia, sviluppando una migliore comprensione e un maggiore rispetto per la natura.

Promozione della salute e del benessere

La presenza di meli negli spazi pubblici contribuisce alla salute e al benessere dei residenti. Le attività legate alla piantumazione e alla cura degli alberi incoraggiano l'esercizio fisico, mentre mangiare mele fresche promuove una dieta sana. Gli spazi verdi con meli offrono anche luoghi di relax e svago, riducendo lo stress e migliorando l'umore dei residenti.

Sicurezza alimentare ed economia locale

I meli svolgono un ruolo importante nella sicurezza alimentare fornendo frutti freschi e nutrienti. I raccolti locali riducono la dipendenza dai prodotti importati e l'impronta di carbonio associata al trasporto alimentare. Inoltre, la vendita di mele e di prodotti a base di mele può sostenere l'economia locale, creando opportunità di guadagno per i residenti e le piccole imprese.

Abbellimento del paesaggio urbano

I meli aggiungono bellezza naturale agli ambienti urbani. I loro fiori in primavera e i frutti in autunno portano colori vivaci e profumi piacevoli nei quartieri. Questa estetica migliorata contribuisce all'orgoglio della comunità e all'attrattiva delle aree residenziali e commerciali.

Resilienza e sostenibilità

I meli contribuiscono alla resilienza e alla sostenibilità delle comunità promuovendo la biodiversità e migliorando la qualità dell'aria. Forniscono l'habitat per gli impollinatori e altre specie, supportando ecosistemi urbani equilibrati. Inoltre, gli alberi aiutano a filtrare gli inquinanti atmosferici e a regolare le temperature locali, rendendo le città più vivibili e resilienti ai cambiamenti climatici.

Iniziative comunitarie innovative

I progetti comunitari sui meli possono assumere molte forme innovative. Dai frutteti urbani ai programmi di semina nelle scuole, queste iniziative possono essere personalizzate per soddisfare le esigenze e gli obiettivi specifici delle comunità. Incoraggiano il coinvolgimento dei cittadini e lo sviluppo di soluzioni creative per le sfide ambientali e sociali.

Gli alberi di melo hanno il potenziale per trasformare le comunità rafforzando le connessioni sociali, promuovendo la salute e il benessere, sostenendo l'economia locale e abbellendo i paesaggi urbani. Integrando questi alberi da frutto in ambienti pubblici e privati, le comunità possono creare spazi più connessi, sostenibili e resilienti, celebrando al contempo la natura ed educando le generazioni future.

Capitolo 56: Meli e pratiche tradizionali

Gli alberi di mele sono profondamente radicati nelle pratiche tradizionali di molte culture in tutto il mondo. La loro presenza nei frutteti e nei giardini domestici testimonia secoli di saperi, usi e credenze condivise da generazioni.

Celebrazioni e rituali

In molte culture, i meli svolgono un ruolo centrale nelle celebrazioni e nei rituali stagionali. Ad esempio, in Europa, le feste della raccolta delle mele sono eventi annuali in cui le comunità si riuniscono per raccogliere i frutti, celebrare la fine della stagione di crescita e condividere pasti festivi. Questi incontri rafforzano i legami sociali e perpetuano le tradizioni locali.

Metodi di coltivazione tradizionali

Le tecniche di coltivazione delle mele tramandate di generazione in generazione riflettono un profondo rispetto per la natura e un'intima comprensione dei cicli naturali. La potatura, l'innesto e la gestione del terreno sono pratiche artigianali spesso insegnate dagli anziani ai giovani, garantendo che i metodi tradizionali siano preservati e adattati alle condizioni locali.

Usi medicinali

Storicamente, i meli e i loro frutti sono stati utilizzati nella medicina tradizionale. Le mele, ricche di vitamine e antiossidanti, sono spesso consigliate per migliorare la digestione e rafforzare il sistema immunitario. Le foglie e la corteccia dei meli sono state utilizzate anche per preparare rimedi per vari disturbi, illustrando il ruolo degli alberi nelle antiche pratiche di guarigione.

Simbolismo e mitologia

Gli alberi di mele hanno un posto di rilievo nei miti e nelle leggende di molte culture. Nella mitologia celtica, ad esempio, le mele sono spesso associate all'immortalità e alla saggezza. Nelle tradizioni cristiane il melo è spesso legato a storie di tentazione e di conoscenza. Questi simbolismi rafforzano l'importanza culturale dei meli e la loro influenza duratura sull'immaginario collettivo.

Tecniche di conservazione

I metodi tradizionali di conservazione delle mele, come l'essiccazione, il sidro e le marmellate, dimostrano una profonda conoscenza dei modi per prolungare la vita dei raccolti. Queste tecniche non solo permettono di gustare le mele tutto l'anno, ma racchiudono anche un know-how artigianale che valorizza il frutto in ogni fase della sua lavorazione.

Patrimonio delle varietà locali

La coltivazione del melo ha portato alla selezione e alla conservazione di numerose varietà locali, ciascuna adattata alle specifiche condizioni climatiche e alle preferenze di gusto della sua regione di origine. Queste varietà antiche sono un'eredità vivente, testimonianza della diversità genetica e degli sforzi dei coltivatori tradizionali per mantenere alberi robusti e produttivi.

Educazione intergenerazionale

La trasmissione della conoscenza sul melo e sulla sua coltivazione è spesso un'attività intergenerazionale. Gli anziani insegnano ai giovani tecniche di semina, manutenzione e raccolta, nonché storie e credenze legate agli alberi. Questa educazione intergenerazionale rafforza i legami familiari e comunitari, garantendo al tempo stesso la continuità delle pratiche tradizionali.

I meli sono molto più che alberi da frutto; sono simboli viventi del nostro patrimonio culturale e del nostro rapporto con la natura. Le pratiche tradizionali associate al melo, siano esse tecniche di coltivazione, rituali o simbolismi, dimostrano un profondo rispetto per la terra e i cicli della vita. Preservando e celebrando queste tradizioni, non solo onoriamo il nostro passato, ma garantiamo anche un futuro in cui la conoscenza ancestrale continua a prosperare.

Capitolo 57: Meli e innovazioni tecnologiche

I meli, alberi da frutto emblematici, beneficiano oggi dei progressi tecnologici che ne stanno trasformando la coltivazione e la gestione. L'integrazione di nuove tecnologie nell'arboricoltura consente di ottimizzare le rese, preservare le risorse e garantire la qualità dei frutti.

Sorveglianza con droni

L'uso dei droni nei frutteti consente un monitoraggio preciso e regolare dei meli. Questi dispositivi dotati di telecamere e sensori multispettrali rilevano segni di stress idrico, malattie e infestazioni di parassiti. Con questa tecnologia gli agricoltori possono intervenire in modo rapido e preciso, riducendo le perdite e migliorando la salute degli alberi.

Sistemi di irrigazione intelligenti

I sistemi di irrigazione intelligenti, controllati da sensori del suolo e software di gestione dell'acqua, ottimizzano l'uso dell'acqua nei frutteti. Adattando l'irrigazione alle effettive esigenze dei meli, questi sistemi riducono gli sprechi e garantiscono che gli alberi ricevano una quantità di acqua adeguata per la loro crescita.

Modellazione climatica e previsione del raccolto

Modelli climatici avanzati e strumenti di previsione dei raccolti aiutano i coltivatori di mele ad anticipare le condizioni meteorologiche e a pianificare le loro operazioni. Utilizzando dati storici e in tempo reale, queste tecnologie prevedono i periodi di fioritura, maturazione e raccolto, consentendo una migliore gestione delle risorse umane e materiali.

Tecniche di innesto modernizzate

Anche le tecniche di innesto, fondamentali per la propagazione delle varietà di melo, beneficiano delle innovazioni tecnologiche. Gli strumenti di innesto computerizzati e i laboratori di coltura dei tessuti accelerano il processo di selezione e garantiscono una migliore compatibilità tra portinnesti e marze, aumentando i tassi di successo e il vigore degli alberi.

Utilizzo di Big Data e Intelligenza Artificiale

L'analisi di grandi quantità di dati e l'intelligenza artificiale offrono preziose informazioni per l'arboricoltura. I coltivatori possono analizzare i dati sulla crescita, la resa e la qualità dei frutti per prendere decisioni informate sulla gestione dei frutteti. L'intelligenza artificiale può anche prevedere le tendenze dei consumatori e aiutare ad adattare le strategie di marketing.

Biotecnologie e resistenza alle malattie

La biotecnologia svolge un ruolo cruciale nello sviluppo di varietà di mele resistenti alle malattie e alle condizioni meteorologiche estreme. Attraverso l'allevamento assistito da marcatori e l'editing del genoma, i ricercatori possono introdurre tratti benefici nei meli, riducendo la necessità di trattamenti chimici e aumentando la resilienza dei frutteti.

Sensori e IoT (Internet delle cose)

Sensori e dispositivi IoT installati nei frutteti raccolgono continuamente dati sulle condizioni ambientali, sulla crescita degli alberi e sulla salute del suolo. Queste informazioni, accessibili in tempo reale tramite piattaforme online, consentono ai produttori di monitorare e gestire i propri frutteti da remoto, ottimizzando così operazioni e risorse.

Robotica e Automazione

L'automazione e la robotica stanno rivoluzionando le operazioni nei meleti. I robot di raccolta, le macchine per la potatura e i dispositivi di irrorazione automatizzati riducono la dipendenza dalla manodopera e aumentano l'efficienza. Queste tecnologie garantiscono interventi precisi e uniformi, migliorando così la produttività e la qualità delle mele.

Energie rinnovabili e pratiche sostenibili

L'integrazione dell'energia rinnovabile, come quella solare ed eolica, nei frutteti supporta pratiche agricole sostenibili. I sistemi di irrigazione a energia solare e gli impianti di stoccaggio dell'energia aiutano a ridurre l'impronta di carbonio delle attività agricole, contribuendo a una produzione di mele più verde.

Le innovazioni tecnologiche stanno trasformando la coltivazione delle mele, fornendo soluzioni avanzate per monitorare, gestire e ottimizzare i frutteti. Adottando queste tecnologie, i coltivatori possono migliorare i raccolti, ridurre l'impatto ambientale e garantire frutti di alta qualità, affrontando al contempo le crescenti sfide della moderna arboricoltura.

Capitolo 58: Meli e legislazione

La coltivazione del melo è regolata da una complessa normativa volta a garantire la sicurezza alimentare, la tutela dell'ambiente e la preservazione delle antiche varietà. Queste leggi e regolamenti influenzano i produttori a vari livelli, dalla semina alla commercializzazione della frutta.

Regolamento fitosanitario

I meli, come tutte le colture agricole, sono soggetti a rigide normative fitosanitarie. Queste leggi mirano a prevenire la diffusione di malattie e parassiti. Ai coltivatori viene spesso richiesto di ottenere certificazioni attestanti che i loro frutteti sono esenti da malattie specifiche. Vengono effettuate ispezioni regolari per garantire la conformità e, in caso di infezione, potrebbero essere necessari trattamenti fitosanitari.

Standard di qualità e sicurezza alimentare

Le mele destinate al consumo devono soddisfare gli standard di qualità e sicurezza alimentare. Questi standard definiscono i livelli accettabili di residui di pesticidi, dimensione, colore e forma dei frutti. I coltivatori spesso devono seguire rigorosi protocolli di tracciabilità per garantire che le mele vendute siano sicure e di alta qualità. Gli organismi di regolamentazione effettuano test regolari per verificare la conformità dei prodotti agli standard stabiliti.

Tutela delle varietà antiche

La legislazione sulla biodiversità protegge le vecchie varietà di meli. Queste varietà, spesso meno resistenti alle malattie ma dotate di caratteristiche gustative uniche, sono cruciali per la diversità genetica dei meli. I programmi di conservazione e le banche genetiche sono supportati da leggi che incoraggiano la conservazione e la moltiplicazione di queste varietà. I produttori possono beneficiare di sussidi per coltivare questi meli storici.

Certificazioni ed etichette

I marchi di qualità, come le indicazioni geografiche protette (IGP) e le denominazioni di origine controllata (AOC), forniscono riconoscimento e protezione legale ai produttori di alcune regioni. Queste certificazioni garantiscono che le mele soddisfano specifici criteri di produzione e origine. I produttori devono seguire specifiche rigorose per ottenere e mantenere queste etichette, che aggiungono un valore significativo ai loro prodotti.

Leggi sull'uso dei pesticidi

L'uso dei pesticidi è strettamente regolamentato per proteggere la salute umana e l'ambiente. I coltivatori di mele devono rispettare le leggi che limitano l'uso di determinate sostanze chimiche. Per applicare i pesticidi sono spesso necessarie formazione e certificazioni e devono essere tenuti registri dettagliati. Le leggi promuovono inoltre l'adozione di metodi alternativi e più sostenibili di controllo dei parassiti.

Sussidi e aiuti finanziari

I governi offrono vari sussidi e assistenza finanziaria ai coltivatori di mele per sostenere la modernizzazione dei frutteti, l'adozione di pratiche sostenibili e la gestione dei rischi climatici. Tali aiuti sono spesso subordinati al rispetto di determinati standard ambientali e produttivi. La legislazione regola la distribuzione di questi fondi per garantire un uso equo ed efficiente delle risorse pubbliche.

Restrizioni all'importazione e all'esportazione

Il commercio internazionale delle mele è regolato da leggi che impongono restrizioni all'importazione e all'esportazione per proteggere i mercati locali e prevenire la diffusione di malattie. I coltivatori che desiderano esportare le proprie mele devono rispettare le normative dei paesi importatori, che possono includere certificazioni fitosanitarie, controlli di qualità e dazi doganali.

Tutela dei lavoratori agricoli

Le leggi sulla tutela dei lavoratori agricoli si applicano anche ai coltivatori di mele. Queste leggi riguardano le condizioni di lavoro, i salari e la sicurezza sul posto di lavoro. I produttori devono garantire condizioni di lavoro sicure ed eque per i propri dipendenti e rispettare le norme in materia di salute e sicurezza sul lavoro.

Uso e pianificazione del territorio

La legislazione in materia di pianificazione e utilizzo del territorio influisce su dove e come possono essere impiantati i meleti. Le zone agricole protette, i regolamenti urbanistici e i permessi di costruzione influenzano le decisioni dei coltivatori. Le leggi ambientali possono imporre ulteriori restrizioni per preservare gli ecosistemi locali e le risorse idriche.

Le leggi e i regolamenti che regolano la coltivazione delle mele sono progettati per bilanciare gli interessi dei produttori, dei consumatori e dell'ambiente. Comprendendo e rispettando queste leggi, i produttori possono migliorare la qualità dei loro prodotti, proteggere la biodiversità e contribuire a un'agricoltura più sostenibile.

Capitolo 59: Risorse e riferimenti di Apple Tree

La coltivazione delle mele è un campo ricco e vario, supportato da numerose risorse e riferimenti utili per coltivatori, giardinieri dilettanti e ricercatori. Questi strumenti coprono vari aspetti della coltivazione, dalla semina alla raccolta, compresa la gestione delle malattie e dei parassiti.

Libri e pubblicazioni

I libri commerciali offrono moltissime informazioni ai coltivatori di mele. I libri di riferimento includono "The Apple Grower" di Michael Phillips, che esplora le tecniche biologiche per la coltivazione dei meli, e "Apples: A Field Guide" di Michael Clark, che descrive le diverse varietà di mele e le loro caratteristiche. Questi libri trattano argomenti che vanno dalla selezione delle varietà alla potatura fino al controllo dei parassiti.

Riviste e articoli scientifici

Le riviste scientifiche pubblicano regolarmente articoli sulle ultime ricerche in arboricoltura. Pubblicazioni come "HortScience" e "Journal of the American Pomological Society" presentano studi sulla genetica delle mele, metodi di coltivazione innovativi e nuove scoperte nella patologia vegetale. Questi articoli sono essenziali per ricercatori e professionisti che desiderano rimanere all'avanguardia nella tecnologia di coltivazione delle mele.

Siti web e blog

Internet è pieno di siti Web e blog dedicati alla coltivazione dei meli. Siti come la International Society for Horticultural Science (ISHS) offrono risorse scientifiche e tecniche, mentre blog come "Fruit Gardener's Blog" forniscono consigli pratici e storie di esperienze. Queste piattaforme consentono ai produttori di condividere suggerimenti e innovazioni e di porre domande a una comunità di appassionati.

Video e webinar

Video e webinar sono ottimi modi per apprendere nuove tecniche e vedere dimostrazioni in tempo reale. Canali YouTube come "SkillCult" offrono tutorial sull'innesto, la potatura e la gestione del frutteto. I webinar organizzati da istituzioni come l'USDA o le associazioni orticole forniscono l'accesso a conferenze online e formazione su argomenti specifici relativi ai meli.

Associazioni e gruppi di discussione

Partecipare ad associazioni e gruppi di discussione è un ottimo modo per entrare in contatto con altri appassionati di meli. Organizzazioni come North American Fruit Explorers (NAFEX) o Royal Horticultural Society (RHS) offrono risorse, eventi e forum di discussione per scambiare conoscenze ed esperienze. Queste reti sono essenziali per il sostegno reciproco e l'apprendimento continuo.

Banche dati e biblioteche digitali

I database e le biblioteche digitali forniscono l'accesso a una grande quantità di informazioni sui meli. Piattaforme come AGRICOLA o PubAg ospitano migliaia di articoli di ricerca, rapporti tecnici e pubblicazioni governative. Queste risorse sono preziose per trovare informazioni dettagliate e casi di studio su vari aspetti della coltivazione delle mele.

Enti di ricerca e università

Molti istituti di ricerca e università conducono programmi dedicati allo studio dei meli. Università come la Cornell e l'Università della California a Davis hanno dipartimenti specializzati in scienze orticole che pubblicano ricerche, offrono corsi e organizzano progetti di collaborazione con i coltivatori. I risultati di queste ricerche contribuiscono al miglioramento delle pratiche colturali e allo sviluppo di nuove varietà di meli.

Software e applicazioni mobili

Le tecnologie digitali, come software e applicazioni mobili, semplificano la gestione dei frutteti. App come Orchard Manager o Fruit Tracker aiutano i coltivatori a pianificare le attività, monitorare le condizioni di crescita e gestire gli inventari del raccolto. Questi strumenti consentono una gestione più efficiente e un migliore processo decisionale basato su dati in tempo reale.

L'accesso a queste varie risorse e riferimenti è fondamentale per il successo nella coltivazione di meli. Permettono ai coltivatori di rimanere informati sugli ultimi progressi, migliorare le loro pratiche di coltivazione e superare le sfide poste da malattie, parassiti e condizioni climatiche mutevoli.

Capitolo 60: Il futuro degli alberi di mele

Il futuro dei meli è modellato dai progressi tecnologici, dalle preoccupazioni ambientali e dai cambiamenti climatici. Questi elementi combinati dipingono un panorama in continua evoluzione per la coltivazione delle mele, con sfide e opportunità uniche.

Innovazioni tecnologiche

Le tecnologie all'avanguardia stanno rivoluzionando il modo in cui i meli vengono coltivati e gestiti. I sensori del suolo e i droni consentono un monitoraggio preciso delle condizioni di crescita, aiutando i coltivatori a ottimizzare l'irrigazione e l'applicazione di fertilizzanti. Utilizzando l'intelligenza artificiale e l'apprendimento automatico per analizzare i dati provenienti da questi sensori è possibile prevedere le esigenze degli alberi e i rischi di malattie, rendendo la gestione dei frutteti più proattiva ed efficiente.

Selezione varietale e genetica

La biotecnologia svolge un ruolo cruciale nello sviluppo di nuove varietà di meli. Attraverso l'editing del genoma, gli scienziati possono creare meli più resistenti alle malattie, più produttivi e meglio adattati alle condizioni meteorologiche estreme. Le varietà geneticamente modificate possono fornire una maggiore resistenza a parassiti e malattie, riducendo la dipendenza dai pesticidi e contribuendo a un'agricoltura più sostenibile.

Sostenibilità e pratiche ecologiche

La sostenibilità è al centro delle moderne pratiche agricole. I metodi di coltivazione organici e rigenerativi stanno guadagnando popolarità tra i coltivatori di mele, che cercano di ridurre al minimo l'impatto ambientale. L'agroforestazione, che integra i meli in sistemi agricoli diversificati, migliora la biodiversità e la salute del suolo. Anche le pratiche di conservazione dell'acqua e la gestione integrata dei parassiti sono essenziali per una produzione sostenibile.

Adattamento ai cambiamenti climatici

Il cambiamento climatico pone sfide significative alla coltivazione delle mele. Temperature estreme, precipitazioni irregolari e nuovi modelli di malattie stanno colpendo i frutteti. I coltivatori devono adattare le loro pratiche per rispondere a questi cambiamenti, scegliendo varietà più resistenti al caldo e alla siccità e adottando tecniche di gestione dell'acqua più efficienti. Serre e tunnel di plastica possono fornire microclimi controllati per proteggere i meli da condizioni meteorologiche estreme.

Mercati e consumi

Le preferenze dei consumatori influenzano anche il futuro dei meli. La crescente domanda di prodotti locali, biologici e sostenibili sta spingendo i produttori ad adottare pratiche più ecologiche. I consumatori cercano anche una maggiore diversità di varietà di mele, valorizzando frutti con sapori unici e storie speciali. Canali di distribuzione brevi, come i mercati degli agricoltori e i sistemi di agricoltura sostenuta dalla comunità (CSA), rafforzano i legami tra produttori e consumatori.

Educazione e formazione

La formazione continua dei produttori è essenziale per il futuro del melo. I programmi di istruzione e formazione, offerti da università e istituti di ricerca, svolgono un ruolo cruciale nella diffusione della conoscenza e delle nuove tecniche. Workshop, webinar e dimostrazioni pratiche aiutano i produttori a rimanere informati sulle ultime innovazioni e a migliorare le loro pratiche.

Collaborazione e partenariati

La collaborazione tra produttori, ricercatori, imprese e governi è necessaria per affrontare le sfide future. I partenariati pubblico-privato possono finanziare la ricerca e lo sviluppo di nuove tecnologie e varietà. Le reti di produttori consentono lo scambio di informazioni e migliori pratiche, rafforzando la resilienza collettiva di fronte alle sfide climatiche ed economiche.

Gli alberi di mele hanno un futuro promettente attraverso l'integrazione di tecnologie avanzate, pratiche agricole sostenibili e il continuo adattamento ai cambiamenti ambientali. Combinando l'innovazione con il rispetto della tradizione, i coltivatori possono garantire la prosperità dei meleti per le generazioni future.

Capitolo 61: L'evoluzione dei meli attraverso i secoli

I meli, membri della famiglia delle Rosaceae e del genere Malus, hanno una storia ricca e affascinante che risale a migliaia di anni fa. La loro evoluzione nel corso dei secoli testimonia l'interazione tra uomo e natura, l'adattamento delle piante ai diversi ambienti e l'importanza culturale ed economica delle mele in molte società di tutto il mondo.

Origini e addomesticamento

I meli selvatici, originari dell'Asia centrale, erano originariamente alberi dai frutti piccoli, amari e poco appetitosi. La loro domesticazione da parte dei primi agricoltori portò alla selezione di varietà con frutti più grandi e polpa più dolce, adatte al consumo umano. Le prime tracce della coltivazione del melo risalgono a millenni fa, con testimonianze archeologiche della loro presenza in Europa e Asia fin da tempi antichissimi.

Diffusione e scambi

Nel corso del tempo, i meli domestici si sono diffusi in tutto il mondo attraverso il commercio, la migrazione umana e l'esplorazione. I romani giocarono un ruolo importante nella diffusione delle varietà di mele in tutta Europa, mentre i primi coloni europei introdussero i meli nel Nord America. Anche i viaggi di scoperta nel corso dei secoli hanno contribuito alla dispersione dei meli in nuove regioni del globo.

Selezione e ibridazione

L'arte della selezione e dell'ibridazione delle mele si è evoluta nel corso dei secoli, consentendo agli orticoltori di migliorare le caratteristiche delle varietà esistenti e di creare nuove varietà adatte a climi e usi diversi. Sono state sviluppate migliaia di varietà di mele, ciascuna con le proprie caratteristiche di sapore, consistenza e colore. Gli incroci selettivi hanno inoltre permesso di sviluppare varietà resistenti alle malattie e ai parassiti.

Simbolismo e Culture

Gli alberi di mele hanno svolto un importante ruolo simbolico e culturale in molte civiltà in tutto il mondo. Sono spesso associati alla fertilità, alla conoscenza e alla tentazione nei miti e nelle religioni. Le mele sono state celebrate nell'arte, nella letteratura e nella cucina, simboleggiando sia la salute che la tentazione. In molte culture, la raccolta delle mele è una tradizione festosa, che segna la fine dell'estate e l'inizio dell'autunno.

Adattamento e resilienza

I meli hanno dovuto adattarsi a un'ampia varietà di condizioni ambientali, dai climi freddi dell'Artico ai climi caldi e aridi delle regioni mediterranee. La loro capacità di sopravvivere e prosperare in ambienti diversi parla della loro resilienza e plasticità genetica. Anche le tecniche di coltivazione delle mele si sono evolute per adattarsi ai vincoli locali e ai cambiamenti climatici.

Conservazione e patrimonio

Preservare la diversità genetica dei meli è essenziale per garantirne la sopravvivenza a lungo termine. In tutto il mondo vengono portati avanti molti sforzi di conservazione per preservare varietà antiche e rare di meli. Le collezioni di mele vengono conservate negli orti botanici, nelle fattorie sperimentali e nelle banche dei semi, contribuendo alla conservazione del patrimonio genetico e culturale associato al melo.

Sfide e prospettive

Nonostante la loro storia millenaria, i meli devono affrontare nuove sfide nel 21° secolo, tra cui il cambiamento climatico, le malattie emergenti e la perdita di habitat. Tuttavia, attraverso l'innovazione tecnologica, la conservazione delle risorse genetiche e la collaborazione internazionale, si aprono prospettive promettenti per il futuro del melo. La loro diversità genetica e la loro adattabilità rendono i meli risorse preziose per la sicurezza alimentare globale e la conservazione della biodiversità.

Capitolo 62: I grandi esploratori dei meli

La storia del melo è strettamente legata a quella dei grandi esploratori che attraversarono i continenti, scoprirono nuovi territori e scambiarono conoscenze con culture diverse. Questi intrepidi avventurieri hanno contribuito a diffondere gli alberi di mele in tutto il mondo, aprendo nuove strade per la riproduzione e la coltivazione di varietà di mele uniche.

Marco Polo: Le Vie della Seta

Marco Polo, un famoso esploratore veneziano del XIII secolo, è noto per i suoi viaggi lungo le Vie della Seta, che collegavano l'Europa e l'Asia. Durante le sue spedizioni, Polo scoprì molti frutti esotici, comprese le mele, ampiamente coltivate in Asia centrale e Cina. Le sue storie hanno suscitato interesse per questi preziosi frutti nel mondo occidentale, contribuendo alla loro introduzione in Europa.

Cristoforo Colombo: La scoperta del Nuovo Mondo

L'arrivo di Cristoforo Colombo in America nel 1492 segnò l'inizio di un nuovo scambio di specie vegetali tra i continenti. Tra le piante introdotte in Europa un posto importante occupavano le mele. I primi coloni europei trovarono varietà di mele selvatiche nel Nord America e iniziarono rapidamente a coltivarle nelle loro colonie, contribuendo alla diversificazione genetica dei meli in tutto il mondo.

John Chapman: il pioniere americano della Apple

Conosciuto anche come "Johnny Appleseed", John Chapman fu un pioniere americano dell'inizio del XIX secolo famoso per aver diffuso la coltivazione delle mele nelle zone di confine degli Stati Uniti. Chapman viaggiò in vasti territori, seminando semi di mele e creando vivai per fornire piantine ai coloni che si espandevano verso ovest. Il suo lavoro ha contribuito a creare frutteti di mele in tutta l'America.

David Fairchild: L'esploratore delle piante

David Fairchild, un botanico ed esploratore americano dell'inizio del XX secolo, ha svolto un ruolo cruciale nell'introduzione di molte piante esotiche nel Nord America. Durante i suoi viaggi intorno al mondo, Fairchild raccolse migliaia di campioni di piante, comprese varietà di mele, che riportò negli Stati Uniti per esperimenti di acclimatazione e riproduzione. Il suo lavoro ha contribuito all'arricchimento della diversità genetica dei meli in America.

Ernest Wilson: l'esploratore botanico

Ernest Wilson, botanico britannico dell'inizio del XX secolo, è famoso per le sue spedizioni in Cina, dove raccolse molte specie di piante, comprese varietà di meli selvatici. Wilson viaggiò in regioni remote e inesplorate, affrontando pericoli e difficoltà per riportare in vita rari esemplari botanici. Le sue scoperte hanno arricchito le collezioni di mele selvatiche negli orti botanici e negli istituti di ricerca di tutto il mondo.

Veduta

I grandi esploratori del melo aprirono nuove frontiere nella conoscenza e nella coltivazione di questi preziosi alberi da frutto. I loro viaggi hanno permesso la scoperta e la selezione di varietà uniche, contribuendo alla diversificazione genetica dei meli e al loro adattamento a una varietà di climi e condizioni ambientali. La loro eredità continua a ispirare gli sforzi di conservazione e preservazione delle mele in tutto il mondo.

Capitolo 63: Meli e antiche civiltà

Gli alberi di mele hanno svolto un ruolo significativo in molte antiche civiltà in tutto il mondo, sia culturalmente che economicamente. La loro presenza nella storia risale a millenni fa, e la loro importanza nelle società antiche testimonia il loro valore simbolico e pratico.

Mesopotamia: la culla dell'agricoltura

Nell'antica Mesopotamia, culla dell'agricoltura, i meli venivano coltivati per i loro frutti saporiti e la versatilità culinaria. Gli antichi Sumeri e Babilonesi conoscevano e apprezzavano le mele, inserendole nella loro dieta quotidiana e utilizzandole anche in riti e cerimonie religiose.

Egitto: simboli di fertilità e immortalità

Nell'antico Egitto le mele erano associate alla fertilità e all'immortalità. Gli egiziani credevano che le mele fossero un dono degli dei e le offrivano come offerte alle divinità durante le cerimonie religiose. Le tombe dei faraoni erano talvolta decorate con dipinti raffiguranti scene di raccolta delle mele, a simboleggiare la vita eterna.

Antica Grecia: miti e leggende

Nell'antica Grecia le mele erano strettamente legate alla mitologia e alle leggende. La mela d'oro, simbolo della discordia, ebbe un ruolo centrale nel mito della Mela della Discordia, che scatenò la guerra di Troia. I greci associavano le mele anche ad Afrodite, dea dell'amore, della bellezza e della fertilità.

Antica Roma: Lusso e Prestigio

A Roma le mele erano considerate un frutto di lusso e prestigio, riservato alle élite e ai banchetti sontuosi. I romani coltivavano varietà di mele selezionate per il loro sapore e consistenza e le utilizzavano in una varietà di piatti dolci e salati. Le mele venivano regalate anche come doni preziosi durante le cerimonie e le festività ufficiali.

Antica Cina: simboli di longevità e prosperità

Nell'antica Cina le mele erano associate alla longevità e alla prosperità. Le mele venivano spesso regalate come regali di nozze, a simboleggiare la fertilità e la felicità coniugale. I cinesi credevano anche che mangiare mele potesse portare salute, fortuna e successo nella vita.

Antica India: medicina ayurvedica

Nell'antica India, le mele erano apprezzate per le loro qualità medicinali e il valore nutritivo. La medicina ayurvedica raccomandava le mele come rimedio naturale per una varietà di disturbi, inclusi disturbi digestivi e problemi cardiaci. Le mele venivano utilizzate anche come ingrediente in numerose preparazioni culinarie e bevande rinfrescanti.

Veduta

I meli sono stati compagni essenziali delle antiche civiltà, impregnando le loro culture, credenze e tradizioni di simbolismo e significato. La loro eredità dura ancora oggi, a testimonianza dell'importanza senza tempo delle mele nella vita umana e del loro profondo legame con la nostra storia collettiva.

Capitolo 64: Meli in rituali e cerimonie

I meli hanno occupato un posto importante nei rituali e nelle cerimonie di molte culture in tutto il mondo, simboleggiando la fertilità, la prosperità, la vita eterna e la connessione spirituale con la natura. La loro presenza in questi contesti spesso aveva un significato profondo e sacro, plasmando le tradizioni e le pratiche religiose delle comunità.

Offerte e sacrifici

In molte culture antiche, le mele venivano offerte agli dei e agli spiriti come simboli di gratitudine e devozione. I rituali di donazione delle mele erano spesso associati a cerimonie religiose, feste stagionali e rituali di fertilità. A volte le mele venivano bruciate come sacrifici rituali, rilasciando il loro dolce profumo nell'aria e simboleggiando l'unione tra gli esseri umani e le divinità.

Riti di passaggio

Il melo era presente anche nei riti di passaggio, segnando tappe importanti della vita individuale e collettiva. In molte culture, i matrimoni venivano celebrati sotto i meli in fiore, a simboleggiare amore, fertilità e abbondanza. Allo stesso modo, le cerimonie del battesimo e della cresima erano talvolta accompagnate da rituali che coinvolgevano le mele, che rappresentavano la purificazione e la rinascita spirituale.

Feste e Sagre

Le mele erano spesso al centro delle feste e delle feste che celebravano i raccolti e le stagioni. Le mele venivano raccolte durante cerimonie speciali e poi utilizzate in una varietà di piatti e bevande tradizionali. I festival delle mele erano un'opportunità per riunire le comunità, condividere storie e canzoni e celebrare l'abbondanza della natura.

Medicina e guarigione

In alcune antiche tradizioni medicinali, le mele erano considerate potenti rimedi per la guarigione del corpo e della mente. Le mele venivano utilizzate in preparazioni medicinali per trattare una varietà di disturbi, dai disturbi digestivi alle patologie cardiache. Le cerimonie di guarigione a volte prevedevano rituali di offerta di mele, invocando i poteri curativi della natura.

Divinazione e magia

Le mele venivano talvolta utilizzate in pratiche divinatorie e magiche, rivelando visioni del futuro o messaggi degli dei. Le mele venivano tagliate in quarti e gettate nel fuoco, poi interpretate in base a come bruciavano. Le mele venivano usate anche negli incantesimi e negli incantesimi per attirare amore, fortuna e protezione.

Veduta

Gli alberi di mele hanno svolto un ruolo essenziale nei rituali e nelle cerimonie di molte culture nel corso dei secoli, fornendo una connessione sacra tra l'umanità e il mondo naturale. La loro presenza in questi contesti parla della profondità del nostro rapporto con i meli e di come hanno arricchito le nostre esperienze spirituali, culturali e sociali.

Capitolo 65: Diversità genetica dei meli

I meli (Malus domestica) sono tra gli alberi da frutto geneticamente più diversificati e offrono un'ampia gamma di varietà con caratteristiche uniche in termini di sapore, colore, consistenza e resistenza alle malattie. Questa diversità genetica è il risultato di millenni di selezione naturale e incroci da parte dell'uomo, creando un'inestimabile ricchezza di risorse per l'agricoltura e la conservazione della biodiversità.

Origini e storia evolutiva

I meli sono originari dell'Asia centrale, dove si sono evoluti da specie selvatiche del genere Malus. Nel corso del tempo, i meli furono addomesticati dagli esseri umani, che selezionarono e incrociarono varietà per le loro qualità gustative e l'adattabilità ai diversi climi. Questa storia evolutiva ha portato alla formazione di migliaia di cultivar di mele in tutto il mondo, ciascuna con le proprie caratteristiche distintive.

Varietà e caratteristiche

La diversità genetica dei meli si manifesta in una moltitudine di caratteristiche, come dimensione e forma dei frutti, colore della buccia e della polpa, consistenza, sapore, periodo di maturazione, resistenza a malattie e parassiti, nonché tolleranza a diverse condizioni ambientali. Alcune cultivar sono adattate ai climi freddi e possono resistere alle gelate, mentre altre prosperano nelle regioni calde e secche.

Importanza agricola ed economica

La diversità genetica dei meli è di grande importanza per l'agricoltura e l'economia globale. Consente ai produttori di selezionare varietà adatte alle condizioni locali, il che aiuta ad aumentare i raccolti, migliorare la qualità dei frutti e ridurre la dipendenza da pesticidi e input chimici. Inoltre, la commercializzazione di diverse varietà di mele offre ai consumatori un'ampia gamma di opzioni per soddisfare le loro preferenze di gusto.

Conservazione e Preservazione

La conservazione della diversità genetica dei meli è essenziale per garantire la resilienza di questa coltura di fronte alle sfide future come il cambiamento climatico, le malattie e i parassiti. Le banche genetiche e le collezioni di cultivar svolgono un ruolo cruciale nel preservare la diversità genetica dei meli, conservando campioni di varietà rare e rendendoli accessibili a ricercatori e coltivatori per programmi di miglioramento genetico.

Veduta

La diversità genetica dei meli è una risorsa preziosa che continua a ispirare la ricerca, l'innovazione e la conservazione in agricoltura. Valorizzando e conservando questa diversità, possiamo garantire un approvvigionamento sostenibile di mele di qualità preservando al tempo stesso il patrimonio genetico unico di questo iconico raccolto di frutta.

Capitolo 66: Selezione e ibridazione dei meli

La selezione e l'ibridazione dei meli sono processi essenziali nel miglioramento genetico di questo iconico raccolto di frutta. Queste tecniche creano nuove varietà di meli con caratteristiche migliorate come resistenza alle malattie, qualità dei frutti, produttività e adattabilità alle mutevoli condizioni ambientali.

Selezione

La selezione del melo prevede l'attenta scelta degli individui più promettenti per la riproduzione, in base a criteri quali sapore, consistenza, colore, resistenza alle malattie e periodo di maturazione. Gli allevatori esaminano attentamente gli alberi da frutto nei frutteti, valutando ogni caratteristica per identificare gli esemplari più desiderabili. Le varietà selezionate vengono poi incrociate tra loro per creare degli ibridi con le caratteristiche desiderate.

Ibridazione

L'ibridazione del melo comporta l'incrocio deliberato di due varietà distinte per combinare i loro tratti favorevoli in una nuova prole. Questo processo richiede una conoscenza approfondita della genetica del melo e delle tecniche di impollinazione controllata. Gli allevatori utilizzano spesso metodi come l'impollinazione manuale e l'uso di stanze di coltivazione per controllare il processo di selezione e massimizzare le possibilità di successo.

Obiettivi del miglioramento genetico

Gli obiettivi del miglioramento genetico del melo variano a seconda delle esigenze dei produttori, dei consumatori e delle condizioni ambientali locali. Alcuni ricercatori si concentrano sullo sviluppo di varietà resistenti a malattie come la ticchiolatura e il fuoco batterico, mentre altri mirano a migliorare il sapore, la consistenza e la conservabilità della frutta. Altri obiettivi potrebbero includere l'adattamento ai cambiamenti climatici, la riduzione dell'uso di pesticidi e l'aumento dei raccolti.

Importanza agricola ed economica

La selezione e l'ibridazione delle mele svolgono un ruolo cruciale nell'agricoltura e nell'economia globale poiché consentono ai coltivatori di coltivare varietà di mele adatte alle loro esigenze specifiche. Le nuove varietà sviluppate utilizzando queste tecniche aiutano ad aumentare i raccolti, a migliorare la qualità dei frutti e a ridurre la dipendenza dagli input chimici, con il risultato di una produzione più sostenibile e redditizia.

Veduta

La selezione e l'ibridazione delle mele sono processi dinamici che continuano ad evolversi per affrontare le sfide e le opportunità dell'agricoltura moderna. Combinando i progressi della ricerca scientifica con le conoscenze tradizionali dei coltivatori, possiamo continuare a sviluppare varietà di mele innovative adatte alle esigenze dei produttori, dei consumatori e dell'ambiente.

Capitolo 67: I pionieri della coltivazione delle mele

La storia della coltivazione della mela è strettamente legata ai pionieri visionari che hanno contribuito al suo sviluppo ed espansione nel corso dei secoli. Questi uomini e donne coraggiosi hanno dedicato la loro vita alla coltivazione, all'allevamento e alla promozione dei meli, aprendo la strada a una fiorente industria della frutta e a una varietà di varietà di mele apprezzate in tutto il mondo.

Johnny Seme di mela

Tra i più famosi pionieri della coltivazione delle mele c'era Johnny Appleseed, il cui vero nome era John Chapman, una figura leggendaria della storia americana. All'inizio del XIX secolo, Johnny Appleseed viaggiò nelle regioni pioniere del Nord America, distribuendo semi di mele e piantando frutteti lungo il percorso. La sua passione per i meli e la sua convinzione che ogni persona meritasse un assaggio di una mela ha contribuito a diffondere i meleti in tutto il paese.

Lutero Burbank

Un altro famoso pioniere nella coltivazione delle mele fu Luther Burbank, un orticoltore e coltivatore di piante americano del XIX secolo. Burbank era famoso per le sue innovative tecniche di selezione e incrocio, che gli hanno permesso di creare molte varietà di mele popolari, come Golden Delicious e Burbank, che vengono coltivate ancora oggi. Il suo lavoro ha rivoluzionato l'industria della frutta e ha aperto la strada a nuovi metodi di coltivazione e allevamento dei meli.

Marie-Anne Pierrette Paulze

Nel XVIII secolo, Marie-Anne Pierrette Paulze, moglie del famoso chimico francese Antoine Lavoisier, giocò un ruolo cruciale nello sviluppo della pomologia, la scienza che studia i frutti. Paulze collaborò con il marito per documentare e classificare molte varietà di mele e altri frutti, gettando le basi per la moderna ricerca sulle mele e contribuendo al progresso dell'orticoltura.

Antichi contadini

Oltre a questi personaggi storici, anche molti agricoltori e coltivatori anonimi hanno avuto un ruolo importante nella coltivazione delle mele. Per secoli hanno sperimentato diverse varietà di meli, perfezionando le tecniche di coltivazione, innesto e potatura per produrre frutti di qualità superiore. Le loro conoscenze e il loro know-how sono stati tramandati di generazione in generazione, contribuendo alla ricchezza e alla diversità dei meleti in tutto il mondo.

Patrimonio e ispirazione

L'eredità dei pionieri della coltivazione delle mele sopravvive attraverso i frutteti e le varietà di mele che hanno contribuito a creare. La loro dedizione, ingegnosità e passione hanno ispirato generazioni di orticoltori, ricercatori e appassionati di mele a continuare il loro lavoro e a far progredire la scienza e l'arte della coltivazione delle mele.

Capitolo 68: Meli e tradizioni agricole

I meli hanno sempre avuto un posto importante nelle tradizioni agricole di tutto il mondo. La loro cultura e il loro mantenimento sono stati plasmati da pratiche tramandate di generazione in generazione, che riflettono le conoscenze ancestrali e le usanze locali legate all'agricoltura e alla vita rurale. Queste tradizioni agricole hanno contribuito a plasmare paesaggi, comunità e culture alimentari, creando profonde connessioni tra le persone e gli alberi da frutto.

Innesto e moltiplicazione

L'innesto delle mele è una delle tradizioni agricole più antiche e diffuse legate alla coltivazione delle mele. Questa tecnica consiste nel prelevare un ramoscello da un melo selezionato e innestarlo su un portainnesto, conservando così le caratteristiche desiderabili della varietà garantendo al tempo stesso una crescita vigorosa e l'adattamento alle condizioni locali. L'innesto è spesso accompagnato da rituali e credenze, che riflettono il profondo legame tra l'uomo e la natura.

Dimensioni e manutenzione

La potatura dei meli è un'altra pratica tradizionale che risale a secoli fa. Gli agricoltori utilizzano tecniche di potatura specifiche per controllare la crescita degli alberi, promuovere la fruttificazione e mantenere la salute degli alberi. Queste pratiche vengono tramandate di generazione in generazione, spesso accompagnate da proverbi e detti regionali che guidano gli agricoltori nel loro lavoro stagionale.

Feste e celebrazioni

Gli alberi di melo sono spesso associati a feste e celebrazioni durante tutto l'anno, che segnano le diverse fasi del ciclo agricolo. Riti di passaggio come la fioritura dei meli in primavera, la raccolta dei frutti in autunno e la preparazione del sidro sono tutte occasioni per celebrare la fertilità della terra e la generosità della natura. Queste feste sono spesso accompagnate da danze, canti e riti simbolici che rafforzano i legami tra le comunità e gli alberi da frutto.

Trasmissione della Conoscenza

La trasmissione delle conoscenze e delle competenze legate alla coltivazione del melo è parte integrante delle tradizioni agricole. Gli ex agricoltori trasmettono la loro esperienza e il loro know-how alle generazioni future, garantendo così la sostenibilità delle pratiche agricole tradizionali. Questa trasmissione orale delle conoscenze è spesso integrata da dimostrazioni pratiche sul campo, che consentono ai giovani agricoltori di imparare facendo e osservando.

Risonanza culturale

Le tradizioni agricole legate ai meli hanno una profonda risonanza culturale, nutrono le identità locali e regionali e rafforzano i legami tra le comunità e il loro ambiente naturale. Queste pratiche ancestrali continuano a influenzare gli stili di vita, i valori e le credenze delle popolazioni rurali di tutto il mondo, testimoniando la ricchezza e la diversità del patrimonio agricolo mondiale.

Capitolo 69: L'addomesticamento del melo

L'addomesticamento del melo è una storia affascinante che risale a diversi millenni fa. Originario dell'Asia centrale, il melo selvatico, Malus sieversii, è stato uno dei primi alberi da frutto coltivati dall'uomo. Questa lunga storia di coevoluzione tra l'uomo e il melo ha portato alla creazione di migliaia di varietà di mele, ciascuna con le proprie caratteristiche uniche.

Origini della domesticazione

Le prime tracce di addomesticamento del melo risalgono a più di 4.000 anni fa, nell'Asia centrale, dove gli antichi iniziarono a coltivare e allevare varietà selvatiche di mele per il loro sapore e adattabilità. Questi primi coltivatori osservarono gli alberi selvatici, ne raccolsero i frutti e piantarono semi per creare nuovi alberi da frutto in aree controllate. Nel corso del tempo, queste pratiche hanno portato alla selezione e alla propagazione di varietà di mele domestiche.

Diffusione e adattamento

Nel corso dei secoli la coltivazione del melo si è diffusa in tutto il mondo, adattandosi alle diverse condizioni climatiche e ambientali delle diverse regioni. Si sono sviluppate anche tecniche di coltivazione e allevamento, con le comunità locali che sviluppano varietà di mele adatte alle loro esigenze specifiche. Questa diversità genetica dei meli ha svolto un ruolo cruciale nella resilienza delle colture alle malattie, ai parassiti e ai cambiamenti climatici.

Impatto culturale e culinario

L'addomesticamento del melo ha avuto un profondo impatto sulle culture di tutto il mondo, influenzando non solo l'agricoltura, ma anche la cucina, la medicina e la cultura popolare. Le mele sono diventate un alimento base in molte regioni, utilizzate per preparare una varietà di piatti, bevande e dessert. In molte culture le varietà di mele hanno acquisito anche un significato simbolico, associato a feste, cerimonie e tradizioni religiose.

Conservazione e Preservazione

Oggi, la domesticazione delle mele rimane un processo dinamico, con sforzi continui per preservare la diversità genetica dei meli e promuoverne l'uso sostenibile. Vengono istituiti banche genetiche e programmi di conservazione per proteggere varietà antiche e rare di mele, garantendo la loro sopravvivenza per le generazioni future. La domesticazione delle mele continua a essere un'area di ricerca ed esplorazione, con nuove varietà e tecniche che emergono per affrontare le sfide del mondo moderno.

Capitolo 70. Meli selvatici e il loro ruolo ecologico

I meli selvatici, o Malus sieversii, sono gli antenati delle varietà coltivate che conosciamo oggi. Originari delle montagne del Kazakistan, questi alberi da frutto selvatici hanno svolto un ruolo cruciale negli ecosistemi locali e hanno contribuito alla biodiversità di molte regioni. La loro presenza e interazione con altri organismi hanno importanti implicazioni per la salute degli ecosistemi e la conservazione della natura.

Habitat naturale

I meli selvatici prosperano in una varietà di habitat, dalle foreste di montagna ai prati alpini. La loro capacità di adattarsi alle diverse condizioni ambientali li rende specie resilienti, capaci di sopravvivere in ambienti difficili. La loro presenza in questi habitat naturali fornisce risorse alimentari e riparo a molte specie di fauna selvatica, contribuendo così alla biodiversità locale.

Impollinazione e dispersione dei semi

I fiori dei meli selvatici attirano una varietà di insetti impollinatori, come api, farfalle e bombi. Questi insetti svolgono un ruolo essenziale nell'impollinazione dei fiori, favorendo così la riproduzione dei meli selvatici e di altre piante da fiore nel loro ambiente. Inoltre, i frutti prodotti dai meli selvatici costituiscono una fonte di cibo per molti animali, che ne consumano i frutti e ne disperdono i semi, contribuendo così alla rigenerazione delle foreste e alla colonizzazione di nuovi habitat.

Servizi ecosistemici

I meli selvatici forniscono una gamma di servizi ecosistemici a beneficio degli ecosistemi e degli esseri umani. La loro capacità di stabilizzare il suolo, purificare l'aria e fornire ombra e riparo agli animali aiuta a mantenere l'equilibrio ecologico negli ecosistemi in cui si trovano. Inoltre, la loro bellezza estetica e il valore culturale li rendono elementi importanti del paesaggio naturale, offrendo opportunità di svago e turismo ecologico.

Conservazione e protezione

La conservazione dei meli selvatici è fondamentale per preservare la biodiversità e preservare i fragili ecosistemi in cui si trovano. Sono necessari sforzi per proteggere i loro habitat naturali, ridurre le pressioni derivanti dal disboscamento, dall'urbanizzazione e dai cambiamenti climatici e promuovere il loro uso sostenibile. Anche sensibilizzare l'opinione pubblica sull'importanza dei meli selvatici negli ecosistemi locali è essenziale per garantirne la sopravvivenza a lungo termine.

Capitolo 71: Meli e colture autoctone

I meli hanno svolto un ruolo significativo nelle culture indigene di tutto il mondo, dove sono stati venerati, utilizzati in rituali e cerimonie e integrati nella vita quotidiana delle comunità indigene. La loro importanza va oltre il semplice valore dietetico, poiché sono strettamente legati alle tradizioni, alle credenze e alla spiritualità delle popolazioni indigene, rappresentando un simbolo di profondo legame con la terra e la natura.

Simbolo di fertilità e prosperità

In molte culture indigene, i meli sono visti come simboli di fertilità e prosperità. La loro capacità di produrre frutti ricchi di sostanze nutritive in abbondanza è spesso associata alla fertilità della terra e alla generosità della natura. I frutti dei meli vengono utilizzati nei rituali della fertilità e del raccolto, celebrando ogni anno l'abbondanza e la vita rinnovata.

Usi medicinali e alimentari

I meli sono anche ampiamente utilizzati per scopi medicinali e alimentari nelle culture indigene. I frutti, le foglie, la corteccia e le radici sono spesso usati nella medicina tradizionale per trattare una varietà di disturbi, dai disturbi digestivi alle malattie della pelle. Inoltre, le mele e i loro derivati, come il sidro e l'aceto di sidro, rappresentano un'importante fonte di nutrimento in molte comunità, fornendo vitamine e antiossidanti essenziali.

Rituali e cerimonie

I meli sono spesso il centro di rituali e cerimonie che scandiscono i cicli della vita e della natura nelle culture indigene. Dalle feste della fioritura alle celebrazioni del raccolto, i meli sono onorati e ringraziati per i loro doni. Le cerimonie di semina e raccolta delle mele sono spesso accompagnate da canti, danze e preghiere, che esprimono gratitudine alla terra e agli spiriti della natura.

Conservazione e trasmissione della conoscenza

La conservazione dei meli autoctoni e delle conoscenze tradizionali ad essi associate è essenziale per preservare la ricchezza culturale e biologica delle popolazioni indigene. Vengono implementate iniziative per preservare le varietà di mele antiche e rivitalizzare le pratiche agricole tradizionali per mantenere questo legame vitale con la terra e gli antenati. La trasmissione della conoscenza tra le generazioni è un elemento chiave di questa preservazione, garantendo che le tradizioni legate al melo continuino a prosperare nelle comunità indigene.

Capitolo 72: Conservazione delle varietà ancestrali

La conservazione delle varietà ancestrali del melo è un impegno essenziale per preservare la biodiversità agricola e tutelare il patrimonio genetico dei frutti più antichi e preziosi. Queste varietà, spesso coltivate da secoli, rappresentano una parte importante della storia agricola e culturale di molte regioni del mondo. La loro conservazione è fondamentale per garantire la sicurezza alimentare, promuovere la resilienza delle colture ai cambiamenti climatici e mantenere la diversità genetica necessaria per l'adattamento futuro.

Significato storico e culturale

Le varietà antiche di meli hanno svolto un ruolo centrale nelle culture e nelle tradizioni di molte società nel corso della storia. I loro frutti unici, con sapori e consistenze diversi, sono stati utilizzati in una moltitudine di piatti tradizionali, bevande e preparazioni medicinali. La loro presenza nel paesaggio agricolo dimostra lo stretto rapporto tra uomo e natura e l'importanza della diversità biologica per la sopravvivenza e il benessere delle comunità.

Resilienza e adattabilità

Le varietà antiche di meli sono spesso più adatte alle condizioni locali e agli ambienti specifici rispetto alle varietà moderne. La loro diversità genetica conferisce loro una naturale resistenza alle malattie, ai parassiti e alle variazioni climatiche. Conservando e coltivando queste varietà, gli agricoltori possono rafforzare la sicurezza alimentare e ridurre la loro dipendenza dalle monocolture vulnerabili.

Minacce e pressioni

Nonostante la loro importanza, molte varietà antiche di meli sono minacciate dalla perdita di habitat, dal degrado dell'ecosistema, dalla concorrenza delle varietà commerciali e dalla mancanza di interesse da parte del grande pubblico. La conversione dei terreni agricoli in aree urbane, la standardizzazione delle pratiche agricole e le politiche agricole che favoriscono le monocolture hanno contribuito alla progressiva scomparsa di queste varietà uniche e preziose.

Strategie di conservazione

Sono necessari sforzi di conservazione per proteggere le varietà antiche di meli e preservare la loro diversità genetica. Iniziative come banche genetiche, frutteti d'inverno e programmi di sensibilizzazione del pubblico vengono implementate per raccogliere, conservare e promuovere queste varietà. La collaborazione tra governi, organizzazioni non governative, agricoltori locali e comunità indigene è essenziale per garantire il successo di questi sforzi di conservazione a lungo termine.

Capitolo 73: La scienza del melo: biologia e genetica

La scienza del melo è un'affascinante esplorazione dei meccanismi biologici e genetici che governano la crescita, lo sviluppo e la riproduzione di questo iconico albero da frutto. Comprendere questi aspetti fondamentali è essenziale per migliorare le pratiche di coltivazione, sviluppare nuove varietà resistenti e promuovere la sostenibilità della coltivazione delle mele a livello globale.

Biologia del melo

I meli, appartenenti alla famiglia delle Rosacee, sono piante da fiore che si riproducono sessualmente. Il loro ciclo vitale comprende diverse fasi, dalla germinazione dei semi alla produzione dei frutti. I fiori ermafroditi, che producono sia polline che ovuli, spesso richiedono l'impollinazione incrociata per una fruttificazione ottimale. Gli insetti impollinatori svolgono un ruolo cruciale in questo processo.

Genetica della mela

La genetica del melo esplora la trasmissione dei tratti ereditari e della diversità genetica all'interno di questa specie. Grazie alla grande variabilità genetica, i meli hanno dato origine nel tempo a una moltitudine di varietà distinte. L'allevamento selettivo e l'allevamento sono tecniche utilizzate per sviluppare nuove varietà con caratteristiche migliorate, come la resistenza alle malattie e la qualità dei frutti.

Sfide e opportunità

Nonostante i progressi nella comprensione della biologia e della genetica dei meli, le sfide persistono. Malattie e parassiti continuano a minacciare i raccolti, richiedendo sforzi costanti per sviluppare varietà resistenti. Inoltre, il cambiamento climatico sta esercitando un'ulteriore pressione sui meleti, richiedendo un continuo adattamento per garantire la sostenibilità a lungo termine della coltivazione delle mele.

Prospettive future

Con l'avanzare della ricerca, emergono nuove opportunità per migliorare la produttività, la sostenibilità e la resilienza delle colture di mele. Approcci innovativi come la biotecnologia e la selezione assistita da marcatori offrono modi promettenti per affrontare le sfide attuali e preparare i meleti ad affrontare le sfide future. Integrando la conoscenza tradizionale con i progressi scientifici, possiamo continuare a coltivare e preservare questa preziosa risorsa alimentare per le generazioni a venire.

Capitolo 74: L'evoluzione delle tecniche di coltivazione

La storia della coltivazione della mela è strettamente legata all'evoluzione nel tempo delle tecniche agricole. Dai metodi tradizionali alle innovazioni moderne, gli agricoltori hanno costantemente adattato le loro pratiche per soddisfare le mutevoli esigenze della produzione di frutta. Questo sviluppo riflette sia i progressi tecnologici che la nostra maggiore comprensione delle esigenze degli alberi da frutto.

Metodi tradizionali

Nell'antichità la coltivazione della mela si basava principalmente su semplici tecniche tramandate di generazione in generazione. Piantare alberi in frutteti diversificati, combinato con la potatura manuale e le pratiche di gestione, ha costituito la base della cultura. La conoscenza empirica degli agricoltori, combinata con i cicli stagionali e le condizioni climatiche locali, ha guidato le loro decisioni.

Rivoluzione agricola

L'avvento della rivoluzione agricola portò cambiamenti significativi nelle tecniche di coltivazione delle mele. L'introduzione di macchine agricole, come trattori e irroratrici, ha consentito una maggiore meccanizzazione delle operazioni agricole. Anche i fertilizzanti chimici e i pesticidi sono stati ampiamente utilizzati per aumentare i raccolti e controllare malattie e parassiti.

Approcci sostenibili

Negli ultimi decenni, una crescente consapevolezza degli impatti ambientali dell'agricoltura convenzionale ha portato a un crescente interesse per i metodi di coltivazione sostenibili. La permacultura, l'agricoltura biologica e le pratiche agroecologiche hanno guadagnato popolarità, enfatizzando la rigenerazione del suolo, la conservazione della biodiversità e la riduzione dell'uso di input chimici.

Innovazioni tecnologiche

I progressi tecnologici come l'irrigazione a goccia, il telerilevamento e l'uso dei droni hanno rivoluzionato il modo in cui gli agricoltori gestiscono i loro raccolti. Questi strumenti consentono un monitoraggio più accurato delle condizioni di crescita, un uso più efficiente delle risorse e un processo decisionale basato sui dati. Le tecnologie digitali e le applicazioni IT facilitano inoltre la gestione dei frutteti e la tracciabilità dei prodotti.

Adattamento ai cambiamenti climatici

Di fronte alle sfide poste dai cambiamenti climatici, gli agricoltori devono adattarsi continuamente per mantenere la produttività e la resilienza delle loro colture. Tecniche come l'agroforestazione, la selezione di varietà resistenti al caldo e alla siccità e la gestione delle risorse idriche sono diventate essenziali per far fronte a condizioni climatiche estreme e mutevoli.

Conclusione

L'evoluzione delle tecniche di coltivazione delle mele riflette l'adattabilità e la creatività dell'agricoltura di fronte alle sfide e alle opportunità. Integrando le conoscenze tradizionali con innovazioni tecnologiche e pratiche sostenibili, possiamo continuare a coltivare mele in modo efficiente, rispettoso dell'ambiente e sostenibile per le generazioni future.

Capitolo 75: I grandi frutteti storici

I grandi frutteti storici rappresentano un prezioso patrimonio agricolo che testimonia l'importanza dei frutteti nella storia dell'agricoltura e dell'alimentazione. Questi frutteti, spesso associati a tenute reali, monasteri o tenute nobiliari, svolgevano un ruolo fondamentale nel fornire frutta per il consumo umano, la produzione di sidro e persino il simbolismo religioso.

Antiche origini

I frutteti hanno una lunga storia che risale ai tempi antichi. I primi frutteti furono coltivati in Mesopotamia, Egitto e Grecia, dove i frutti erano venerati per il loro gusto e le qualità nutrizionali. I romani poi espansero la coltivazione dei frutteti in tutto il loro impero, introducendo nuove specie e tecniche di coltivazione.

Frutteti Reali e Nobili

Durante il Medioevo e il Rinascimento i frutteti divennero simbolo di prestigio e ricchezza per re, nobili e signori terrieri. Sontuosi frutteti furono piantati nei giardini di castelli e palazzi, coltivando un'ampia varietà di frutti per i banchetti reali e le feste aristocratiche. Questi frutteti erano spesso progettati con cura, unendo estetica e funzionalità.

Ruolo nel cibo e nella cultura

I grandi frutteti storici non erano solo importanti fonti di cibo, ma anche parti essenziali della cultura e della società. I frutti coltivati in questi frutteti erano spesso associati a tradizioni culinarie e rituali festivi. Inoltre, i frutteti erano talvolta considerati luoghi sacri, con alberi da frutto venerati per la loro abbondanza e fertilità.

Patrimonio e conservazione

Oggi, i grandi frutteti storici sono spesso preservati come patrimonio e siti turistici, offrendo ai visitatori uno spaccato della storia dell'agricoltura e dell'orticoltura. Questi frutteti sono spesso mantenuti con cura, con varietà di frutta antiche e rare preservate per la loro importanza culturale e genetica. La conservazione di questi frutteti contribuisce a preservare il nostro patrimonio agricolo e a promuovere la biodiversità dei frutti.

Prospettive future

Con l'evoluzione del mondo agricolo, i grandi frutteti storici continuano a svolgere un ruolo importante come fonti di conoscenza storica, risorse genetiche e luoghi di svago e istruzione. Preservando e promuovendo questi frutteti, possiamo mantenere il legame con il nostro passato agricolo, ispirando al tempo stesso le generazioni future ad apprezzare e proteggere il nostro patrimonio frutticolo.

Capitolo 76: Meli e patrimonio culturale

I meli occupano un posto privilegiato nel nostro patrimonio culturale, simboleggiando la fertilità, la prosperità e la tradizione. La loro presenza nei frutteti, nei giardini e nei paesaggi rurali ha influenzato profondamente varie culture nel corso dei secoli, rendendo i meli molto più che semplici alberi da frutto.

La storia e il simbolismo dei meli

Gli alberi di mele hanno una ricca storia che risale a migliaia di anni fa. Hanno avuto origine nell'Asia centrale e si sono gradualmente diffusi in tutto il mondo. Nella mitologia greca, le mele erano associate alla dea Afrodite, simboleggiando l'amore e la bellezza. In Europa, i meli venivano spesso piantati nei monasteri medievali, dove venivano coltivati sia per i loro frutti che per le loro proprietà medicinali. Il loro simbolismo è penetrato anche nella cultura cristiana, dove la mela è spesso vista come il frutto della conoscenza nel racconto della Genesi.

I meli nelle tradizioni popolari

Le tradizioni popolari attorno al melo sono numerose e varie. In alcune regioni era consuetudine piantare un melo alla nascita di un bambino, a simboleggiare la crescita e la prosperità future. Le feste del raccolto, spesso accompagnate da balli e canti, celebrano il melo e i suoi frutti. In Normandia, ad esempio, il sidro di mele non è solo una bevanda popolare ma anche un elemento centrale delle festività locali.

Arte e Letteratura

Gli alberi di mele hanno ispirato molti artisti e scrittori. Nel dipinto i meleti in fiore sono motivi ricorrenti, simboleggiano la bellezza e il rinnovamento. Vincent van Gogh, ad esempio, ha catturato lo splendore dei meli in fiore in molte delle sue opere. In letteratura, i meli compaiono in molte opere, dalla poesia di Robert Frost alla prosa di Jane Austen, dove spesso servono come metafore di bellezza, amore e semplicità rurale.

Conservazione dei frutteti tradizionali

Oggi, la conservazione dei meleti tradizionali è fondamentale per preservare il nostro patrimonio culturale. Questi frutteti, spesso costituiti da antiche varietà, sono testimoni viventi della nostra storia agricola e culturale. Il loro mantenimento permette non solo di salvaguardare la biodiversità, ma anche di preservare le pratiche agricole tradizionali e il know-how ancestrale.

Iniziative locali e internazionali stanno lavorando per preservare i frutteti tradizionali. Le feste delle mele, i mercati degli agricoltori e i progetti di reimpianto incoraggiano le comunità a valorizzare e proteggere questi tesori culturali. In Francia, ad esempio, i "Conservatoires des Vergers" lavorano attivamente per salvaguardare le antiche varietà e promuovere pratiche di coltivazione rispettose dell'ambiente.

L'impatto dei meli sull'economia locale

Anche i meli svolgono un ruolo significativo nell'economia locale. La produzione di mele e di sidro contribuisce all'economia rurale, creando posti di lavoro e attirando il turismo. I mercati contadini, le feste del raccolto e i circuiti turistici attorno ai frutteti sono tutte opportunità per promuovere questo patrimonio e dare energia ai territori.

Meli e Gastronomia

In gastronomia le mele sono un ingrediente versatile e prezioso. Sono utilizzati in una moltitudine di ricette, dalle torte e composte ai piatti salati. Il sidro, a base di mele, è una bevanda tradizionale in molte regioni, apprezzata per la sua freschezza e la sua varietà di aromi.

La diversità delle varietà di mele consente una ricchezza culinaria che contribuisce all'identità gastronomica di molte regioni.

Quindi i meli sono molto più che alberi da frutto; sono simboli viventi del nostro patrimonio culturale e storico. Attraverso le tradizioni, l'arte, la letteratura e la gastronomia, i meli continuano a ispirarci e a ricordarci l'importanza del nostro legame con la natura e il nostro passato. La loro conservazione e valorizzazione sono essenziali per trasmettere questo patrimonio alle generazioni future, continuando ad arricchire il nostro presente.

Capitolo 77: Impatto dei meli sugli ecosistemi

I meli, molto più che semplici produttori di frutta, svolgono un ruolo cruciale nella salute e nella diversità degli ecosistemi. Il loro impatto si estende oltre la sfera agricola, influenzando la biodiversità, le interazioni ecologiche e persino i cicli di vita delle specie locali. Questa esplorazione evidenzia l'importanza ecologica dei meli e il loro contributo all'equilibrio naturale.

Biodiversità e Habitat

I meli, se piantati in modo diverso nei frutteti tradizionali, promuovono la biodiversità. Questi frutteti forniscono l'habitat per molte specie, dagli insetti impollinatori agli uccelli e ai piccoli mammiferi. I fiori di melo attirano una varietà di insetti, tra cui api e farfalle, essenziali per l'impollinazione. La presenza di questi impollinatori è fondamentale non solo per i meli stessi, ma anche per altre piante vicine che fanno affidamento sull'impollinazione incrociata.

I vecchi meli, con le loro cavità naturali, forniscono anche luoghi di nidificazione per gli uccelli e rifugio per pipistrelli e altri piccoli animali. Questi habitat sono particolarmente preziosi nei moderni paesaggi agricoli, dove gli habitat naturali sono spesso frammentati.

Interazione con i suoli

I meli contribuiscono alla salute del suolo. Il loro apparato radicale aiuta a prevenire l'erosione stabilizzando il suolo e migliorandone la struttura. Le radici del melo favoriscono l'aerazione del terreno, migliorando la circolazione dell'acqua e dei nutrienti. Inoltre, i rifiuti di foglie e frutti caduti arricchiscono il terreno di materia organica, aumentandone la fertilità.

Anche le pratiche agricole tradizionali associate ai meleti, come la pacciamatura e la rotazione delle colture, possono promuovere terreni sani. Combinando i meli con altre piante e colture, gli agricoltori possono creare sistemi agroforestali a vantaggio della biodiversità e della salute del suolo.

Impollinazione e produttività agricola

I meli svolgono un ruolo chiave nell'impollinazione non solo dei propri fiori ma anche delle colture circostanti. I frutteti di mele attirano impollinatori come le api, che poi visitano altre piante agricole, aumentando la produttività complessiva. Questa interazione positiva tra i meli e gli impollinatori locali è un esempio di come i meli possano rafforzare la resilienza degli ecosistemi agricoli.

Le pratiche di gestione sostenibile dei frutteti, come la riduzione dell'uso di pesticidi e la promozione della biodiversità, possono creare ambienti favorevoli agli impollinatori. Ciò non solo migliora la salute dei meli ma anche quella delle colture circostanti, creando un circolo virtuoso di produttività agricola.

Ruolo nel ciclo dei nutrienti

I meli partecipano attivamente al ciclo dei nutrienti negli ecosistemi. Assorbendo le sostanze nutritive dal suolo e ridistribuendole attraverso le foglie, i frutti e il legno, i meli contribuiscono alla fertilità del loro ambiente. Le foglie cadute e i frutti non raccolti si decompongono e ritornano nel terreno, fornendo nutrienti essenziali ad altre piante e microrganismi.

Questa capacità dei meli di riciclare i nutrienti è particolarmente vantaggiosa nei sistemi agricoli in cui la fertilità del suolo deve essere mantenuta senza un'eccessiva dipendenza dai fertilizzanti chimici. I frutteti di mele, integrati nei sistemi di policoltura, possono migliorare la resilienza degli ecosistemi agricoli promuovendo il ciclo naturale dei nutrienti.

Mitigazione del cambiamento climatico

I meli contribuiscono anche alla lotta contro il cambiamento climatico. Catturando l'anidride carbonica (CO_2) dall'atmosfera durante la fotosintesi, i meli aiutano a ridurre la concentrazione di gas serra nell'aria. Il carbonio immagazzinato nei tronchi, nei rami e nelle radici dei meli rappresenta una forma di sequestro del carbonio che può aiutare a mitigare gli effetti del cambiamento climatico.

Anche i meleti, soprattutto se gestiti in modo sostenibile, possono svolgere un ruolo nella regolazione del microclima locale. Fornendo ombra e riducendo la temperatura del suolo, i meli possono contribuire a creare microclimi più favorevoli per le colture e le specie locali, migliorando la resilienza degli ecosistemi alle variazioni climatiche.

I meli sono attori essenziali negli ecosistemi, influenzando positivamente la biodiversità, la salute del suolo, l'impollinazione, il ciclo dei nutrienti e la lotta contro il cambiamento climatico. La loro presenza e la gestione sostenibile sono fondamentali per mantenere l'equilibrio ecologico e sostenere le complesse interazioni che sono alla base della salute e della produttività dei nostri ambienti naturali.

Capitolo 78: La vita segreta dei meli

I meli, emblemi di fertilità e serenità rurale, nascondono una vita interiore complessa e affascinante. Dietro il loro aspetto pacifico, questi alberi nascondono sofisticati meccanismi biologici, sottili interazioni ecologiche e storie millenarie di simbiosi con l'uomo e la natura.

Ciclo di vita e riproduzione

Il ciclo vitale dei meli inizia con un piccolo seme, ma il loro viaggio verso la maturità è un balletto naturale. Ogni primavera, i boccioli dormienti si risvegliano, liberando un'esplosione di fiori delicati. Questi fiori non sono solo precursori dei frutti, ma svolgono anche un ruolo cruciale nell'impollinazione. Gli insetti impollinatori, come le api, sono attratti dal nettare dei fiori e, visitandoli, trasferiscono il polline da un fiore all'altro, garantendo così la fecondazione.

Dopo l'impollinazione, i fiori fecondati si trasformano in piccoli frutti. Durante l'estate questi frutti crescono assorbendo energia dal sole e sostanze nutritive dal terreno, orchestrando un complesso processo di fotosintesi e metabolismo. In autunno le mele mature sono pronte per essere raccolte, continuando il ciclo di vita dei meli.

Interazioni ecologiche

I meli non vivono isolati; sono integrati in una fitta rete di interazioni ecologiche. Le loro radici si estendono in profondità nel terreno, formando micorrize con funghi benefici. Questa simbiosi consente ai meli di assorbire meglio acqua e sostanze nutritive, fornendo allo stesso tempo ai funghi gli zuccheri prodotti dalla fotosintesi.

Anche gli insetti e gli uccelli svolgono un ruolo cruciale nella vita dei meli. Le coccinelle e altri insetti predatori aiutano a controllare le popolazioni di afidi, che altrimenti danneggerebbero foglie e frutti. Gli uccelli, dal canto loro, si nutrono di insetti nocivi e contribuiscono alla dispersione dei semi consumandone i frutti ed espellendo ulteriormente i semi.

Adattamenti e resilienza

I meli hanno sviluppato vari adattamenti per sopravvivere e prosperare in ambienti diversi. Alcuni meli hanno foglie più spesse e cerose per ridurre la perdita d'acqua nei climi aridi. Altri possono tollerare temperature estremamente fredde grazie a meccanismi biochimici che impediscono la formazione di ghiaccio all'interno delle loro cellule.

La resilienza dei meli è legata anche alla loro diversità genetica. Le varietà antiche e locali hanno caratteristiche uniche che le rendono resistenti a determinate malattie e parassiti. Questa diversità è preziosa per i moderni programmi di selezione perché fornisce un serbatoio di geni che possono essere utilizzati per sviluppare varietà nuove, più resistenti e produttive.

Simbolismo e cultura

Al di là della loro biologia, i meli sono profondamente radicati nel simbolismo culturale. In molte tradizioni rappresentano la conoscenza, la vita e la rinascita. I miti e le leggende che circondano i meli abbondano, dalla mela di Adamo ed Eva a quella di Newton, che si dice abbia ispirato la sua teoria della gravitazione.

I meli svolgono un ruolo centrale anche nelle feste e nei rituali agricoli. In alcune culture piantare un melo è un gesto simbolico di prosperità e continuità. I meleti, con i loro cicli stagionali di fioritura e fruttificazione, sono luoghi di contemplazione e celebrazione della natura.

Impatto sugli ecosistemi umani

Gli alberi di mele hanno un impatto significativo sugli ecosistemi umani. Non solo forniscono frutti nutrienti, ma anche posti di lavoro e reddito agli agricoltori. I frutteti di mele attirano il turismo rurale, offrendo esperienze di raccolta e degustazione del sidro.

Le pratiche sostenibili di coltivazione delle mele possono anche promuovere la salute del suolo e la biodiversità. Tecniche come l'agroforestazione, in cui i meli vengono coltivati in combinazione con altre piante, contribuiscono a sistemi agricoli più resilienti ed ecologicamente equilibrati.

I meli, con la loro complessa biologia e le profonde interazioni ecologiche e culturali, sono tesori viventi del nostro mondo naturale. Il loro studio e la loro conservazione rivelano non solo i segreti della loro vita, ma anche le delicate e vitali interconnessioni che sostengono la biodiversità e la salute del nostro pianeta.

Capitolo 79: Il ciclo di vita di un melo

Il melo, con i suoi rami aggraziati e i suoi frutti deliziosi, segue un ciclo vitale affascinante e complesso, scandito da fasi distinte che si intrecciano armoniosamente con le stagioni e i processi naturali. Ogni fase di questo ciclo, dalla germinazione alla maturità, rivela la resilienza e la bellezza di questo albero iconico.

Germinazione e crescita

Tutto inizia da un piccolo seme, spesso nascosto all'interno di una mela. Quando trova le condizioni favorevoli – terreno fertile, umidità e temperatura adeguata – il seme del melo germina. Questo processo, chiamato germinazione, dà origine ad un giovane germoglio che emerge dal terreno, ottenendo i primi nutrienti dal seme stesso.

Appaiono le prime foglie, chiamate cotiledoni, che iniziano la fotosintesi, un processo cruciale in cui la luce solare viene convertita in energia chimica. Man mano che la giovane pianta cresce, sviluppa un apparato radicale più complesso, ancorando saldamente il melo al terreno e permettendogli di assorbire acqua e sostanze nutritive in modo più efficiente.

Adolescenza e formazione dei rami

Dopo alcuni anni, il melo entra in una fase di crescita vigorosa. Il suo tronco si ingrossa e i suoi rami si allargano, formando una chioma sempre più ampia. Questa fase è cruciale per lo sviluppo strutturale dell'albero. I rami giovani, ricoperti di foglie verdi lussureggianti, catturano la luce solare e alimentano la continua crescita dell'albero.

Durante questo periodo il melo generalmente non produce ancora frutti. L'energia dell'albero è principalmente dedicata alla crescita e allo sviluppo di radici, rami e foglie, essenziali per sostenere la futura produzione di mele.

Maturazione e fioritura

Il melo raggiunge la maturità dopo diversi anni di crescita. A questo punto comincia a produrre fiori in primavera. Questi fiori, spesso bianchi o rosa, compaiono in grappoli e sono essenziali per la riproduzione dell'albero. La fioritura è uno spettacolo magnifico, che attira una moltitudine di insetti impollinatori, soprattutto api, che svolgono un ruolo cruciale nell'impollinazione incrociata.

L'impollinazione è il processo mediante il quale il polline di un fiore viene trasferito a un altro, consentendo la fecondazione. Una volta impollinati, i fiori si trasformano in piccoli frutti. L'impollinazione incrociata, spesso facilitata dalle api, è essenziale per la produzione di mele di alta qualità.

Fruttificazione e raccolto

Man mano che le giornate si allungano e le temperature aumentano, i frutti cominciano a diventare più grandi. Le mele crescono lentamente, assorbendo i nutrienti e l'acqua dal terreno, nonché l'energia catturata dalle foglie attraverso la fotosintesi. Questa fase di crescita è cruciale per lo sviluppo dei sapori e della consistenza delle mele.

In autunno le mele raggiungono la piena maturità. Il loro colore cambia, la loro pelle diventa liscia e lucente e la loro carne diventa succosa e dolce. È tempo di raccolta, periodo di grande attività nei frutteti. Le mele vengono raccolte con cura a mano o mediante tecniche meccaniche, pronte per essere consumate fresche o trasformate in vari prodotti.

Riposo invernale

Dopo il raccolto, il melo entra in un periodo dormiente durante l'inverno. Le foglie cadono, lasciando i rami nudi ed esposti. Questa fase di riposo è essenziale per la salute e la longevità dell'albero. Durante la dormienza, il melo conserva le sue energie, si prepara al ciclo di crescita dell'anno successivo e resiste al rigido clima invernale.

I germogli dormienti, formati in autunno, contengono fiori e foglie futuri. Protetti da robuste scaglie, aspettano che i segnali della primavera – temperature più calde e giornate più lunghe – si schiudano e ricomincino il ciclo.

Il ciclo vitale di un melo è un'elegante danza con la natura, dove ogni fase prepara e sostiene quella successiva. Dal piccolo seme che germoglia all'albero maturo che produce frutti abbondanti, il melo incarna la resilienza, la crescita e la continua bellezza. Il suo ciclo perpetuo, sincronizzato con i ritmi della natura, è una lezione di pazienza e armonia con l'ambiente.

Capitolo 80: Scelta e preparazione delle talee di mela

La propagazione dei meli per talea è un metodo efficace per ottenere nuovi alberi da frutto mantenendo le caratteristiche della varietà madre. Questo processo, sebbene richieda pazienza e precisione, è accessibile a qualsiasi giardiniere dilettante. Ecco come scegliere e preparare le talee di mela per garantire le migliori possibilità di successo.

Selezione di talee

La scelta delle talee è un passaggio cruciale. Le talee del melo devono essere prelevate da rami sani e vigorosi. Il periodo ideale per questo è l'inverno, quando l'albero è dormiente. I più adatti sono i rami dell'anno precedente, cresciuti durante la stagione di crescita.

I criteri da seguire nella selezione delle talee includono:

Lunghezza e spessore: scegli steli lunghi da 15 a 30 cm e spessi circa una matita.

Salute: i rami devono essere esenti da malattie, lesioni e parassiti.

Posizione sull'albero: Preferire i rami situati nella parte centrale dell'albero, perché generalmente hanno una crescita equilibrata e un vigore sufficiente.

Preparazione delle talee

Una volta selezionate le talee, è il momento di prepararle per la semina. Ecco i passaggi essenziali da seguire:

Taglio: eseguire un taglio netto e pulito utilizzando cesoie affilate. Il taglio inferiore dovrebbe essere effettuato appena sotto il nodo, mentre il taglio superiore dovrebbe essere circa 1 cm sopra il nodo.

Ormoni radicali: immergere la base delle talee in un ormone radicale può aumentare notevolmente le possibilità di successo. Questi ormoni promuovono la formazione delle radici stimolando le cellule della talea.

Preparazione del substrato: utilizzare una miscela leggera e ben drenante, come una miscela di torba e sabbia, per piantare le talee. Riempi vasi o vassoi con questo substrato e pratica dei fori per inserire le talee.

Piantagione: inserire le talee nei fori predisposti, assicurandosi che la base di ciascuna talea sia in buon contatto con il substrato. Imballare leggermente attorno alle talee per stabilizzarle.

Irrigazione: annaffiare le talee immediatamente dopo la semina per inumidire completamente il substrato. Mantenere un'umidità costante è fondamentale per favorire la radicazione.

Condizioni di crescita: posizionare le talee in un luogo luminoso, ma lontano dalla luce solare diretta. L'ideale è una temperatura stabile intorno ai 18-20°C. Se possibile, utilizza una mini serra o copri le talee con un sacchetto di plastica per mantenere un'elevata umidità.

Manutenzione del taglio

Nelle settimane successive alla semina è importante monitorare regolarmente le talee. È essenziale mantenere il substrato umido, ma non fradicio. Dopo alcune settimane o alcuni mesi, le talee dovrebbero iniziare a sviluppare le radici. Una leggera trazione sulle talee controllerà se si sono formate le radici. Quando le radici saranno ben sviluppate, le talee potranno essere trapiantate in vasi singoli o direttamente nel terreno, a seconda delle condizioni climatiche.

Vantaggi e importanza

Le talee di melo offrono numerosi vantaggi. Permette di riprodurre fedelmente le caratteristiche della varietà madre, garantendo così una qualità costante dei frutti. Inoltre, questo metodo è spesso più veloce e meno costoso rispetto alla coltivazione da seme, offrendo allo stesso tempo la possibilità di preservare varietà rare o antiche. Per i giardinieri appassionati, questa è anche un'opportunità per sperimentare e imparare di più sulla propagazione delle piante.

Insomma, la selezione e la preparazione delle talee di mela, pur richiedendo cura e attenzione, può portare a risultati gratificanti. Con un po' di pratica e pazienza, questo metodo può creare un frutteto rigoglioso e produttivo, garantendo raccolti abbondanti e gustosi.

Capitolo 81: Le basi della semina dei meli

La semina dei meli è un metodo di propagazione che consente a nuovi alberi di crescere dai semi. Sebbene questa tecnica possa comportare variazioni genetiche, nel senso che gli alberi cresciuti da seme possono differire dai loro genitori, rimane un metodo affascinante e gratificante per i giardinieri domestici. Ecco i passaggi essenziali per una semina di successo dei meli.

Raccolta e preparazione dei semi

Il primo passo è raccogliere i semi di mele mature e sane. Ecco come farlo:

Selezione di mele: scegli mele di varietà note per il loro vigore e la resistenza alle malattie. Le mele dovrebbero essere mature e prive di qualsiasi segno di marciume o malattia.

Estrazione dei semi: Tagliare le mele ed estrarre i semi. Lavate i semi in acqua pulita per eliminare eventuali residui di polpa, quindi fateli asciugare su carta assorbente per qualche giorno.

Stratificazione: i semi di mela richiedono un periodo freddo per germogliare. Questa fase, chiamata stratificazione, può essere eseguita mettendo i semi in un sacchetto di plastica con un substrato umido (come torba o sabbia) e conservandoli in frigorifero per 8-12 settimane.

Semina dei semi

Dopo il periodo di stratificazione i semi sono pronti per la semina. Ecco i passaggi da seguire:

Preparazione del substrato: utilizzare una miscela leggera e ben drenante, come una miscela di terriccio e sabbia. Riempi vasi o vassoi per piantine con questo substrato.

Semina: piantare i semi ad una profondità di circa 1-2 cm. Distanzia i semi per consentire alle giovani piante di svilupparsi senza essere affollate.

Irrigazione: annaffiare leggermente dopo la semina per inumidire il substrato senza inzupparlo. Mantenere un'umidità costante è fondamentale per la germinazione.

Condizioni di coltivazione: posizionare vasi o vassoi in un luogo luminoso, ma lontano dalla luce solare diretta. Una temperatura intorno ai 20°C è ideale per favorire la germinazione.

Cura delle piante giovani

Quando i semi cominciano a germogliare, generalmente dopo qualche settimana, le giovani piante necessitano di cure specifiche:

Diradamento: Se le piante sono troppo vicine tra loro, diradatele per mantenere solo quelle più vigorose. Ciò consente a ciascuna pianta di ricevere abbastanza luce e sostanze nutritive.

Irrigazione e concimazione: mantenere il substrato umido, ma non fradicio. Dopo alcune settimane, inizia a concimare con un fertilizzante bilanciato per favorire una crescita sana.

Luce: assicurati che le giovani piante ricevano luce sufficiente per evitare che appassiscano. Se necessario, usa le luci di coltivazione.

Trapianto

Dopo alcuni mesi di coltivazione indoor, i giovani meli saranno pronti per essere trapiantati:

Acclimatazione: prima di piantarli all'aperto, acclimatarli gradualmente alle condizioni esterne portandoli fuori per alcune ore al giorno per una settimana o due.

Piantagione all'aperto: scegli una posizione in pieno sole con terreno ben drenato. Scava buche abbastanza grandi da accogliere le radici senza piegarle. Pianta i giovani alberi alla stessa profondità in cui sono cresciuti in vaso e compatta il terreno attorno alle radici.

Protezione e cura: proteggere i giovani alberi dai parassiti e dalle condizioni meteorologiche estreme utilizzando protezioni come maniche o recinzioni. Innaffia regolarmente e applica il pacciame intorno ai giovani alberi per conservare l'umidità e ridurre la concorrenza delle erbe infestanti.

Pazienza e osservazione

Coltivare meli dai semi richiede tempo e pazienza. Di solito ci vogliono diversi anni prima che i giovani alberi inizino a produrre frutti. Tuttavia, questo metodo offre la possibilità di ottenere varietà uniche e di sperimentare la diversità genetica dei meli. Osservando attentamente le giovani piante e prendendosene cura, ogni giardiniere può contribuire alla ricchezza e alla diversità del proprio frutteto.

Seminare i meli è un'avventura gratificante che permette di comprendere e apprezzare meglio il ciclo di vita degli alberi da frutto. Seguendo questi passaggi e prestando le cure necessarie, è possibile coltivare splendidi meli che, nel tempo, produrranno frutti deliziosi e arricchiranno il paesaggio con la loro maestosa presenza.

Capitolo 82: Diversi metodi di propagazione

La propagazione delle piante è una parte fondamentale dell'orticoltura e dell'agricoltura, poiché consente la riproduzione delle piante per la produzione alimentare, la decorazione e la conservazione delle specie. Esistono diversi metodi di propagazione, ciascuno con i propri vantaggi e svantaggi, adatti a vari tipi di piante e scopi di coltivazione.

Propagazione per seme

La propagazione per seme è uno dei metodi più antichi e naturali. Consiste nel piantare semi per ottenere nuove piante. Questo metodo è comunemente usato per ortaggi, fiori annuali e molte piante ornamentali.

Benefici :

Consente la produzione in serie di piante.

Promuove la diversità genetica, che può migliorare la resistenza alle malattie.

Costo iniziale generalmente basso.

Svantaggi:

Tempo di germinazione e crescita relativamente lungo.

La variazione genetica può portare a piante non identiche ai genitori.

Propagazione per talea

Le talee comportano il prelievo di un segmento di una pianta, come uno stelo, una foglia o una radice, e la sua coltivazione per produrre una nuova pianta. Questo metodo è popolare per piante d'appartamento, arbusti e alberi da frutto.

Benefici :

Prodotti di cloni genetici della pianta madre, che garantiscono caratteristiche identiche.

Più veloce della semina per ottenere piante mature.

Svantaggi:

Alcune piante possono essere difficili da radicare.

Spesso richiede ormoni radicali specifici e condizioni di crescita.

Propagazione di Marcottage

La stratificazione prevede l'interramento di parte di uno stelo della pianta madre, che poi sviluppa le radici prima di essere separato e trapiantato. Questo metodo viene utilizzato per le piante legnose e alcune piante ornamentali.

Benefici :

Elevato tasso di successo poiché lo stelo rimane attaccato alla pianta madre durante la radicazione.

Meno stress per la pianta in crescita.

Svantaggi:

Potrebbe essere più lento di altri metodi di propagazione.

Richiede spazio per seppellire gli steli.

Propagazione per innesto

L'innesto prevede la fusione di un fusto (marzo) di una pianta sulle radici (portinnesto) di un'altra pianta. Questa tecnica è comunemente utilizzata per gli alberi da frutto e alcuni alberi ornamentali.

Benefici :

Permette di unire le migliori caratteristiche di due piante, come la resistenza alle malattie del portainnesto e la qualità dei frutti della marza.

Può accelerare la produzione di frutti rispetto alla crescita da seme.

Svantaggi:

Tecnica più complessa che richiede competenze specifiche.

Rischio di rigetto della marza da parte del portinnesto.

Propagazione per divisione

La divisione consiste nel separare una pianta in più parti, ciascuna con le proprie radici, per produrre nuove piante. Questo metodo viene spesso utilizzato per piante perenni e bulbi.

Benefici :

Semplice e veloce da realizzare.

Permette di ringiovanire le vecchie piante e controllarne la crescita.

Svantaggi:

Può essere stressante per le piante, richiedendo cure dopo la divisione.

Non applicabile a tutte le specie vegetali.

Propagazione mediante coltura tissutale

La coltura dei tessuti, o micropropagazione, utilizza cellule vegetali coltivate in condizioni sterili per produrre nuove piante. Questo metodo è comunemente usato per orchidee, felci e alcune piante commerciali.

Benefici :

Consente la produzione in serie di piante identiche.

Ideale per la propagazione di piante rare o in via di estinzione.

Svantaggi:

Richiede attrezzature specializzate e un ambiente sterile.

Tecnica costosa e che richiede competenze specifiche.

Scegli il metodo appropriato

La scelta del metodo di propagazione dipende da diversi fattori, tra cui il tipo di pianta, le risorse disponibili e gli obiettivi di coltivazione. Ad esempio, i giardinieri domestici potrebbero preferire le talee o la semina per la loro semplicità, mentre i coltivatori commerciali potrebbero utilizzare la coltura tissutale per la sua capacità di produrre piante in grandi quantità.

Esplorando e padroneggiando diversi metodi di propagazione, giardinieri e agricoltori possono massimizzare la produttività dei loro raccolti, conservare varietà preziose e contribuire alla biodiversità. Ciascun metodo offre un'opportunità unica per comprendere e apprezzare ulteriormente il ciclo di vita delle piante, soddisfacendo al tempo stesso le diverse esigenze orticole e agricole.

Capitolo 83: Pianificare e piantare un frutteto

Creare un frutteto è un'impresa entusiasmante e gratificante, che fornisce non solo frutta fresca e gustosa ma anche uno splendido spazio verde che arricchisce l'ambiente. Tuttavia, un frutteto di successo richiede un'attenta pianificazione e un'attenta esecuzione. Ecco i passaggi essenziali per progettare e piantare un frutteto.

Scelta della posizione

La scelta del luogo è fondamentale per la buona riuscita del frutteto. Una buona posizione deve soddisfare i seguenti criteri:

Sole: la maggior parte degli alberi da frutto richiede almeno sei ore di sole diretto al giorno per produrre bene.

Drenaggio: Il terreno deve essere ben drenato per evitare ristagni idrici, che possono provocare marciumi radicali.

Protezione dal vento: scegliere un luogo riparato dai forti venti per evitare danni ad alberi e frutti.

Vicinanza all'acqua: garantire un facile accesso a una fonte d'acqua per l'irrigazione regolare dei giovani alberi.

Selezione di alberi da frutto

Una volta scelta la location, è il momento di selezionare gli alberi da frutto. I fattori da considerare includono:

Varietà adattate: scegli varietà adattate al clima locale per massimizzare la produzione di frutta.

Impollinazione: alcune varietà richiedono impollinatori. È importante piantare diverse varietà compatibili per garantire una buona impollinazione.

Spazio: tenere conto delle dimensioni degli alberi da adulti per evitare il sovraffollamento e garantire una crescita sana.

Obiettivi personali: Scegliere alberi i cui frutti siano più apprezzati o che soddisfino esigenze specifiche, come la conservazione o la lavorazione.

Preparazione del terreno

La preparazione del terreno è un passaggio fondamentale prima di piantare alberi da frutto:

Analisi del suolo: condurre un'analisi del suolo per determinarne le caratteristiche e le esigenze di modifica.

Modifica: aggiungere compost o altri ammendanti organici per migliorare la struttura e la fertilità del suolo.

Lavorazione e diserbo: Lavorare il terreno per aerarlo ed eliminare le erbacce. Assicurarsi che il terreno sia sciolto fino a una profondità di 30-40 cm.

Pianificazione del layout

La disposizione degli alberi nel frutteto deve essere attentamente pianificata:

Spaziatura: seguire la spaziatura consigliata per ciascun tipo di albero per consentire una buona circolazione dell'aria e l'accesso per i lavori di manutenzione.

Orientamento: piantare alberi lungo le linee nord-sud per massimizzare l'esposizione al sole.

Zone specifiche: organizza il frutteto in zone specifiche se diverse varietà richiedono cure o condizioni di crescita distinte.

Piantare alberi

Piantare alberi è un passaggio delicato che richiede precisione e cura:

Buca per piantare: scavare una buca larga il doppio della zolla radicale e alla stessa profondità.

Posizionamento: posizionare l'albero al centro della buca, assicurandosi che il colletto (la giunzione tra le radici e il fusto) sia a livello del suolo.

Riempimento: riempire la buca con il terreno modificato, tamponare leggermente per eliminare le sacche d'aria e annaffiare abbondantemente.

Pacciamatura: aggiungi uno strato di pacciame attorno all'albero per conservare l'umidità e ridurre le erbacce.

Cura post-impianto

Le cure post-impianto sono essenziali per garantire la crescita e la salute dei giovani alberi:

Annaffiature: annaffiare regolarmente, soprattutto nei primi anni, per mantenere il terreno umido ma non fradicio.

Picchettamento: installa dei paletti per sostenere i giovani alberi e proteggerli dai venti.

Fecondazione: applicare un fertilizzante bilanciato secondo necessità per sostenere la crescita.

Potatura: Praticare la potatura di allenamento per sviluppare una struttura forte e produttiva.

Manutenzione continua

Un frutteto necessita di una manutenzione continua per rimanere produttivo e sano:

Potatura annuale: potare gli alberi ogni anno per rimuovere i rami morti, malati o aggrovigliati e per favorire una buona circolazione dell'aria.

Controllo delle malattie e dei parassiti: monitora regolarmente gli alberi per rilevare eventuali segni di malattie o infestazioni e agisci rapidamente per trattarli.

Raccolto: raccogliere i frutti quando sono maturi per garantire una qualità ottimale e incoraggiare la produzione continua.

Seguendo questi passaggi e investendo il tempo e l'impegno necessari, progettare e piantare un frutteto può trasformarsi in un'attività estremamente gratificante. La frutta fresca, il piacere di coltivarla e raccoglierla da soli, nonché l'impatto positivo sull'ambiente rendono la creazione di un frutteto un'iniziativa preziosa per ogni giardiniere.

Capitolo 84: La crescita e lo sviluppo dei meli

I meli, con i loro frutti saporiti e la loro bellezza estetica, sono alberi pregiati in molti frutteti. Comprendere la loro crescita e il loro sviluppo è essenziale per massimizzare la loro salute e produttività. Ecco uno sguardo dettagliato alle fasi chiave del ciclo di vita del melo e alle cure necessarie durante ciascuna fase.

Germinazione e insediamento

La vita di un melo inizia con la germinazione del seme. I semi di mela richiedono un periodo di stratificazione fredda per rompere la dormienza e iniziare la germinazione. Questo processo naturale imita le condizioni invernali e prepara il seme a crescere in primavera.

Una volta piantato, il seme assorbe acqua, che innesca l'espansione dell'embrione e la crescita della radice primaria. Questa radice ancora l'albero al terreno e inizia ad assorbire i nutrienti necessari per la crescita iniziale.

Crescita vegetativa

La fase di crescita vegetativa è caratterizzata dallo sviluppo di radici, fusti e foglie. Durante questo periodo, il giovane albero investe principalmente nella costruzione di una struttura forte e di un ampio apparato radicale per supportare la futura produzione di frutti.

Sviluppo delle radici: le radici crescono in profondità e in larghezza per esplorare il terreno e accedere all'acqua e alle sostanze nutritive. Un buon drenaggio e un terreno fertile favoriscono una crescita sana delle radici.

Formazione di steli e rami: gli steli principali e i rami secondari si formano e si allungano. Potrebbe essere necessaria una potatura formativa per guidare la struttura dell'albero, favorire una buona circolazione dell'aria e consentire un'esposizione ottimale alla luce solare.

Crescita delle foglie: le foglie crescono per svolgere la fotosintesi, il processo mediante il quale le piante convertono la luce solare in energia chimica. Una fertilizzazione adeguata e un'irrigazione regolare sono fondamentali per sostenere la crescita delle foglie.

Fioritura e impollinazione

Dopo alcuni anni di crescita vegetativa, il melo raggiunge la maturità sufficiente per fiorire. La fioritura è una fase critica perché precede la formazione dei frutti.

Induzione floreale: le condizioni climatiche, in particolare la temperatura e la luce, influenzano l'induzione floreale. Un inverno freddo seguito da una primavera mite favorisce la fioritura.

Impollinazione: i fiori di melo richiedono spesso l'impollinazione incrociata, effettuata da insetti impollinatori come le api. Piantare varietà compatibili nelle vicinanze migliora il tasso di impollinazione e, quindi, la produzione di frutti.

Sviluppo dei frutti

Dopo l'impollinazione, i fiori fecondati si trasformano in frutti. Questa fase comprende diverse fasi:

Formazione del frutto: le ovaie dei fiori si sviluppano in mele. La crescita iniziale è rapida e richiede molta acqua e sostanze nutritive.

Ingrossamento dei frutti: le mele continuano ad ingrandirsi per tutta l'estate. L'irrigazione regolare e la fertilizzazione equilibrata aiutano a mantenere questa crescita.

Maturazione: Man mano che le mele maturano, accumulano zuccheri e sviluppano il loro sapore caratteristico. Il periodo di maturazione varia a seconda delle varietà, alcune maturano in estate e altre in autunno.

Raccolto e dormienza

La raccolta è il culmine del ciclo di crescita annuale dei meli. Le mele vengono raccolte quando sono mature per il miglior gusto e qualità.

Raccolta: le mele devono essere raccolte con attenzione per evitare danni. Il tempismo è fondamentale, poiché la raccolta troppo presto o troppo tardi può influire sulla qualità del frutto.

Dormiente: dopo il raccolto, i meli diventano dormienti durante l'inverno. Questo periodo di riposo è essenziale per il loro ciclo di vita, poiché consente all'albero di riposarsi e prepararsi per la successiva stagione di crescita. La potatura invernale può essere effettuata per rimuovere i rami morti o malati e per preparare l'albero per un altro anno di produzione.

Manutenzione e cura

Durante tutto il loro ciclo di vita, i meli necessitano di cure costanti per rimanere sani e produttivi. Ciò comprende :

Irrigazione: mantenere costante l'umidità del terreno, soprattutto durante i periodi di crescita attiva e fruttificazione.

Fecondazione: applicare fertilizzanti bilanciati per fornire i nutrienti necessari per ogni fase di crescita.

Potatura: Praticare una potatura regolare per favorire una struttura forte e un'abbondante produzione di frutti.

Protezione contro malattie e parassiti: monitorare i segni di malattie e parassiti e rispondere rapidamente con trattamenti adeguati.

La crescita e lo sviluppo dei meli, pur richiedendo tempo e fatica, sono estremamente gratificanti. Fornendo cure adeguate e comprendendo le esigenze specifiche di questi alberi, è possibile godere di raccolti abbondanti di mele saporite, contribuendo allo stesso tempo alla bellezza e alla salute dell'ambiente.

Capitolo 85: Programma annuale di cura del melo

Prendersi cura dei meli durante tutto l'anno richiede una pianificazione e un'attenzione costanti per garantirne la salute e la produttività. Ogni stagione ha i suoi compiti specifici che contribuiscono alla crescita e alla fruttificazione ottimali dei meli. Ecco una guida dettagliata alle cure annuali necessarie per mantenere sani i meli.

Primavera

La primavera è un periodo di rinnovamento per i meli, che segna l'inizio della stagione di crescita.

Pulizia e preparazione:

Rimuovi le foglie morte, i rami spezzati e tutti i detriti intorno agli alberi per prevenire malattie e parassiti.

Eseguire la potatura di formazione per rimuovere rami morti, malati o aggrovigliati e favorire una buona circolazione dell'aria.

Fecondazione:

Applicare un fertilizzante bilanciato ricco di azoto per stimolare la crescita di nuove foglie e rami.

Incorpora compost o letame ben decomposto attorno agli alberi per migliorare la fertilità del suolo.

Irrigazione:

Iniziare ad annaffiare regolarmente, soprattutto se la primavera è secca, per mantenere il terreno umido ma non fradicio.

Installare sistemi di irrigazione secondo necessità per una distribuzione uniforme dell'acqua.

Trattamento di malattie e parassiti:

Fai attenzione ai primi segni di malattie e insetti nocivi come afidi e bruchi.

Applicare trattamenti preventivi come oli orticoli per eliminare uova e larve di insetti.

Estate

L'estate è un periodo di crescita attiva e sviluppo dei frutti. La cura si concentra principalmente sull'irrigazione e sulla protezione dai parassiti.

Irrigazione:

Mantenere l'irrigazione regolare, soprattutto durante i periodi di siccità. I giovani alberi e gli alberi da frutto richiedono un'attenzione particolare.

Usa il pacciame intorno ai meli per conservare l'umidità e regolare la temperatura del suolo.

Fecondazione:

Applicare un fertilizzante ricco di potassio e fosforo per favorire lo sviluppo dei frutti.

Continua ad aggiungere compost per fornire ulteriori nutrienti.

Diradamento dei frutti:

Diluire i frutti in eccesso per evitare il sovraffollamento dei rami e favorire la crescita di frutti di migliore qualità.

Rimuovere i frutti danneggiati o malformati per prevenire malattie e parassiti.

Controllo dei parassiti e delle malattie:

Monitorare regolarmente gli alberi per rilevare eventuali segni di malattie come la ticchiolatura dei meli e le infestazioni di parassiti.

Utilizzare trattamenti biologici o chimici appropriati per controllare i problemi identificati.

Autunno

L'autunno è il momento della raccolta e della preparazione dei meli per l'inverno.

Raccolto :

Raccogli le mele quando sono mature per garantire il miglior sapore e qualità.

Maneggiare la frutta con cura per evitare danni e ammaccature.

Pulizie autunnali:

Rimuovi le foglie cadute e i frutti marci dal terreno per ridurre il rischio di parassiti e malattie che svernano.

Potare leggermente gli alberi per rimuovere i rami morti o danneggiati.

Fecondazione ed emendamenti:

Applicare un fertilizzante ricco di potassio per rafforzare gli alberi prima dell'inverno.

Aggiungi compost o letame intorno agli alberi per migliorare la struttura del terreno e aggiungere sostanze nutritive.

Protezione invernale:

Aggiungi uno strato di pacciame attorno ai meli per proteggere le radici dal gelo.

Avvolgere i tronchi degli alberi giovani per proteggerli dai roditori e dalle variazioni di temperatura.

Inverno

L'inverno è un periodo dormiente per i meli, ma ci sono ancora compiti importanti da completare per prepararsi alla prossima stagione di crescita.

Potatura invernale:

Effettuare la potatura dormiente per eliminare i rami morti, malati o incrociati e per promuovere una buona struttura dell'albero.

Potare per migliorare la circolazione dell'aria e l'accesso alla luce all'interno della chioma dell'albero.

Protezione contro gli animali:

Installa protezioni per roditori attorno ai tronchi per prevenire danni causati da animali affamati.

Usa repellenti o barriere fisiche per proteggere gli alberi dai cervi.

Ispezione e riparazione:

Ispezionare gli alberi per eventuali danni strutturali ed effettuare le riparazioni necessarie.

Controllo e riparazione di recinzioni, pali e sistemi di irrigazione.

Prepararsi alla primavera:

Pianifica l'acquisto di nuovi alberi, fertilizzanti e altre forniture necessarie per la primavera.

Prendi appunti sulle prestazioni degli alberi per adattare le cure future e le pratiche culturali.

Seguendo questo programma annuale di cure, i meli possono essere mantenuti sani e produrre raccolti abbondanti e di qualità. Ogni stagione porta con sé compiti e sfide, ma un'attenzione costante e una cura adeguata aiutano a massimizzare la longevità e la produttività dei meli.

Capitolo 86: Tecniche di potatura del frutteto

La potatura degli alberi da frutto è una pratica essenziale per mantenere la salute degli alberi, ottimizzare la produzione dei frutti e facilitare la manutenzione del frutteto. Le tecniche di potatura variano a seconda del tipo di albero e degli obiettivi del giardiniere, ma alcuni principi fondamentali si applicano generalmente a tutti i frutteti. Ecco una panoramica delle principali tecniche di potatura e considerazioni importanti per portare a termine con successo questo compito.

Obiettivi di dimensione

Prima di dettagliare le tecniche specifiche, è importante comprendere gli obiettivi principali della potatura:

Stimolare la crescita: la potatura aiuta a favorire la crescita di nuovi germogli e rami, che possono aumentare la produzione di frutti.

Migliora la qualità dei frutti: riducendo il numero di frutti sull'albero, possiamo migliorare le dimensioni e la qualità dei frutti rimanenti.

Mantenere la salute dell'albero: rimuovendo i rami morti, malati o danneggiati, la potatura aiuta a prevenire le malattie e a migliorare la circolazione dell'aria e della luce attraverso la chioma.

Facilitare la manutenzione e la raccolta: la potatura regolare aiuta a mantenere una forma dell'albero che facilita le operazioni di manutenzione e raccolta.

Tecniche di potatura

Dimensioni dell'allenamento

La potatura formativa viene praticata sugli alberi giovani per stabilire una struttura forte e ben formata. È essenziale per sviluppare la forma dell'albero e favorire una buona ramificazione.

Taglio superiore: taglia il gambo principale sopra una gemma per favorire la crescita dei rami laterali.

Selezione dei rami da carpentiere: scegli da 3 a 5 rami principali ben distanziati attorno al tronco per formare la struttura dell'albero.

Eliminazione dei rami concorrenti: rimuovere i rami che si incrociano o sono troppo vicini tra loro per evitare conflitti di crescita.

Dimensioni della fruttificazione

La potatura fruttifera viene effettuata per favorire la produzione dei frutti e mantenerne una forma equilibrata.

Diradamento dei rami: rimuovere alcuni rami per consentire una migliore penetrazione della luce e dell'aria, che aiuta il frutto a maturare.

Accorciamento dei rami: ridurre la lunghezza dei rami fruttiferi per stimolare la produzione di nuovi germogli fruttiferi.

Rimozione dei Buongustai: rimuovi i germogli vigorosi che crescono alla base dell'albero o sui rami principali, poiché consumano risorse senza produrre frutti.

Ringiovanimento delle dimensioni

La potatura di ringiovanimento viene applicata agli alberi più vecchi o trascurati per rivitalizzarne la crescita e migliorare la produttività.

Rimozione dei rami vecchi: rimuovere i rami vecchi o deboli per stimolare la crescita di nuovi germogli.

Riduzione della chioma: potare drasticamente per ridurre le dimensioni complessive dell'albero e incoraggiare una nuova crescita.

Equilibrio dei rami: garantire una distribuzione equilibrata dei rami per prevenire sovraccarichi e danni strutturali.

Considerazioni importanti

Periodo di potatura

Il momento della potatura è fondamentale per ottenere i migliori risultati. La maggior parte degli alberi da frutto vengono potati in inverno, durante il periodo di riposo, poiché ciò riduce al minimo lo stress sull'albero e consente una migliore visibilità della struttura dei rami. Tuttavia, in estate è possibile effettuare una potatura leggera per controllare la crescita in eccesso.

Strumenti di potatura

L'uso di strumenti di potatura adeguati e ben mantenuti è essenziale per eseguire tagli puliti e precisi, che aiutano a prevenire infezioni e malattie. Gli strumenti comunemente utilizzati includono potatori, seghe da potatura e troncarami. È importante disinfettare gli strumenti prima e dopo ogni utilizzo per prevenire la diffusione di malattie.

Tecniche di taglio

Taglio pulito e angolato: eseguire tagli netti e leggermente angolati per consentire all'acqua di defluire e prevenire la putrefazione.

Rispettare i collari dei rami: tagliare appena sopra il collare del ramo (il punto in cui il ramo si unisce al tronco) per favorire una rapida guarigione.

Evita le coltellate: non lasciare ceppi, poiché possono diventare punti di ingresso per le malattie.

Gestione dei rifiuti considerevoli

Dopo la potatura, è importante gestire correttamente i residui di potatura per prevenire le malattie. I rami e le foglie tagliati possono essere macinati e compostati o utilizzati come pacciame, a condizione che non siano malati. I rifiuti infetti dovrebbero essere bruciati o smaltiti in modo appropriato per prevenire la diffusione di agenti patogeni.

Adottando queste tecniche di potatura, i giardinieri possono mantenere i meli sani e produttivi, contribuendo ad un rigoglioso frutteto. La potatura regolare, combinata con una buona comprensione delle esigenze specifiche di ciascun albero, aiuta a massimizzare la produzione di frutti e a prolungare la durata della vita degli alberi.

Capitolo 87: Potatura e rimodellamento degli alberi di mele

La potatura e il rimodellamento dei meli sono pratiche essenziali per mantenere la salute, la produttività e l'estetica di questi alberi da frutto. Queste tecniche permettono di gestire la crescita dei meli, ottimizzare la produzione dei frutti e prevenire le malattie. Ecco una panoramica dei concetti chiave e dei metodi efficaci per potare e rimodellare i meli.

Obiettivi della potatura e del rimodellamento

La potatura dei meli ha diversi obiettivi:

Stimolare la crescita: incoraggiare la crescita di nuovi germogli e rami per una struttura equilibrata e una migliore produzione di frutti.

Migliora la qualità dei frutti: riducendo il numero di frutti per ramo, miglioriamo le dimensioni e la qualità dei frutti rimanenti.

Prevenire le malattie: rimuovere i rami morti, malati o danneggiati per migliorare la circolazione dell'aria e la penetrazione della luce, riducendo il rischio di malattie.

Facilitare la manutenzione: mantenere una forma ad albero che faciliti i trattamenti fitosanitari e la raccolta.

Tecniche di potatura

Potatura di formazione

Questa tecnica viene praticata sui giovani meli per stabilire una struttura solida. La potatura di formazione deve essere effettuata fin dai primi anni di vita dell'albero per guidarne la crescita in modo ottimale.

Taglio dello stelo principale: tagliare lo stelo principale ad un'altezza adeguata per favorire la crescita dei rami laterali.

Selezione dei rami da carpentiere: scegli e mantieni da 3 a 5 rami principali ben distanziati attorno al tronco per formare la struttura dell'albero.

Eliminazione dei rami concorrenti: rimuovere i rami che si incrociano o crescono troppo vicini tra loro per evitare crescenti conflitti.

Potatura fruttifera

Questo tipo di potatura ha lo scopo di favorire la produzione dei frutti. Di solito viene effettuato in inverno, durante il periodo dormiente degli alberi.

Diradamento dei rami: rimuovere alcuni rami per consentire una migliore penetrazione della luce e migliorare la qualità dei frutti.

Accorciamento dei rami: ridurre la lunghezza dei rami per stimolare la crescita di nuovi germogli fruttiferi.

Rimozione dei Buongustai: Rimuovi i germogli vigorosi che crescono alla base dell'albero o sui rami principali perché consumano risorse senza produrre frutti.

Ringiovanimento della potatura

La potatura di ringiovanimento viene eseguita sui meli più vecchi per rivitalizzarne la crescita e la produzione di frutti.

Rimozione dei rami vecchi: rimuovere i rami vecchi o deboli per stimolare la crescita di nuovi germogli.

Riduzione della chioma: potare drasticamente per ridurre le dimensioni dell'albero e incoraggiare una nuova crescita.

Bilanciamento dei rami: mantenere una distribuzione equilibrata dei rami per prevenire sovraccarichi e danni strutturali.

Metodi di rimodellamento

Il rimodellamento del melo è una tecnica complementare alla potatura, volta ad adattare la forma dell'albero per migliorarne la salute e la produttività.

Rimodellamento della forma del calice

Questo metodo crea una forma aperta che favorisce la circolazione dell'aria e la penetrazione della luce.

Taglio centrale: rimuovi i rami centrali per creare una forma a coppa, che consente una migliore esposizione alla luce.

Mantenere i rami laterali: conservare i rami laterali principali e potarli regolarmente per mantenere la forma.

Rimodellamento a Palmette

Utilizzato principalmente per frutteti ad alta densità, questo metodo favorisce una crescita verticale controllata.

Assicurare i rami: utilizzare picchetti e fili per guidare la crescita dei rami in modo verticale o a forma di ventaglio.

Potatura regolare: potare frequentemente per mantenere la forma desiderata e favorire la produzione di frutti.

Rimodellamento a spalliera

La spalliera è un metodo di rimodellamento che prevede la formazione dei rami dell'albero contro un muro o una recinzione.

Formazione dei rami: collega i rami laterali a una struttura di supporto per farli crescere orizzontalmente o secondo uno schema specifico.

Potatura di mantenimento: potare regolarmente per mantenere la forma e favorire una produzione uniforme di frutti.

Precauzioni e migliori pratiche

Scelta degli strumenti

L'uso di strumenti adeguati e ben mantenuti è fondamentale per tagli puliti e precisi. Gli strumenti comunemente utilizzati includono potatori, seghe da potatura e troncarami. Gli strumenti devono essere disinfettati prima e dopo ogni utilizzo per prevenire la diffusione di malattie.

Periodo di potatura

Il momento migliore per potare e rimodellare i meli è durante il loro periodo dormiente in inverno. Ciò riduce lo stress sugli alberi e consente di vedere meglio la loro struttura. Tuttavia, in estate è possibile effettuare una potatura leggera per controllare la crescita eccessiva.

Tecniche di taglio

Taglio pulito e angolato: eseguire tagli netti e leggermente angolati per consentire all'acqua di defluire e prevenire la putrefazione.

Rispettare i collari dei rami: tagliare appena sopra il collare del ramo (il punto in cui il ramo si unisce al tronco) per favorire una rapida guarigione.

Evitare ceppi: non lasciare ceppi, poiché possono diventare punti di ingresso per le malattie.

Gestione dei rifiuti considerevoli

Dopo la potatura, è importante gestire correttamente i detriti per prevenire le malattie. I rami e le foglie tagliati possono essere macinati e compostati o utilizzati come pacciame, a condizione che non siano malati. I rifiuti infetti devono essere bruciati o smaltiti adeguatamente.

Applicando queste tecniche di potatura e rimodellamento, i giardinieri possono garantire che i loro meli rimangano sani, produttivi ed esteticamente gradevoli. Un'attenzione regolare e pratiche di potatura consapevoli aiutano a massimizzare la longevità e la qualità degli alberi, garantendo raccolti abbondanti e saporiti anno dopo anno.

Capitolo 88: Innesto e propagazione vegetativa

L'innesto e la propagazione vegetativa sono tecniche fondamentali in orticoltura, in particolare per la propagazione di alberi da frutto, arbusti e altre piante. Questi metodi permettono di riprodurre fedelmente le caratteristiche desiderate delle piante madri e di ottimizzare la produzione agricola. Ecco un'esplorazione dettagliata di queste pratiche, comprese le tecniche, i vantaggi e le precauzioni da adottare.

Il Registro

L'innesto è un metodo per unire due parti vegetali distinte in modo che formino un unico organismo vivente. Questa tecnica è comunemente utilizzata per alberi da frutto e viti.

Tipi di innesti

Innesto di schisi:

Praticata all'inizio della primavera, questa tecnica consiste nell'inserire una marza (la parte superiore della pianta) in una fessura ricavata nel portinnesto (la parte inferiore della pianta).

Questo metodo viene spesso utilizzato per ringiovanire vecchi alberi o per modificare la varietà di un albero maturo.

Innesto di corona:

Solitamente effettuato in tarda primavera, questo metodo prevede il posizionamento di diversi innesti attorno alla circonferenza di un tronco o di un ramo.

È efficace per gli alberi da frutto e consente di innestare più varietà sullo stesso albero.

Innesto per approccio:

In questa tecnica, due piante in vaso vengono affiancate, i loro steli vengono dentellati e poi legati insieme fino a fondersi.

Una volta avvenuta la fusione, la parte superiore dell'uno e la parte inferiore dell'altro vengono tagliate per creare una nuova pianta.

Innesto stemma:

Utilizzato soprattutto per rose e agrumi, questo metodo consiste nell'inserire una gemma dormiente sotto la corteccia del portinnesto.

Di solito viene effettuato in estate o all'inizio dell'autunno.

Vantaggi del Registro

Riproduzione Fedele: L'innesto permette di riprodurre fedelmente le caratteristiche della pianta madre, garantendo così frutti di qualità e piante ornamentali uniformi.

Resistenza alle malattie: utilizzando portinnesti resistenti è possibile migliorare la resistenza alle malattie e alle condizioni ambientali avverse.

Compatibilità varietale: l'innesto unisce le migliori caratteristiche di diverse varietà, come il vigore di un portainnesto con la qualità del frutto di una marza.

Precauzioni da prendere

Compatibilità delle piante: è fondamentale garantire che la marza e il portainnesto siano compatibili, di solito all'interno della stessa specie o di generi molto strettamente correlati.

Igiene e strumenti: utilizzare strumenti puliti e disinfettati per evitare la trasmissione di malattie.

Cura post-trapianto: proteggere l'area dell'innesto con nastro da innesto o mastice cicatrizzante e monitorare regolarmente l'eventuale presenza di infezioni o rigetti.

Propagazione vegetativa

La propagazione vegetativa comprende varie tecniche di riproduzione asessuata che producono nuove piante da segmenti di piante esistenti.

Tecniche di propagazione vegetativa

Talee:

Consiste nel prelevare una porzione di fusto, foglia o radice e disporla in un ambiente favorevole alla radicazione.

Le talee di fusto sono le più comuni e si possono prelevare in estate per le piante erbacee e in inverno per quelle legnose.

Stratificazione:

Implica la crescita di una nuova pianta da un ramo ancora attaccato alla pianta madre, spesso seppellendolo parzialmente finché non mette radici.

Utilizzato per piante che hanno difficoltà ad attecchire per talea, come alcune viti e piante rampicanti.

Divisione dei Ciuffi:

Metodo semplice per dividere i cespi di piante perenni in più parti, ciascuna con radici e germogli.

Spesso effettuato in primavera o in autunno.

Coltura di tessuti:

Una tecnica avanzata che utilizza cellule o tessuti vegetali coltivati in un mezzo sterile per produrre nuove piante.

Permette la moltiplicazione rapida di piante rare o pregiate ed è comunemente utilizzato nei laboratori di orticoltura.

Vantaggi della propagazione vegetativa

Riproduzione rapida: Permette di produrre un gran numero di nuove piante in breve tempo.

Uniformità genetica: le piante risultanti dalla propagazione vegetativa sono geneticamente identiche alla pianta madre, garantendo la stabilità dei tratti desiderati.

Propagazione di piante sterili: utile per piante che producono pochi o nessun seme vitale.

Precauzioni da prendere

Selezione di materiali sani: utilizzare parti di piante esenti da malattie per evitare la diffusione di agenti patogeni.

Condizioni di radicazione: fornire condizioni ideali di luce, umidità e temperatura per favorire la radicazione.

Gestione dello stress: proteggere le nuove piante dagli stress ambientali fino a quando non saranno sufficientemente stabili.

Le tecniche di innesto e propagazione vegetativa sono essenziali per giardinieri e orticoltori che desiderano riprodurre le piante in modo efficiente e affidabile. Padroneggiando questi metodi è possibile migliorare la qualità dei raccolti, introdurre nuove varietà e mantenere la salute e la produttività di frutteti e giardini.

Capitolo 89: Fecondazione organica e minerale

La fecondazione è una pratica essenziale in agricoltura e giardinaggio per fornire alle piante i nutrienti di cui hanno bisogno per la crescita e la salute. Sono ampiamente utilizzati due metodi principali di fertilizzazione: la concimazione organica e la concimazione minerale. Ciascuno di questi approcci presenta vantaggi e svantaggi e il loro utilizzo spesso dipende dalle esigenze specifiche delle colture, dalle preferenze del giardiniere e dalle condizioni del terreno. Diamo uno sguardo più da vicino a questi due metodi.

Fecondazione organica

La fertilizzazione organica prevede l'utilizzo di materiali organici naturali, come compost, letame, residui colturali e fertilizzanti organici, per arricchire il terreno di sostanze nutritive.

Vantaggi della fecondazione organica

Contributo di sostanza organica: la sostanza organica migliora la struttura del suolo, aumenta la sua capacità di ritenzione idrica e promuove l'attività biologica benefica.

Rilascio lento dei nutrienti: i nutrienti contenuti nella materia organica vengono generalmente rilasciati lentamente nel terreno, fornendo un apporto costante alle piante per un lungo periodo di tempo.

Miglioramento della fertilità a lungo termine: la fertilizzazione organica aiuta a migliorare la fertilità del suolo a lungo termine, riducendo così la dipendenza dai fertilizzanti chimici.

Meno rischi di inquinamento: i fertilizzanti organici tendono ad avere meno probabilità di inquinare le falde acquifere e i corsi d'acqua rispetto ai fertilizzanti chimici.

Metodi di fecondazione organica

Compostaggio: trasformazione dei rifiuti organici in compost, un ammendante del suolo ricco di sostanze nutritive.

Letame: utilizzo del letame animale compostato come fonte di nutrienti per le colture.

Fertilizzanti organici: utilizzo di fertilizzanti di derivazione naturale, come farina di ossa, sangue essiccato e alghe, per fornire ulteriori nutrienti alle piante.

Concimazione minerale

La concimazione minerale prevede l'uso di fertilizzanti chimici o sintetici per fornire nutrienti specifici alle piante.

Vantaggi della fecondazione minerale

Concentrazione controllata: i fertilizzanti minerali possono fornire nutrienti specifici in concentrazioni controllate, aiutando a soddisfare le esigenze specifiche delle piante.

Effetto rapido: i nutrienti provenienti dai fertilizzanti minerali sono generalmente rapidamente disponibili per le piante, il che può favorire una crescita rapida e rese elevate.

Facilità di applicazione: i fertilizzanti minerali sono spesso facili da applicare e possono essere distribuiti uniformemente su ampie aree.

Controllo preciso: i giardinieri hanno un controllo preciso sulle quantità e sui rapporti dei nutrienti applicati, contribuendo a ottimizzare la nutrizione delle colture.

Metodi di fecondazione minerale

Fertilizzanti chimici solubili: utilizzo di fertilizzanti idrosolubili, come solfati, nitrati e fosfati, che vengono rapidamente assorbiti dalle piante.

Fertilizzanti a rilascio lento: utilizzo di fertilizzanti appositamente formulati per il rilascio lento dei nutrienti nel terreno, fornendo un apporto prolungato alle piante.

Fertilizzante fogliare: spruzzare il fertilizzante direttamente sulle foglie delle piante, che consente un rapido assorbimento dei nutrienti.

Scelta e utilizzo

La scelta tra la concimazione organica e quella minerale dipende spesso da una varietà di fattori, tra cui le esigenze specifiche della pianta, le condizioni del terreno, le preferenze del giardiniere e considerazioni ambientali. In molti casi, una combinazione dei due metodi può essere vantaggiosa, consentendo di godere dei vantaggi di ciascuno riducendo al minimo gli svantaggi.

Qualunque sia il metodo scelto, è importante concimare con giudizio tenendo conto delle esigenze nutrizionali delle piante, evitando un'eccessiva fertilizzazione e garantendo un uso responsabile delle risorse. Integrando la fertilizzazione in un approccio globale alla gestione sostenibile del suolo e delle colture, i giardinieri possono ottimizzare la crescita, la salute e la produttività delle loro colture preservando l'ambiente per le generazioni future.

Capitolo 90: Meli e sequestro del carbonio

I meli, questi iconici alberi da frutto, svolgono un ruolo essenziale nel sequestro del carbonio, un processo vitale per la regolazione del clima del nostro pianeta. Poiché il cambiamento climatico diventa una delle principali preoccupazioni, comprendere la connessione tra i meli e il sequestro del carbonio sta diventando sempre più rilevante.

Importanza degli alberi nel sequestro del carbonio

Gli alberi svolgono un ruolo cruciale nel ciclo del carbonio assorbendo l'anidride carbonica (CO_2) dall'atmosfera durante la fotosintesi e immagazzinando carbonio nella loro biomassa e nel suolo. Questo processo aiuta a ridurre i livelli di CO_2 nell'atmosfera, mitigando così gli effetti del cambiamento climatico.

Il caso speciale dei meli

I meli sono alberi da frutto decidui che hanno la capacità di immagazzinare una quantità significativa di carbonio nel legno, nelle foglie e nei frutti. Ecco alcuni dei modi in cui i meli aiutano con il sequestro del carbonio:

Biomassa arborea

I tronchi, i rami e le radici dei meli immagazzinano il carbonio sotto forma di materia organica. Più un melo è grande e vecchio, maggiore è la sua capacità di immagazzinare carbonio.

Foglie e fruttificazione

Le foglie del melo assorbono CO_2 dall'aria e la trasformano in zuccheri attraverso la fotosintesi. Una parte di questo carbonio viene immagazzinata nelle foglie, mentre il resto viene utilizzato per alimentare la crescita dell'albero e la produzione di frutti.

Materiali per la potatura e la raccolta

I detriti di potatura e i residui del raccolto dei meli possono essere compostati o utilizzati come pacciame, che aiuta a sequestrare il carbonio nel terreno.

Implicazioni per l'agricoltura sostenibile

Il sequestro del carbonio da parte dei meli ha importanti implicazioni per l'agricoltura sostenibile e la gestione dei frutteti. Adottando pratiche agricole che promuovono la salute dei meli e la produttività dei frutteti, gli agricoltori possono contribuire ad aumentare il sequestro del carbonio garantendo al contempo rendimenti sostenibili e resilienza ai cambiamenti climatici.

Sfide e opportunità

Tuttavia, è importante riconoscere che alcuni aspetti della coltivazione delle mele, come l'uso di fertilizzanti e pesticidi, possono avere un impatto sul sequestro del carbonio e sulla salute generale dell'ecosistema. Adottando pratiche agricole rispettose dell'ambiente, come la gestione integrata dei parassiti, riducendo l'uso di input chimici e promuovendo la biodiversità, i coltivatori di mele possono massimizzare i benefici del sequestro del carbonio riducendo al contempo gli impatti ambientali negativi.

I meli, con la loro capacità di immagazzinare carbonio nella biomassa e nel suolo, svolgono un ruolo importante nella lotta al cambiamento climatico. Comprendendo e valorizzando il loro contributo al sequestro del carbonio, possiamo sviluppare pratiche agricole sostenibili che promuovono la salute dei meli, la produttività dei frutteti e la resilienza dei nostri ecosistemi di fronte alle sfide climatiche attuali e future.

Capitolo 91: Prevenzione e trattamento delle malattie fogliari del melo

La prevenzione e il trattamento delle malattie fogliari sono aspetti cruciali della gestione dei meleti. Queste malattie possono causare danni significativi alle foglie e compromettere la salute generale degli alberi, il che può portare a una riduzione dei raccolti e al deterioramento della qualità dei frutti. Ecco alcune strategie efficaci per prevenire e curare le malattie fogliari del melo, mantenendo così il vigore degli alberi e garantendo una produzione ottimale dei frutti.

Prevenzione delle malattie fogliari

Rotazione delle colture

La rotazione delle colture è un metodo efficace per ridurre l'accumulo di agenti patogeni nel terreno. Piantando ogni anno colture diverse in diverse aree del frutteto, possiamo limitare la diffusione delle malattie fogliari specifiche dei meli.

Igiene e Pulizia

La pulizia regolare del frutteto è essenziale per rimuovere i detriti vegetali infetti che potrebbero fungere da fonte di infezione per gli alberi sani. La rimozione delle foglie morte e dei rami malati riduce la diffusione delle malattie fogliari.

Gestione dell'umidità

Le malattie fogliari si sviluppano spesso in condizioni di elevata umidità. È quindi importante praticare un'irrigazione attenta che eviti di bagnare le foglie e favorisca una buona circolazione dell'aria intorno agli alberi per ridurre l'umidità e prevenire le malattie.

Utilizzo di varietà resistenti

Alcune cultivar di melo sono più resistenti alle malattie fogliari rispetto ad altre. Scegliendo varietà note per la loro resistenza a malattie specifiche presenti nella tua zona, puoi ridurre il rischio di infezione e ridurre al minimo la necessità di trattamenti chimici.

Trattamento delle malattie fogliari

Monitoraggio regolare

Il monitoraggio regolare degli alberi è essenziale per rilevare rapidamente i segni di malattie fogliari. Ispeziona attentamente le foglie per individuare macchie, deformità o sintomi di avvizzimento e agisci rapidamente se vengono rilevati problemi.

Uso di fungicidi

Nei casi in cui la sola prevenzione non è sufficiente, può essere necessario l'uso di fungicidi per controllare le malattie fogliari. Scegli prodotti specifici per la malattia identificata e segui attentamente le istruzioni di applicazione per garantire la massima efficacia e ridurre al minimo i rischi ambientali.

Taglia corretta

La potatura degli alberi può anche aiutare a ridurre il rischio di malattie fogliari favorendo una buona circolazione dell'aria e consentendo una migliore penetrazione della luce nel fogliame. Potare i rami morti o malati e assottigliare la chioma per migliorare la ventilazione.

Emendamenti del suolo

Alcuni ammendanti del terreno, come il compost o il letame ben decomposto, possono aiutare a rafforzare la salute degli alberi e migliorare la loro resistenza alle malattie fogliari promuovendo l'attività microbica benefica nel terreno.

La prevenzione e il trattamento delle malattie fogliari del melo sono essenziali per mantenere la salute degli alberi e garantire una produzione di frutti abbondante e di alta qualità.

Combinando pratiche di prevenzione efficaci con metodi di trattamento mirati, è possibile ridurre al minimo i rischi di malattie e promuovere la sostenibilità a lungo termine dei meleti.

Capitolo 92: Gestione integrata dei parassiti

La gestione integrata dei parassiti è un approccio olistico che mira a controllare le popolazioni di parassiti dannosi riducendo al minimo gli impatti sull'ambiente e sulla salute umana. Questo approccio si basa su una combinazione di metodi biologici, colturali, meccanici e chimici per mantenere le popolazioni di parassiti a un livello accettabile e prevenire danni alle colture. Ecco alcune strategie chiave utilizzate nella gestione integrata dei parassiti:

Monitoraggio e identificazione

Il primo passo nella gestione integrata dei parassiti è monitorare regolarmente le colture per la presenza di parassiti e valutare i potenziali danni. È importante identificare correttamente i parassiti per scegliere i metodi di controllo più appropriati.

Pratiche culturali

Le pratiche culturali svolgono un ruolo importante nella gestione dei parassiti creando un ambiente non favorevole al loro sviluppo. Ciò può includere la rotazione delle colture, la riproduzione di varietà resistenti, il diserbo, la pacciamatura e la gestione dell'irrigazione per ridurre le fonti di cibo e il riparo per i parassiti.

Metodi biologici

I metodi biologici utilizzano organismi viventi per controllare le popolazioni di parassiti. Ciò può includere l'introduzione di nemici naturali dei parassiti, come predatori o parassiti, o l'uso di microbi patogeni per infettare i parassiti.

Controllo meccanico

I metodi di controllo meccanico prevedono l'uso di barriere fisiche o dispositivi per impedire ai parassiti di raggiungere le colture o per eliminarli manualmente. Ciò può includere l'uso di trappole, reti protettive, barriere fisiche o tecniche di cattura.

Controllo chimico

Anche se generalmente utilizzato come ultima risorsa, il controllo chimico può essere un'opzione efficace in determinate situazioni. Tuttavia, è importante utilizzare i pesticidi in modo giudizioso e selettivo per ridurre al minimo l'impatto sull'ambiente e sulla salute umana. Ciò può includere l'uso di pesticidi a bassa tossicità, un'applicazione mirata per ridurre al minimo la deriva e i residui e il rispetto degli intervalli di sicurezza.

Integrazione di metodi

La chiave per la gestione integrata dei parassiti è integrare giudiziosamente questi diversi metodi per creare un programma di controllo efficace e sostenibile. Combinando i punti di forza di ciascun approccio, è possibile controllare le popolazioni di parassiti riducendo al minimo i rischi per l'ambiente e la salute umana.

Pertanto la gestione integrata dei parassiti rappresenta un approccio versatile e sostenibile per controllare le popolazioni di parassiti dannosi preservando al tempo stesso la salute delle colture e dell'ecosistema circostante. Adottando un approccio proattivo e integrando una varietà di metodi di controllo, è possibile mantenere le popolazioni di parassiti a livelli accettabili e promuovere la sostenibilità a lungo termine dei sistemi agricoli e orticoli.

Capitolo 93: Predatori naturali e controllo biologico

Nella lotta contro i parassiti dei meleti, i predatori naturali svolgono un ruolo cruciale. Il controllo biologico, basato sull'uso di questi organismi per regolare le popolazioni di parassiti, è un metodo rispettoso dell'ambiente e sostenibile per proteggere le colture. Ecco una panoramica dei principali predatori naturali dei meli e il loro ruolo nel controllo biologico dei parassiti:

Coccinelle

Le coccinelle sono tra i predatori più conosciuti ed efficaci nel controllo dei parassiti del melo, come gli afidi. Questi piccoli coleotteri divorano gli afidi a un ritmo impressionante, contribuendo a mantenere le popolazioni di parassiti a un livello accettabile.

Lacewings

Le Lacewings, o "mosche dagli occhi dorati", sono voraci predatori di molti parassiti delle mele, tra cui afidi, tripidi e acari. Le loro larve si nutrono attivamente di questi parassiti, fornendo un efficace controllo biologico.

Vespe parassitoidi

Le vespe parassitoidi, come il trichogramma e i braconidi, sono insetti che parassitano le uova o le larve di molti parassiti del melo. Deponendo le uova all'interno dei parassiti, queste vespe riducono efficacemente le popolazioni di parassiti.

Ragni predatori

I ragni predatori, come i thomis e le linci rosse, sono formidabili cacciatori che predano un'ampia varietà di parassiti dei meli, compresi insetti nocivi e acari. La loro presenza nei frutteti aiuta a mantenere l'equilibrio ecologico.

Carabidi

I coleotteri macinati sono coleotteri macinati che si nutrono di molti parassiti dei meli, comprese larve di insetti e lumache. La loro attività predatoria aiuta a ridurre la pressione dei parassiti sulle colture.

Mantidi religiose

Le mantidi religiose sono predatori aggressivi che si nutrono di un'ampia varietà di insetti, compresi i parassiti dei meli. Il loro ruolo nella regolazione delle popolazioni di parassiti è particolarmente importante nei frutteti.

Integrazione nella gestione dei parassiti

L'integrazione dei predatori naturali nella gestione dei parassiti del melo comporta la creazione di un ambiente favorevole al loro insediamento e all'attività predatoria. Ciò può includere piantare siepi, fornire riparo e fonti di cibo e ridurre l'uso di pesticidi che danneggiano i predatori.

Pertanto, i predatori naturali dei meli svolgono un ruolo vitale nel controllo biologico dei parassiti, fornendo un metodo efficace ed ecologico per proteggere le colture. Promuovendone l'insediamento e integrandone la presenza nella gestione dei parassiti, è possibile ridurre efficacemente i danni alle colture preservando la salute degli ecosistemi agricoli.

Capitolo 94: Le diverse famiglie di mele

Le mele sono uno dei frutti più popolari e diversificati al mondo, con una varietà di sapori, consistenze e colori che le distinguono. Le diverse famiglie di mele vengono classificate in base alle caratteristiche gustative, all'utilizzo culinario e al periodo di raccolta. Ecco una panoramica delle principali famiglie di mele:

La dolce famiglia delle mele

Le mele dolci sono le più comuni sul mercato e sono amate per il loro sapore dolce e la consistenza succosa. Alcune delle varietà più popolari di questa famiglia includono Golden

Delicious, Red Delicious e Gala. Queste mele vengono spesso consumate crude ma sono ottime anche per cucinare e preparare composte.

Famiglia di mele crostate

Le mele aspre hanno un sapore più brillante e una consistenza più soda rispetto alle mele dolci. Sono spesso utilizzati nelle ricette di pasticceria e dessert a causa della loro pronunciata acidità. Tra le varietà più conosciute di questa famiglia ci sono Granny Smith, McIntosh e Jonathan.

Famiglia di mele croccanti

Le mele croccanti sono apprezzate per la loro consistenza soda e croccante, che le rende ideali da mangiare crude e per le macedonie. Sono ottimi anche in cucina, poiché la loro consistenza resiste bene al calore. Esempi di varietà di questa famiglia includono Fuji, Honeycrisp e Pink Lady.

Famiglia di mele aromatiche

Le mele aromatiche si distinguono per il loro profumo intenso e il sapore complesso. Sono spesso utilizzati nella preparazione del sidro e del succo di mela per il loro ricco aroma. Alcune delle varietà più importanti di questa famiglia includono McIntosh, Cortland e Winesap.

Tarda famiglia Apple

Le mele tardive vengono raccolte a stagione inoltrata e spesso vengono conservate per lunghi periodi grazie alla loro capacità di maturare lentamente. Sono apprezzati per il loro sapore concentrato e la consistenza compatta. Esempi di varietà di questa famiglia includono Braeburn, Rome e Stayman.

Famiglia di mele vecchie o tradizionali

Le mele antiche o tradizionali sono varietà ereditate dalle generazioni precedenti e sono spesso apprezzate per la loro unicità e storia. Queste mele possono avere sapori e consistenze diversi, ma sono generalmente ricercate per la loro autenticità e il legame con il patrimonio agricolo.

Conclusione

La diversità delle famiglie di mele offre ai consumatori una gamma infinita di scelte per soddisfare le loro preferenze di gusto e le loro esigenze culinarie. Che sia per uno spuntino veloce, una ricetta elaborata o una bevanda rinfrescante, c'è una mela per ogni occasione e per ogni palato.

Capitolo 95: Cimelio di famiglia e varietà moderne di meli

La differenza tra le varietà antiche e le varietà moderne di meli risiede nella loro origine, nelle loro caratteristiche genetiche e nel loro adattamento ai metodi di coltivazione contemporanei. Le varietà cimelio sono spesso cultivar cimelio, ereditate dalle generazioni precedenti e preservate per il loro valore storico e culturale. Al contrario, le varietà moderne sono il risultato di incroci selettivi e recenti sviluppi in agricoltura, volti a migliorare i rendimenti, la resistenza alle malattie e la qualità dei frutti. Ecco una panoramica delle differenze tra questi due tipi di varietà di meli:

Varietà di cimelio

Le varietà cimelio di meli sono spesso cultivar cimelio coltivate da secoli per le loro qualità aromatiche uniche e la resistenza alle diverse condizioni ambientali. Queste varietà vengono spesso tramandate di generazione in generazione e sono apprezzate per il loro gusto tradizionale, la diversità di forme e colori e l'adattabilità ai climi locali. Le varietà antiche contribuiscono a preservare la diversità genetica dei meli e a mantenere il legame con il patrimonio agricolo e culturale.

Varietà moderne

Le varietà moderne di meli sono il risultato di recenti ricerche e sviluppi nel campo della genetica e della selezione delle piante. Queste varietà sono spesso sviluppate per soddisfare le moderne richieste del mercato in termini di resa, qualità dei frutti e resistenza a malattie e parassiti. Le varietà moderne sono generalmente caratterizzate dalla loro uniformità, dall'aspetto attraente e dalla capacità di soddisfare le esigenze dei coltivatori e dei consumatori contemporanei. Spesso sono il risultato di un'attenta selezione e di incroci controllati volti a migliorare le caratteristiche agronomiche e gustative dei meli.

Importanza

Entrambi i tipi di varietà di mele, antiche e moderne, svolgono un ruolo importante nella diversità e nella sostenibilità della coltivazione delle mele. Le varietà antiche aiutano a preservare il patrimonio agricolo e a mantenere la biodiversità genetica dei meli, mentre le varietà moderne soddisfano le esigenze in evoluzione dell'agricoltura moderna fornendo rese elevate, resistenza alle malattie e frutti di alta qualità. La coesistenza di questi due tipi di varietà è essenziale per garantire la sostenibilità del settore delle mele e per garantire la disponibilità di frutti diversi e di alta qualità per i consumatori.

Capitolo 96: Selezione di meli per l'autoconsumo

Il processo di selezione dei meli per l'autoconsumo è fondamentale per garantire un raccolto abbondante e di qualità a chi coltiva meli nel proprio giardino o frutteto domestico. Quando si scelgono le varietà di meli per l'autoconsumo, è necessario considerare diversi fattori per garantire che le esigenze e le preferenze individuali siano soddisfatte. Ecco alcune considerazioni importanti da fare quando si selezionano i meli per l'autoconsumo:

Dimensioni e spazio

È essenziale scegliere varietà di meli adatte alle dimensioni del tuo spazio di coltivazione. Se hai un piccolo giardino o uno spazio limitato, opta per varietà nane o semi-nane che possono essere coltivate in contenitori o tralicci. Se hai un grande giardino o frutteto, puoi scegliere varietà standard di meli che raggiungono le loro dimensioni reali.

Temperamento e clima

È importante selezionare varietà di meli che si adattino al clima della tua regione e che possano prosperare nelle condizioni ambientali locali. Scopri i requisiti di temperatura, umidità e luce solare di ciascuna varietà prima di fare la tua scelta. Scegli varietà resistenti alle malattie e ai parassiti comuni nella tua zona per ridurre al minimo i problemi di salute degli alberi.

Periodo di raccolta e conservazione

Quando si selezionano varietà di meli per l'autoconsumo, considerare il tempo di raccolta di ciascuna varietà e la sua capacità di conservazione dopo la raccolta. Scegli varietà che maturano in periodi diversi della stagione per prolungare il periodo di raccolta e garantire una fornitura costante di frutta fresca. Cerca anche varietà che si conservino bene per diverse settimane o mesi dopo il raccolto per un uso a lungo termine.

Sapore e utilizzo

Il sapore e l'uso della frutta sono considerazioni importanti nella scelta delle varietà di meli per l'autoconsumo. Preferisci mele dolci e succose da mangiare fresche o mele aspre da cuocere e preparare dolci? Scegli le varietà che corrispondono alle tue preferenze di gusto e che possono essere utilizzate in modi diversi a seconda delle tue esigenze culinarie.

Impollinazione

L'impollinazione incrociata è spesso necessaria per garantire una buona fruttificazione dei meli. Se disponi di spazio limitato, opta per varietà autofertili in grado di impollinarsi da sole. Altrimenti, assicurati di piantare almeno due varietà compatibili che fioriscano contemporaneamente per garantire un'adeguata impollinazione e una buona produzione di frutti.

La selezione dei meli per l'autoconsumo è quindi un passo importante per realizzare un giardino o un frutteto produttivo e soddisfacente. Considerando fattori quali dimensioni e spazio, clima, tempo di raccolta, conservazione, sapore, utilizzo e impollinazione, puoi scegliere le varietà di meli che soddisfano le tue esigenze e le tue preferenze individuali e fornirti un raccolto abbondante di frutti deliziosi tutti stagione.

Capitolo 97: Il mercato Apple: produzione e distribuzione

Il mercato delle mele è un settore importante dell'industria agricola, con una produzione globale annua di diversi milioni di tonnellate di frutta. La produzione di mele è distribuita in molti paesi in tutto il mondo, con aree di crescita significative in Europa, Nord America, Asia e altre regioni. La distribuzione delle mele avviene sia nei mercati nazionali che internazionali, con una varietà di canali di vendita che includono mercati all'ingrosso, supermercati, mercati degli agricoltori, negozi specializzati e vendite dirette ai consumatori.

Produzione

La produzione di mele è influenzata da diversi fattori, tra cui il clima, il suolo, le pratiche agricole e le varietà coltivate. I principali paesi produttori di mele sono Cina, Stati Uniti, India, Polonia e Russia, che insieme rappresentano gran parte della produzione mondiale. Le mele vengono coltivate in un'ampia varietà di climi, dalle regioni temperate a quelle subartiche, con varietà adatte a ciascun ambiente. Anche i metodi di coltivazione delle mele variano, dalla coltivazione convenzionale a quella biologica, integrata e in serra.

Distribuzione

La distribuzione di Apple avviene attraverso una complessa rete di canali di vendita che comprende sia il mercato locale che quello internazionale. Le mele vengono generalmente vendute sfuse o confezionate in sacchetti, casse o vassoi, a seconda delle preferenze dei consumatori e delle esigenze del mercato. Le mele destinate alla distribuzione nazionale o internazionale vengono spesso conservate in celle frigorifere per prolungarne la durata di conservazione e mantenerne la freschezza durante il trasporto. Le principali destinazioni di esportazione delle mele includono Stati Uniti, Unione Europea, Cina, India e altri paesi asiatici.

Trend di mercato

Il mercato delle mele è soggetto a tendenze e sviluppi che influenzano la produzione e la distribuzione della frutta. Le attuali tendenze del mercato includono la crescente domanda di mele biologiche e antiche, il crescente mercato di alimenti locali e stagionali, la crescente domanda di prodotti di qualità e l'aumento dei canali di distribuzione online. I coltivatori e gli operatori di marketing di mele devono adattarsi a queste tendenze adattando le loro pratiche di coltivazione, strategie di marketing e canali di distribuzione per soddisfare le mutevoli esigenze dei consumatori.

Il mercato delle mele è un settore dinamico dell'industria agricola, con una produzione globale significativa e una distribuzione diversificata in tutto il mondo. La produzione e la distribuzione delle mele sono influenzate da una moltitudine di fattori, tra cui il clima, le pratiche agricole, le tendenze del mercato e le preferenze dei consumatori. Monitorando questi fattori e adattandosi ai cambiamenti del mercato, i coltivatori e i commercianti di mele possono mantenere un settore fiorente e soddisfare le crescenti esigenze dei consumatori di frutta fresca e di qualità.

Capitolo 98: Raccolta delle mele e tecniche post-raccolta

La raccolta e la lavorazione post-raccolta delle mele sono fasi fondamentali per garantire la qualità e la sostenibilità del frutto lungo tutta la sua filiera, dal frutteto al consumatore finale. Le tecniche utilizzate per la raccolta e la lavorazione post-raccolta delle mele variano a seconda delle pratiche agricole, delle condizioni climatiche e delle esigenze del mercato, ma alcuni metodi di base sono ampiamente utilizzati nel settore.

Raccolto

La raccolta delle mele viene solitamente effettuata a mano o utilizzando macchine appositamente progettate per scuotere gli alberi e raccogliere i frutti. Le mele devono essere raccolte quando sono mature per garantire sapore, consistenza e qualità ottimali. Le mele vengono solitamente raccolte in più passaggi, iniziando dai frutti più maturi e procedendo verso quelli meno maturi. Durante la raccolta è importante maneggiare con cura le mele per evitare danni ai frutti e agli alberi.

Ordinamento e confezionamento

Dopo la raccolta, le mele vengono selezionate e confezionate per rimuovere i frutti danneggiati, marci o sottodimensionati. Le mele vengono solitamente selezionate in base alla dimensione, al colore e alla qualità e quindi imballate in casse, vassoi o sacchetti per il trasporto e la vendita. Durante la cernita e il confezionamento, le mele vengono spesso trattate con conservanti per prolungarne la durata di conservazione e mantenerne la freschezza durante lo stoccaggio e il trasporto.

Magazzinaggio

Le mele vengono solitamente conservate in celle frigorifere dopo la raccolta per prolungarne la durata di conservazione. I magazzini frigoriferi vengono mantenuti a basse temperature e umidità controllata per rallentare il processo di maturazione dei frutti e prevenire malattie fungine e batteriche. Le mele sono spesso confezionate in sacchi o casse forate per consentire un'adeguata circolazione dell'aria ed evitare la formazione di condensa che può favorire la crescita di muffe.

Trasporto e distribuzione

Una volta immagazzinate, le mele vengono trasportate verso i mercati locali, nazionali e internazionali utilizzando camion, treni, navi o aerei, a seconda della distanza e dell'urgenza della consegna. Durante il trasporto le mele devono essere maneggiate con cura per evitare danni al frutto e all'imballaggio. Una volta arrivate a destinazione, le mele vengono distribuite a supermercati, mercati all'ingrosso, negozi specializzati e altri punti vendita, dove sono a disposizione dei consumatori.

Trattamento Post-Raccolta

Dopo la raccolta, le mele possono essere sottoposte a diversi trattamenti post-raccolta per migliorarne la qualità e la conservabilità. Questi trattamenti possono includere lavaggio, cernita, spazzolatura, ceratura e confezionamento in atmosfera controllata per prevenire la disidratazione e l'imbrunimento della frutta. Le mele possono anche essere trattate con conservanti per prevenire malattie fungine e batteriche e prolungarne la durata di conservazione.

Nel complesso, la raccolta e la lavorazione post-raccolta delle mele sono fasi fondamentali per garantire la qualità, la freschezza e la sostenibilità del frutto lungo tutta la catena di approvvigionamento. Utilizzando adeguate tecniche di raccolta, cernita, confezionamento, stoccaggio, trasporto e lavorazione post-raccolta, i coltivatori e i distributori di mele possono fornire frutta di alta qualità ai consumatori e mantenere la redditività del settore.

Capitolo 99: Apple Storage e conservazione a lungo termine

La conservazione delle mele è un passaggio essenziale per garantirne la conservazione a lungo termine e preservarne la qualità per diversi mesi dopo la raccolta. Per conservare le mele vengono utilizzate diverse tecniche, compreso il controllo della temperatura, dell'umidità, dell'atmosfera e delle condizioni di illuminazione.

Controllo della temperatura

Il controllo della temperatura è fondamentale per prolungare la durata di conservazione delle mele. Le mele vengono generalmente conservate in celle frigorifere dove la temperatura è mantenuta tra 0°C e 4°C. Questa bassa temperatura rallenta il processo di maturazione dei frutti, riduce la perdita di peso e previene lo sviluppo di malattie e marciumi.

Controllo dell'umidità

Il controllo dell'umidità è importante anche per prevenire la disidratazione delle mele durante la conservazione. I magazzini frigoriferi sono spesso dotati di sistemi di controllo dell'umidità per mantenere un livello di umidità relativa intorno al 90%. Ciò impedisce alle mele di appassire e perdere la loro consistenza succosa.

Controllo dell'atmosfera

Il controllo dell'atmosfera nelle celle frigorifere può anche aiutare a prolungare la durata di conservazione delle mele. Le mele producono naturalmente etilene, un gas che accelera il processo di maturazione. Riducendo la concentrazione di etilene nell'atmosfera di conservazione, è possibile rallentare la maturazione dei frutti e prolungarne la durata di conservazione.

Condizioni di illuminazione

Anche le condizioni di illuminazione nei magazzini di stoccaggio possono influire sulla durata di conservazione delle mele. L'esposizione prolungata alla luce può causare scolorimento e decomposizione dei nutrienti nelle mele. Per questo motivo i magazzini di stoccaggio sono spesso dotati di luci a bassa intensità o di tende opache per proteggere la frutta dalla luce eccessiva.

Imballaggio e movimentazione

Durante lo stoccaggio, le mele vengono spesso imballate in cassette o vassoi forati per consentire un'adeguata circolazione dell'aria ed evitare la formazione di condensa. Anche le mele devono essere maneggiate con cura per evitare danni al frutto, che possono causare lesioni e marcire. I magazzini di stoccaggio dovrebbero essere dotati di sistemi di movimentazione che consentano di maneggiare delicatamente le mele e riducano il rischio di danni.

Pertanto, conservare le mele in condizioni controllate è essenziale per prolungarne la durata di conservazione e preservarne la qualità per diversi mesi dopo la raccolta. Controllando la temperatura, l'umidità, l'atmosfera, le condizioni di illuminazione, il confezionamento e la manipolazione della frutta, è possibile preservare la freschezza e il sapore delle mele e renderle disponibili ai consumatori durante tutto l'anno.

Capitolo 100: I meli nell'arte culinaria

Da secoli i meli occupano un posto speciale nell'arte culinaria e offrono molteplici possibilità per creare piatti deliziosi e vari. Sotto forma di dolci, piatti salati o anche bevande rinfrescanti, le mele vengono utilizzate in molte ricette in tutto il mondo.

Successivo Dessert

Le mele sono un ingrediente base in molti dessert, fornendo un sapore dolce e una consistenza gradevole. Classici come la torta di mele, il crumble, la salsa di mele e le frittelle di mele sono apprezzati in molte culture. Dalle mele si possono ricavare anche confetture, gelatine e marmellate per accompagnare crostini e dolci.

Piatti Salati

Le mele non si limitano ai dessert; possono essere utilizzati anche in svariati piatti salati per aggiungere un tocco di dolcezza e freschezza. Insalate di mele e formaggio, stufati di maiale con mele, piatti di pollo con mele e salse a base di mele sono alcuni esempi di deliziosi piatti salati che mettono in risalto la versatilità di questo frutto.

Bevande

Le mele vengono utilizzate anche per preparare una vasta gamma di bevande rinfrescanti, tra cui sidro di mele, succo di mela, frullati di mele e cocktail di mele. Queste bevande sono amate per il loro gusto fresco e fruttato e possono essere consumate da sole o utilizzate come ingrediente in cocktail e bevande miste.

Conservazione

Le mele vengono utilizzate anche nella conservazione, in particolare nella preparazione di marmellate, conserve e chutney. Questi preparati aiutano a preservare il sapore delle mele per lunghi periodi di tempo e offrono un modo delizioso per gustare questo frutto tutto l'anno.

Creatività

Oltre alle ricette tradizionali, le mele ispirano anche la creatività culinaria, con molte possibilità di abbinamenti di sapori e presentazioni innovative. Piatti come carpacci di mele, chips di mele, crostate di mele rinnovate e sorbetti di mele offrono modi unici e creativi per gustare questo frutto versatile.

Conclusione

I meli occupano un posto importante nell'arte culinaria, offrendo molteplici possibilità per creare piatti deliziosi e vari. Che si tratti di dolci, piatti salati, bevande rinfrescanti, conservazione o creazioni culinarie innovative, le mele sono apprezzate per la loro versatilità, sapore e freschezza.

Capitolo 101: Ricette per il sidro e altre bevande a base di mela

Le mele non si limitano ad allietare i nostri pasti sotto forma di frutta fresca o piatti gustosi; sono anche la base di tante deliziose bevande, dal sidro tradizionale ai cocktail moderni. Ecco alcune ricette per il sidro e altre bevande a base di mela che illustrano la diversità e la ricchezza di sapori che questo frutto può offrire.

Sidro tradizionale

Il sidro è una bevanda alcolica ottenuta dalla fermentazione del succo di mela. Ecco una ricetta semplice per preparare il sidro fatto in casa:

Ingredienti :

10 kg di mele

Lievito di sidro (circa 5 g)

Zucchero (facoltativo, a piacere)

Acqua (se necessario)

Passaggi:

Preparazione delle mele: Lavare accuratamente le mele, eliminare i semi e tagliarle a pezzetti.

Succo: utilizzare uno spremimele per estrarre il succo. Se non avete un torchio potete grattugiare le mele e spremere la polpa con un canovaccio pulito per ottenere il succo.

Fermentazione: versare il succo di mela in un contenitore di fermentazione pulito. Aggiungete il lievito di sidro e mescolate bene. Se preferite un sidro più dolce, aggiungete a questo punto un po' di zucchero.

Rifermentazione: Coprire il contenitore con un panno pulito e lasciare fermentare a temperatura ambiente per circa 7-10 giorni. Puoi trasferire il sidro in bottiglie sterilizzate e lasciarlo fermentare ancora per qualche settimana per migliorarne il sapore.

Maturazione: lascia riposare il sidro in un luogo fresco e buio per alcuni mesi prima di gustarlo.

Succo Di Mela Fresco

Il succo di mela è una bevanda classica e rinfrescante, perfetta per ogni occasione. Ecco una ricetta semplice per preparare il succo di mela fatto in casa:

Ingredienti :

4-5 mele

1 litro di acqua

Zucchero (facoltativo)

Succo di limone (facoltativo)

Passaggi:

Preparazione delle mele: Lavate le mele, privatele dei semi e tagliatele a pezzetti.

Cottura: Mettete i pezzi di mela in una pentola con l'acqua. Cuocere a fuoco medio fino a quando le mele saranno tenere.

Filtraggio: Passare il composto attraverso un colino fine o un panno pulito per separare il succo dalla polpa. Potete aggiungere zucchero o succo di limone secondo i vostri gusti.

Raffreddamento: lasciate raffreddare il succo di mela e servitelo freddo.

Cocktail Martini alla mela

Per un tocco più sofisticato, prova questo cocktail Apple Martini, un drink elegante e rinfrescante.

Ingredienti :

60 ml di vodka

30 ml di liquore alla mela verde

30 ml di succo di mela

Cubetti di ghiaccio

Fetta di mela per guarnire

Passaggi:

Miscela: In uno shaker, unire la vodka, il liquore alla mela verde e il succo di mela con i cubetti di ghiaccio.

Agitare: agitare vigorosamente fino a quando la miscela sarà completamente raffreddata.

Servire: filtrare il cocktail in una coppetta da Martini ghiacciata.

Decorazione: aggiungere una fetta di mela per guarnire.

Frullato di mele e cannella

Come opzione analcolica, questo frullato di mele e cannella è perfetto per la colazione o uno spuntino salutare.

Ingredienti :

2 mele

1 banana

1 yogurt naturale

1 cucchiaino di cannella in polvere

250 ml di latte (o latte di mandorla)

Cubetti di ghiaccio

Passaggi:

Preparazione degli ingredienti: Lavare le mele, eliminare i semi e tagliarle a pezzetti. Sbucciare la banana.

Frullare: mettere tutti gli ingredienti nel frullatore e frullare fino ad ottenere un composto omogeneo.

Servire: versare nei bicchieri e servire subito.

Le mele, con la loro versatilità e il loro sapore unico, possono essere trasformate in una varietà di bevande deliziose e rinfrescanti. Che tu preferisca una bevanda alcolica come il sidro, un classico succo di mela, un cocktail sofisticato o un frullato nutriente, le mele offrono infinite possibilità per soddisfare ogni palato.

Capitolo 102: Mele in pasticceria e confetteria

Le mele occupano un posto speciale nel mondo della pasticceria e della pasticceria, apportando il loro sapore dolce e piccante a una moltitudine di creazioni gourmet. La loro consistenza, gusto e versatilità li rendono un ingrediente essenziale per molti pasticceri e pasticceri. Ecco uno sguardo ad alcuni degli usi più popolari delle mele in queste aree.

Crostate e Torte

Le torte di mele sono un classico della panificazione senza tempo. Che si tratti della tarte Tatin francese, dove le mele vengono caramellate prima di essere ricoperte di pasta frolla e cotte a testa in giù, o della tradizionale apple pie americana, le mele sono l'elemento centrale di questi dolci. La varietà di mele utilizzate, come la Granny Smith o la Golden Delicious, influenza il sapore e la consistenza del risultato finale, offrendo infinite possibilità di sperimentazione.

Torte e Muffin

Torte e muffin di mele sono dolci apprezzati per la loro morbidezza e fragranza. Le mele grattugiate o tritate possono essere incorporate direttamente nell'impasto, apportando l'umidità naturale che rende questi pasticcini particolarmente teneri. Ricette come la torta speziata di mele, che combina la dolcezza delle mele con spezie come cannella e noce moscata, sono molto popolari e facili da preparare.

Strudel e scarpe

Lo strudel di mele, originario dell'Austria, è una pasta sfoglia ripiena di mele, uvetta, zucchero e cannella. Questa pasta sottile e croccante riveste un ripieno succoso e profumato, creando un irresistibile contrasto di consistenze. Anche le frittelle di mele, più comuni in Francia e in altri paesi, sono prelibatezze popolari. Questi pasticcini individuali, spesso glassati con zucchero, sono perfetti per uno spuntino veloce o un dessert.

Ciambelle e Churros

Le frittelle di mele, fritte o al forno, sono un altro delizioso modo per gustare questo frutto. Le fette di mela ricoperte di pastella per ciambelloni e fritte fino a renderle dorate e croccanti sono una delizia apprezzata da grandi e piccini. I churros di mele meno conosciuti ma altrettanto gustosi incorporano pezzi di mela nell'impasto dei churro prima di essere fritti e arrotolati nello zucchero e nella cannella.

Composte e Marmellate

Le composte e le marmellate di mele sono preparazioni base in pasticceria. Le composte, semplici da realizzare, possono essere servite da sole, con le carni o incorporate nella pasticceria. Le marmellate, invece, aiutano a preservare il sapore delle mele per lunghi periodi di tempo. Varianti come la marmellata di mele alla cannella o al caramello sono particolarmente apprezzate per il loro gusto ricco e aromatico.

Gelatine di frutta e caramelle

Le gelatine di frutta a base di mele sono un dolce tradizionale francese. Questi dolcetti, realizzati cuocendo lentamente la purea di mele con zucchero e pectina fino a renderla solida, vengono poi tagliati a quadrotti e passati nello zucchero. Le mele possono anche essere trasformate in caramelle dure o caramelle gommose, spesso aromatizzate con spezie come cannella o chiodi di garofano per un sapore ancora più goloso.

Crepes e Pancake

Crepes e pancake alle mele sono perfetti per la colazione o il brunch. Le mele grattugiate possono essere aggiunte direttamente all'impasto, oppure le fette di mela possono essere caramellate e servite come guarnizione. L'unione tra la dolcezza delle mele e la leggerezza delle crêpes o dei pancakes crea un piatto confortante e delizioso.

Le mele sono un ingrediente incredibilmente versatile in pasticceria e pasticceria, offrendo una moltitudine di possibilità per creare dessert gustosi ed eleganti. La loro capacità di abbinarsi ad una varietà di altri sapori e consistenze li rende essenziali in ogni cucina dedicata ai dolci e ai piaceri gourmet.

Capitolo 103: Mele in gustosa cucina

Le mele, spesso associate a dessert e dolci, trovano un posto d'elezione anche nella cucina salata. Il loro sapore dolce e piccante, così come la loro consistenza croccante o fondente, possono conferire una dimensione nuova e raffinata a molti piatti. Ecco alcuni modi in cui le mele vengono incorporate nella cucina salata.

Insalate e Antipasti

Le mele aggiungono una nota croccante e dolce alle insalate. Si abbinano perfettamente con verdure verdi, noci, formaggi e condimenti piccanti. Un'insalata popolare è l'insalata Waldorf, che unisce mele, sedano, noci e uva con un condimento cremoso. Le mele possono anche essere aggiunte all'insalata di cavolo per aggiungere freschezza e contrasto materico.

Piatti di carne

Le mele vengono spesso utilizzate per arricchire i piatti di carne. Si abbinano particolarmente bene al maiale, come nel classico arrosto di maiale con mele e sidro, dove le mele forniscono un tocco di dolcezza e sapidità che bilancia la ricchezza della carne. Anche il pollo e l'anatra traggono vantaggio dall'aggiunta di mele, sia nei ripieni che nelle salse. Ad esempio, l'anatra arrosto servita con salsa di mele e sidro è un piatto apprezzato per l'armonia dei sapori.

Stufati e fritture

Le mele possono essere aggiunte agli stufati e alle fritture per aggiungere dolcezza e complessità. Nello stufato di manzo, le mele si scompongono e diventano parte della salsa, aggiungendo profondità di sapore. Possono anche essere aggiunti al curry, dove la loro dolcezza bilancia spezie e sapori forti. Il soffritto di mele e salsiccia è un piatto semplice ma delizioso che dimostra come le mele possano arricchire piatti salati.

Zuppe

Le mele apportano una sottile dolcezza alle zuppe, bilanciando i sapori e aggiungendo complessità. Un classico esempio è la zuppa di zucca e mele, dove la naturale dolcezza dei due ingredienti si unisce per creare una zuppa vellutata e confortante. Le mele possono essere utilizzate anche per preparare zuppe fredde, come il gazpacho di mele, che offre un'alternativa rinfrescante e originale alle zuppe tradizionali.

Ripieni e Condimenti

Le mele sono ottime nei ripieni, fornendo umidità e dolcezza. Sono comunemente usati nei ripieni di pollame, mescolati con cipolle, erbe aromatiche e noci. Le mele possono essere utilizzate anche come guarnizione, caramellate e servite, ad esempio, con il sanguinaccio, creando un contrasto dolce-salato particolarmente apprezzato.

Verdure grigliate

Le mele possono essere tostate con altre verdure per fornire una dolcezza naturale che si abbina ai sapori terrosi delle verdure a radice. Fette di mela aggiunte ad un misto di carote, pastinache e patate dolci arrostite creano un contorno gustoso e originale. Le mele arrostite con cipolle ed erbe aromatiche possono accompagnare anche vari piatti di carne, aggiungendo un tocco dolce e caramellato.

Salse e Condimenti

Dalle mele si possono ricavare salse e condimenti per accompagnare piatti saporiti. Una classica salsa di mele, ottenuta cuocendo le mele con zucchero e spezie, è un ottimo accompagnamento al maiale. Anche i chutney di mele, che combinano mele con spezie, aceto e talvolta altri frutti, sono popolari e possono essere utilizzati per condire carni, formaggi e panini.

Le mele, con la loro versatilità e il sapore unico, offrono molteplici possibilità per arricchire la cucina salata. Che si tratti di insalate, piatti di carne, stufati, zuppe, ripieni, verdure arrostite o salse, forniscono una dolcezza e una complessità naturali che elevano i piatti a un livello superiore.

Capitolo 104: Meli e feste delle mele

I meli, emblemi della generosità della natura, occupano un posto speciale in molte culture, spesso celebrati durante le feste delle mele. Questi eventi, che spesso segnano la stagione del raccolto, sono occasioni festive in cui le comunità si riuniscono per onorare questo frutto versatile e delizioso.

Origini e significato culturale

Le feste delle mele risalgono a secoli fa e sono profondamente radicate nelle tradizioni agricole. In molte parti del mondo, la fine della stagione di crescita e la raccolta delle mele sono momenti di festa. Queste festività rendono omaggio al lavoro degli agricoltori e celebrano l'abbondante raccolto che nutre famiglie e comunità.

Attività ed eventi

I festival delle mele offrono una varietà di attività che mettono in mostra il frutto in tutte le sue forme. Degustazioni di diverse varietà di mele permettono ai partecipanti di scoprire le sfumature di sapore tra mele aspre, dolci, croccanti o fondenti. Sono frequenti le gare per la mela più grande, la migliore torta di mele o il miglior sidro, che aggiungono un tocco competitivo e divertente all'evento.

Mercati e prodotti locali

I mercati del Festival delle mele sono luoghi in cui gli agricoltori e gli artigiani locali possono vendere i loro prodotti. Oltre alle mele fresche, ci sono marmellate, composte, succhi e sidri artigianali. Panettieri e pasticceri locali colgono l'occasione per mostrare le loro creazioni a base di mele, come crostate, ciambelle e torte.

Spettacoli e Intrattenimento

Le feste delle mele non si limitano ai prodotti alimentari; comprendono anche spettacoli e intrattenimenti per tutta la famiglia. Gruppi musicali, ballerini folcloristici e rievocazioni storiche creano un'atmosfera festosa. I giochi tradizionali, come la corsa con i sacchi o il lancio delle mele, sono particolarmente apprezzati dai bambini.

Importanza economica e turistica

Questi festival svolgono un ruolo importante nell'economia e nel turismo locale. Attirano visitatori da tutte le regioni, aumentando così il reddito degli agricoltori e dei commercianti locali. I visitatori hanno l'opportunità di scoprire la cultura e le tradizioni locali, degustare prodotti locali e acquistare souvenir unici. Le feste delle mele aiutano anche a sensibilizzare l'opinione pubblica sull'importanza dell'agricoltura locale e sostenibile.

Educazione e conservazione delle varietà

I festival della mela sono anche momenti ideali di educazione e consapevolezza. Si tengono spesso seminari e conferenze sulla coltivazione dei meli, sulla potatura degli alberi, sull'impollinazione e sul controllo delle malattie. Questi eventi contribuiscono a trasmettere preziose conoscenze alle nuove generazioni di agricoltori e giardinieri dilettanti. Inoltre, partecipano alla conservazione delle antiche varietà di mele, spesso messe in risalto durante degustazioni e concorsi.

Simbolismo e tradizioni

Le mele hanno un simbolismo ricco e vario nelle diverse culture. Sono spesso associati alla salute, alla conoscenza e alla bellezza. In alcune tradizioni offrire una mela è un gesto di gentilezza e prosperità. Le feste delle mele sono quindi anche momenti in cui si celebrano questi simboli, rafforzando i legami comunitari e il rispetto per la natura.

Le feste delle mele sono celebrazioni gioiose e arricchenti che sottolineano l'importanza dei meli e delle mele nella nostra vita. Offrono l'opportunità di incontrarsi, celebrare il raccolto, promuovere i prodotti locali e trasmettere conoscenze essenziali sull'agricoltura sostenibile e sulla conservazione delle varietà antiche. Queste festività, onorando il melo, ci ricordano anche l'importanza della natura e della comunità nella nostra vita quotidiana.

Capitolo 105: Meli e casa del sidro: tradizione e modernità

I meli e la casa del sidro incarnano un'affascinante simbiosi tra tradizione e modernità. La coltivazione delle mele e la produzione del sidro hanno radici profonde nella storia agricola di molte regioni, ma continuano ad evolversi per adattarsi ai gusti contemporanei e ai progressi tecnologici. Questo connubio tra il vecchio e il nuovo dà vita a prodotti che rispettano i metodi ancestrali pur innovandosi per soddisfare le esigenze attuali.

Storia e patrimonio

Il sidro è una bevanda che risale a millenni, con tracce della sua produzione rinvenute in antiche civiltà. In Europa, in particolare in Francia, Inghilterra e Spagna, la produzione del sidro è una tradizione secolare. I meleti, coltivati con cura per produrre frutti appositamente destinati alla fermentazione, erano il cuore di questa industria. Le varietà di mele da sidro, come la dolceamara e la piccante, sono state selezionate per i loro profili aromatici unici, che contribuiscono alla complessità del sidro.

Tecniche Tradizionali

I metodi tradizionali di produzione del sidro implicano un'attenzione meticolosa ad ogni fase del processo, dalla raccolta delle mele alla fermentazione. Le mele vengono spesso raccolte a mano, poi schiacciate e pressate per estrarne il succo. Questo succo viene poi fermentato naturalmente, spesso in botti di legno, per sviluppare aromi ricchi e una consistenza complessa. I produttori tradizionali di sidro utilizzano lieviti autoctoni presenti sulle mele o nell'ambiente per la fermentazione, che conferiscono al sidro il suo carattere distintivo e unico.

Innovazioni moderne

Nel corso del tempo, le tecniche moderne iniziarono a mescolarsi con i metodi tradizionali, apportando miglioramenti e nuove possibilità alla produzione del sidro. L'uso di tecnologie avanzate di controllo della temperatura e della fermentazione produce sidri più costanti e di migliore qualità. Le innovazioni nella pastorizzazione e nella filtrazione prolungano inoltre la durata di conservazione senza compromettere il sapore.

I produttori di sidro contemporanei stanno anche sperimentando nuove varietà di mele, comprese quelle inizialmente destinate al consumo fresco, per creare sidri con profili aromatici diversi. Le tecniche di produzione prese in prestito dall'industria della birra, come l'aggiunta di luppolo o frutta, producono sidri con aromi e gusti innovativi.

Artigianato e Territorio

Nonostante i progressi tecnologici, molti produttori di sidro rimangono fedeli all'artigianato e al concetto di terroir. Il terroir, che comprende il suolo, il clima e le tecniche di coltivazione specifiche di una regione, gioca un ruolo cruciale nel gusto e nella qualità del sidro. I piccoli produttori artigianali tengono a rispettare queste tradizioni, producendo sidri che riflettono fedelmente il loro ambiente originale.

Mode del momento

La crescente popolarità del sidro artigianale ha portato a una rinascita della produzione del sidro in molte regioni. I consumatori moderni, alla ricerca di prodotti naturali e autentici, si rivolgono sempre più al sidro artigianale. I festival del sidro, le degustazioni e le visite alle case del sidro stanno diventando attività popolari, rafforzando il legame tra produttori e consumatori.

Il sidro rosato, ottenuto dall'aggiunta di frutti rossi o dalla macerazione delle mele rosse, è una tendenza recente che si rivolge ad un pubblico più ampio, in particolare agli amanti del vino. Anche il sidro frizzante, prodotto con metodi simili allo champagne, sta diventando sempre più popolare, offrendo un'alternativa festosa ed elegante.

Capitolo 106: Meli e leggende locali

I meli, alberi maestosi e familiari, hanno ispirato molte leggende locali in tutto il mondo. La loro presenza nei frutteti e nelle foreste è stata spesso avvolta nel mistero e nel simbolismo, incorporando storie che fondono storia, mitologia e folklore. Ecco un viaggio attraverso alcune di queste affascinanti leggende.

La mela di Adamo ed Eva

Una delle leggende più famose che coinvolgono un melo è quella di Adamo ed Eva nel Giardino dell'Eden. In questa storia biblica, il frutto proibito che mangia Eva, spesso raffigurato come una mela, porta alla caduta dell'umanità. Questa leggenda ha permeato la cultura occidentale e ha dato alla mela un profondo simbolismo di tentazione e conoscenza.

Le mele d'oro delle Esperidi

Nella mitologia greca, le mele d'oro delle Esperidi sono frutti meravigliosi che garantiscono l'immortalità. Custodite dalle ninfe Esperidi in un giardino lontano, queste mele sono oggetto di una delle dodici fatiche di Eracle. Quest'ultimo deve rubare le mele per completare la sua ricerca, illustrando il desiderio umano di raggiungere l'immortalità e superare le sfide divine.

Re Artù e Avalon

La leggenda di Re Artù parla anche di mele mistiche, in particolare quelle di Avalon, un'isola leggendaria dove le mele possiedono poteri curativi e garantiscono l'immortalità. Secondo la leggenda, dopo la sua ultima battaglia, Re Artù fu portato ad Avalon per farsi curare le ferite, grazie alle proprietà miracolose delle mele. Avalon è così divenuto simbolo del paradiso terrestre e della rinascita.

Le fate del frutteto

Nel folklore celtico, i meli sono spesso associati alle fate e agli spiriti della natura. I meleti erano considerati luoghi sacri dove risiedevano le fate e vegliavano sugli alberi. Le persone lasciavano offerte alla base dei meli per ottenere protezione dalle fate e assicurarsi un raccolto abbondante. Era inoltre consuetudine non abbattere mai un vecchio melo senza chiedere il permesso alle fate per evitare la loro ira.

La leggenda di Johnny Appleseed

Negli Stati Uniti, la figura leggendaria di Johnny Appleseed, il cui vero nome è John Chapman, è un personaggio essenziale della cultura americana. All'inizio del XIX secolo, Johnny Appleseed viaggiò nel Midwest, piantando semi di mela e condividendo storie di pietà e natura. Il suo personaggio è diventato un simbolo dell'espansione pionieristica americana, della generosità e del rispetto per la natura.

Le mele della strega

In molte leggende europee, le mele hanno un ruolo nei racconti di streghe e magia. Le mele avvelenate, come quella donata a Biancaneve nella fiaba dei fratelli Grimm, sono motivi ricorrenti. Queste storie mettono in guardia dalle apparenze ingannevoli e dai pericoli della tentazione, aggiungendo ai meli una dimensione soprannaturale e inquietante.

Mele Svarog

Nella mitologia slava, le mele sono associate al dio Svarog, creatore del fuoco e del sole. Le mele, simbolo di saggezza e conoscenza, venivano spesso offerte in sacrificio per ottenere il suo favore. I frutteti di mele erano venerati come luoghi in cui le divinità potevano scendere sulla terra e i raccolti erano circondati da rituali per assicurarsi la benedizione degli dei.

Meli e San Michele

In Bretagna, la festa di Saint-Michel, celebrata il 29 settembre, è legata ai meli e alla raccolta delle mele. Secondo la tradizione è in questo periodo che si raccolgono le mele e si comincia a preparare il sidro. La leggenda narra che l'arcangelo San Michele vegli sui frutteti, proteggendo le mele finché non sono pronte per essere raccolte.

Gli alberi di mele, con il loro ricco simbolismo e la loro presenza in così tante culture, continuano a ispirare leggende e storie che arricchiscono la nostra comprensione di questi alberi straordinari. I loro frutti, carichi di significati variegati, richiamano il profondo legame tra l'umanità e la natura, intessendo legami tra il mitico passato e la nostra realtà contemporanea.

Capitolo 107: Meli ed educazione ambientale

I meli svolgono un ruolo significativo nell'educazione ambientale, fornendo una connessione tangibile tra gli studenti e la natura. La loro coltivazione e cura servono come punto di partenza per insegnare concetti ecologici e agricoli, favorendo una comprensione più profonda dell'ambiente e dell'importanza della sua preservazione.

Importanza dei meli nell'istruzione

I meli, con il loro ciclo di crescita annuale, illustrano perfettamente processi biologici come la fotosintesi, l'impollinazione e la germinazione. Studiando questi alberi, gli studenti possono osservare direttamente come le piante crescono, fioriscono e producono frutti. Ciò rende i concetti teorici più concreti e accessibili.

Programmi e attività scolastiche

Molte scuole incorporano la piantagione e la cura dei meli nei loro programmi educativi. I frutteti scolastici offrono uno spazio in cui gli studenti possono apprendere non solo la biologia, ma anche abilità pratiche come la semina, la potatura e la raccolta. Queste attività pratiche incoraggiano gli studenti a sporcarsi le mani e ad apprezzare il lavoro della terra, rafforzando il loro legame con la natura.

Insegnare la sostenibilità

Gli alberi di mele sono esempi perfetti per insegnare la sostenibilità. Prendendosi cura di questi alberi, gli studenti imparano l'importanza di un uso responsabile delle risorse naturali. Scoprono come il compostaggio e il riciclaggio della materia organica possono arricchire il suolo, riducendo la necessità di fertilizzanti chimici. L'educazione alla sostenibilità attraverso i meli sensibilizza le generazioni più giovani alle pratiche agricole rispettose dell'ambiente.

Biodiversità ed ecosistemi

I meleti contribuiscono alla biodiversità, fornendo l'habitat a varie specie di insetti, uccelli e piccoli mammiferi. Osservando questi ecosistemi in miniatura, gli studenti apprendono le complesse interazioni tra diverse forme di vita e l'importanza della biodiversità per la salute ambientale. I meli sono particolarmente attraenti per gli impollinatori come api e farfalle, a dimostrazione dell'importanza di queste specie per la produzione alimentare.

Impatto del cambiamento climatico

I meli sono anche uno strumento educativo per comprendere gli impatti dei cambiamenti climatici. Le variazioni stagionali e le condizioni meteorologiche influiscono direttamente sulla salute e sulla produttività dei meli. Studiando questi effetti, gli studenti diventano consapevoli della fragilità degli ecosistemi e della necessità di combattere il cambiamento climatico. Possono anche apprendere metodi per adattare l'agricoltura alle nuove condizioni climatiche, come l'allevamento di varietà più resistenti.

Il coinvolgimento della comunità

L'educazione ambientale attorno ai meli non si limita alla scuola; può coinvolgere anche la comunità. I progetti di frutteti comunitari riuniscono studenti, genitori e vicini, promuovendo un senso di responsabilità condivisa per l'ambiente. Queste iniziative comunitarie rafforzano i legami sociali e incoraggiano la collaborazione per un obiettivo comune: preservare la natura e promuovere la sostenibilità.

Applicazioni interdisciplinari

I meli possono anche servire come base per progetti interdisciplinari. Ad esempio, gli studenti possono studiare la storia delle varietà di mele locali, incorporando elementi culturali e geografici. Possono anche affrontare temi economici esplorando i mercati locali e la produzione di sidro o succo di mela. Arte e letteratura possono essere integrate attraverso attività creative come dipingere o scrivere poesie sui meli.

Consapevolezza sulla salute e sulla nutrizione

Coltivando i meli, gli studenti imparano anche l'importanza della salute e della nutrizione. Mangiare mele fresche, raccolte da loro, permette loro di comprendere i benefici della frutta e della verdura nella loro dieta. Progetti culinari, come la preparazione di composte o torte di mele, aggiungono una dimensione pratica a questa consapevolezza, collegando direttamente la coltivazione dei meli a sane abitudini alimentari.

Gli alberi di mele sono potenti strumenti educativi per l'educazione ambientale, combinando lezioni su biologia, sostenibilità, biodiversità e cambiamento climatico con attività pratiche basate sulla comunità. Coltivando meli, gli studenti sviluppano un profondo apprezzamento per la natura e le competenze necessarie per diventare cittadini responsabili e attenti all'ambiente.

Capitolo 108: Creare un giardino di mele nelle scuole

Creare un giardino di mele nelle scuole è un'iniziativa gratificante che offre agli studenti una moltitudine di benefici educativi, ambientali e sociali. Questo progetto non solo collega i giovani alla natura, ma insegna loro anche abilità pratiche e concetti accademici in modo coinvolgente e coinvolgente.

Pianificazione e preparazione

Il primo passo per creare un orto di mele scolastico è pianificare attentamente il progetto. È fondamentale scegliere un luogo adatto, con terreno ben drenato e sufficiente esposizione alla luce solare. La consultazione con esperti di orticoltura o giardinieri locali può fornire preziosi consigli sulle varietà di meli adatte al clima e alle condizioni locali.

Selezione di varietà di meli

La scelta delle varietà di melo è un passaggio fondamentale. Si consiglia di selezionare varietà resistenti alle malattie, adatte al clima locale e che offrano una varietà di sapori e tempi di raccolta. Cimelio di famiglia e varietà locali possono anche essere integrati per preservare il patrimonio orticolo e offrire agli studenti un'esperienza di giardinaggio diversificata.

Preparazione e semina del terreno

La preparazione del terreno è essenziale per garantire la salute e la produttività dei meli. Il terreno deve essere ben allentato, modificato con compost organico e pH equilibrato. Gli studenti possono partecipare a questa fase, apprendendo le basi della preparazione del terreno e della semina. Gli alberi dovrebbero essere piantati ad una distanza adeguata gli uni dagli altri per consentire una crescita ottimale.

Cura e manutenzione

La manutenzione regolare del giardino delle mele è un'opportunità educativa continua. Gli studenti possono imparare come potare gli alberi, innaffiare correttamente e osservare i segni di malattie o parassiti. L'uso di metodi di gestione dei parassiti organici ed ecologici può essere insegnato per educare gli studenti alla sostenibilità e all'importanza della biodiversità.

Educazione interdisciplinare

Un giardino di mele può essere integrato in molte aree del curriculum scolastico. Nella scienza, gli studenti possono studiare la biologia dei meli, i processi di impollinazione e fotosintesi e gli ecosistemi locali. In matematica, possono calcolare gli spazi tra gli alberi, misurare la crescita e analizzare i dati del raccolto. Nella storia e nella cultura si potranno esplorare le tradizioni locali legate al melo e ai prodotti derivati come il sidro.

Raccolta e utilizzo delle mele

La raccolta delle mele rappresenta un momento culminante per gli studenti e rappresenta una ricompensa tangibile per il loro lavoro e le loro cure durante tutto l'anno. Le mele raccolte possono essere utilizzate in vari modi, come per preparare composte, torte o persino sidro analcolico. Queste attività culinarie aiutano a collegare l'apprendimento alle abilità pratiche e promuovono un'alimentazione sana.

Il coinvolgimento della comunità

Il coinvolgimento della comunità scolastica, compresi genitori e insegnanti, è fondamentale per il successo del progetto. Possono essere organizzate giornate comunitarie dell'orto, che offrono l'opportunità di rafforzare i legami tra alunni e adulti e di condividere conoscenze e competenze. I giardini di mele possono anche fungere da punto focale per eventi scolastici e comunitari, celebrando il raccolto e la stagionalità.

Benefici ecologici e ambientali

I giardini di mele scolastici hanno anche benefici ecologici. Contribuiscono alla biodiversità locale fornendo l'habitat per gli insetti impollinatori, gli uccelli e altri animali selvatici. Gli studenti apprendono l'importanza della conservazione delle risorse naturali e della gestione sostenibile del territorio. Inoltre, i giardini di mele possono aiutare a sequestrare il carbonio e a migliorare la qualità dell'aria locale.

Sviluppo personale e sociale

Lavorare in un giardino di mele aiuta gli studenti a sviluppare abilità personali e sociali. Imparano la pazienza, la responsabilità e l'importanza del lavoro di squadra. Il giardinaggio fornisce anche benefici terapeutici, riducendo lo stress e migliorando il benessere mentale degli studenti. Il successo collettivo nella coltivazione di meli crea fiducia in se stessi e un senso di realizzazione.

Prospettive future

Un orto di mele scolastico può ispirare gli studenti a intraprendere una carriera nel campo dell'agricoltura, dell'orticoltura, dell'ambiente o in altri campi scientifici. Può anche sensibilizzare i giovani sui temi dell'agricoltura sostenibile e della sicurezza alimentare, preparandoli a diventare cittadini responsabili e informati. Creando un forte legame con la natura e integrando pratiche sostenibili nella loro istruzione, le scuole contribuiscono a formare la prossima generazione di guardiani del nostro pianeta.

Capitolo 109: Meli e paesaggi commestibili

I paesaggi commestibili, che integrano piante produttrici di cibo negli spazi urbani e rurali, rappresentano un approccio innovativo per combinare estetica e utilità. I meli, con la loro bellezza floreale e la produzione di frutti, sono elementi ideali in questo concetto. Coltivando meli in paesaggi commestibili, le comunità possono beneficiare del cibo locale, di una migliore biodiversità e di una migliore qualità della vita.

L'integrazione dei meli negli spazi urbani

Gli alberi di mele possono essere integrati in vari spazi urbani come parchi, giardini comunitari e persino strade. Piantarli in questi spazi non offre solo una fonte di frutta fresca, ma anche benefici estetici grazie ai loro bellissimi fiori primaverili e al fogliame autunnale. Le città che adottano questa pratica contribuiscono alla creazione di aree verdi produttive e attrattive.

Benefici ecologici

I meli nei paesaggi commestibili offrono molti vantaggi ecologici. Aiutano a sequestrare il carbonio, a ridurre le isole di calore urbane e a migliorare la qualità dell'aria. Fornendo l'habitat per gli insetti impollinatori, gli uccelli e altri animali selvatici, aumentano la biodiversità locale. Inoltre, i sistemi radicali del melo stabilizzano il terreno e riducono l'erosione.

Cibo locale e sicurezza alimentare

La coltivazione di meli in paesaggi commestibili contribuisce alla sicurezza alimentare fornendo frutta fresca e nutriente direttamente alle comunità locali. Ciò riduce la dipendenza dal trasporto alimentare su lunghe distanze, diminuendo così l'impronta di carbonio associata al trasporto alimentare. I meli incoraggiano anche le pratiche di giardinaggio urbano e l'autosufficienza alimentare.

Educazione e consapevolezza

I paesaggi commestibili con meli offrono eccellenti opportunità educative. Le scuole e le comunità possono utilizzare questi spazi per insegnare a bambini e adulti le pratiche di giardinaggio, l'alimentazione e l'importanza della sostenibilità. Partecipando alla piantagione e alla cura dei meli, gli individui acquisiscono competenze pratiche e una migliore comprensione dell'ecologia e dell'agricoltura.

Miglioramento del benessere della comunità

I paesaggi commestibili rafforzano i legami sociali creando spazi comuni dove le persone possono incontrarsi, lavorare insieme e condividere i frutti del proprio lavoro. I frutteti comunitari e i giardini di quartiere, con i meli come elemento centrale, diventano luoghi di ritrovo dove i residenti possono socializzare, rilassarsi e godersi la natura. Queste interazioni rafforzano il tessuto sociale e migliorano il benessere mentale e fisico dei partecipanti.

Estetica e valore paesaggistico

I meli aggiungono un notevole valore estetico ai paesaggi commestibili. La loro fioritura in primavera e i loro frutti colorati in estate e autunno offrono un piacevole spettacolo visivo. I meli possono essere integrati in modo creativo nella progettazione del paesaggio, come siepi di frutta, tralicci e viali. La loro presenza abbellisce gli spazi pubblici e privati fornendo allo stesso tempo un'utile produzione di frutti.

Esempi di progetti di successo

Molte città e comunità in tutto il mondo hanno adottato con successo paesaggi commestibili. Progetti come "Incredible Edible" in Inghilterra hanno trasformato gli spazi urbani in giardini commestibili accessibili a tutti. In Francia sono emerse iniziative simili, che incoraggiano i residenti a piantare alberi da frutto e a partecipare a progetti di giardinaggio comunitario. Queste iniziative dimostrano che i meli possono svolgere un ruolo centrale nella creazione di paesaggi urbani sostenibili e produttivi.

Pianificazione e implementazione

Per integrare efficacemente i meli nei paesaggi commestibili, è necessaria un'attenta pianificazione. È importante selezionare varietà di meli adatte al clima locale e resistenti alle malattie. La pianificazione dovrebbe anche considerare lo spazio disponibile, l'accesso all'acqua e le esigenze di manutenzione. Il coinvolgimento della comunità fin dall'inizio del progetto garantisce adesione e sostegno a lungo termine.

Gli alberi di mele, come parte integrante dei paesaggi commestibili, offrono numerosi vantaggi. Contribuiscono all'estetica e alla produttività degli spazi urbani e rurali, sostengono la biodiversità, rafforzano la sicurezza alimentare e promuovono l'istruzione e il benessere della comunità. Integrando i meli nei paesaggi commestibili, le comunità possono creare ambienti più sostenibili, più belli e più connessi alla natura.

Capitolo 110: Meli nel paesaggio

I meli, per la loro bellezza e utilità, sono elementi preziosi nel paesaggio. La loro integrazione in giardini, parchi e spazi urbani consente di creare ambienti estetici e produttivi, offrendo vantaggi ecologici, economici e sociali.

Risorse estetiche

I meli sono famosi per le loro spettacolari fioriture in primavera, quando i loro rami si ricoprono di fiori bianchi o rosa. Questa esplosione di colore aggiunge una dimensione visiva attraente a qualsiasi paesaggio. In autunno, i frutti rossi, gialli o verdi forniscono un ulteriore tocco di colore, mentre il fogliame mutevole aggiunge sfumature dorate e viola.

Varietà di forme e dimensioni

Gli alberi di mele sono disponibili in una varietà di forme e dimensioni, il che consente una grande flessibilità nel loro utilizzo nel paesaggio. I meli nani sono ideali per piccoli giardini o spazi ristretti, mentre le varietà standard possono essere utilizzate come alberi da ombra o punti focali in grandi parchi. Le forme colonnari sono perfette per passerelle e bordi, massimizzando lo spazio disponibile pur continuando a produrre frutta.

Integrazione nei giardini commestibili

I meli si adattano perfettamente ai giardini commestibili, dove l'estetica si fonde con la produzione alimentare. Possono essere piantati come singoli alberi o nei frutteti, creando spazi non solo belli, ma anche produttivi. Oltre alle mele, questi alberi forniscono risorse agli impollinatori e ad altri animali selvatici benefici, arricchendo l'ecosistema locale.

Funzionalità di utilità

Oltre alla loro bellezza, i meli forniscono funzionalità utilitaristiche nel paesaggio. Possono servire come siepi di frutta, delimitando gli spazi mentre producono frutti. Le loro radici aiutano a stabilizzare il suolo e a prevenire l'erosione, mentre il fogliame fornisce ombra e riduce le isole di calore urbane. In inverno, i rami spogli dei meli aggiungono un'interessante struttura visiva al paesaggio.

Benefici ecologici

I meli contribuiscono alla biodiversità fornendo l'habitat a molte specie di insetti, uccelli e piccoli mammiferi. Svolgono un ruolo cruciale nell'impollinazione, attirando le api e altri impollinatori essenziali per la produzione alimentare. Gli alberi da frutto aiutano anche a sequestrare il carbonio, migliorando la qualità dell'aria e contribuendo a combattere il cambiamento climatico.

Aspetti culturali ed educativi

I meli nelle aree paesaggistiche possono servire come strumenti educativi e culturali. Offrono a bambini e adulti l'opportunità di conoscere la coltivazione degli alberi da frutto, la biodiversità e i cicli naturali. I frutteti comunitari e gli orti scolastici con meli diventano luoghi di apprendimento interattivo e di condivisione delle conoscenze.

Tecniche di impianto e manutenzione

Per integrare con successo i meli nel paesaggio, è essenziale pianificarne adeguatamente la piantumazione e la manutenzione. È necessario scegliere varietà adatte al clima locale e preparare il terreno di conseguenza. La potatura regolare è necessaria per mantenere la salute degli alberi e incoraggiare una buona produzione di frutti. Le annaffiature devono essere adeguate, soprattutto nei periodi di siccità, per garantire una crescita vigorosa.

Utilizzo in progetti di rinnovamento urbano

Gli alberi di melo ricoprono un ruolo sempre più importante nei progetti di rinnovamento urbano, dove vengono utilizzati per trasformare spazi urbani degradati in aree verdi produttive. Integrando questi alberi nei piani di sviluppo urbano, le città possono creare ambienti più verdi, più sani e più vivibili. I frutteti urbani e gli orti comunitari contribuiscono alla resilienza alimentare e alla creazione di spazi ricreativi per i residenti.

Ispirazione per gli architetti del paesaggio

I meli offrono una fonte inesauribile di ispirazione per gli architetti paesaggisti. Le loro varie forme, colori e trame consentono di progettare paesaggi unici e dinamici. Che si tratti di giardini privati, spazi pubblici o progetti commerciali, i meli forniscono un valore aggiunto in termini di bellezza, funzionalità e durata.

Raccolta e condivisione

Uno degli aspetti più gratificanti dell'inserimento dei meli nel paesaggio è la raccolta dei frutti. Le mele possono essere raccolte e condivise tra i membri della comunità, rafforzando i legami sociali e creando un senso di orgoglio e realizzazione. Gli eventi del raccolto e le feste dei meli possono diventare momenti di festa e convivialità, ancorando ulteriormente questi alberi alla cultura locale.

I meli arricchiscono il paesaggio combinando estetica, utilità e durata. La loro presenza in giardini, parchi e spazi urbani crea ambienti più belli, più sani e più connessi alla natura. Incorporando questi alberi nei loro progetti, i progettisti del paesaggio possono contribuire a creare comunità più resilienti e armoniose.

Capitolo 111: Orti botanici e meli

Gli orti botanici, con la loro diversità vegetale e il loro ruolo nella conservazione e nell'educazione, offrono un ambiente ideale per esplorare l'affascinante mondo dei meli. Integrando questi alberi da frutto nelle loro collezioni, gli orti botanici arricchiscono la loro offerta educativa, sostengono la conservazione di varietà antiche e rare e forniscono risorse per la ricerca e la consapevolezza.

Presentazione della diversità dei meli

L'orto botanico ospita un'impressionante varietà di meli, rappresentanti diverse specie, varietà e cultivar. Queste collezioni offrono ai visitatori l'opportunità di scoprire la diversità di forme, colori e sapori delle mele. Le etichette informative forniscono dettagli sull'origine, le caratteristiche e l'utilizzo di ciascuna varietà, arricchendo l'esperienza didattica.

Conservazione delle varietà antiche e rare

Gli orti botanici svolgono un ruolo cruciale nella conservazione delle varietà antiche e rare di meli. Coltivando e conservando questi esemplari, contribuiscono a salvaguardare il patrimonio orticolo e a prevenire la scomparsa di varietà uniche e storicamente e culturalmente importanti. I meli rari vengono spesso studiati e utilizzati nei programmi di selezione per migliorare la diversità genetica delle colture da frutto.

Ricerca scientifica

Gli orti botanici forniscono anche preziose risorse per la ricerca scientifica sui meli. I ricercatori studiano la biologia, la genetica, la fisiologia e l'ecologia di questi alberi da frutto, utilizzando le collezioni dei giardini per condurre esperimenti e studi. I dati raccolti aiutano a migliorare la comprensione degli alberi di mele e a sviluppare pratiche di coltivazione più efficienti e sostenibili.

Educazione e consapevolezza

Gli orti botanici sono centri educativi dove i visitatori possono conoscere i meli e la loro importanza nella storia, nella cultura e nell'ecologia. Vengono organizzate visite guidate, laboratori e programmi educativi per sensibilizzare l'opinione pubblica sulla diversità dei frutti, sull'impollinazione, sulla conservazione delle risorse genetiche e sull'agroecologia. Bambini e adulti possono partecipare ad attività pratiche come la raccolta delle mele, la degustazione di succhi di mela freschi e la preparazione della salsa di mele.

Ispirazione per il paesaggio

I giardini botanici fungono anche da ispirazione per la progettazione del paesaggio, mettendo in mostra i meli in modo estetico e funzionale. I visitatori possono osservare come integrare questi alberi da frutto nei progetti di giardini, dalle siepi di frutta ai frutteti a spalliera. Dimostrazioni di tecniche di potatura e innesto forniscono consigli pratici ai giardinieri domestici interessati a coltivare meli nel proprio giardino.

Consapevolezza della conservazione

Evidenziando la diversità dei meli e le sfide legate alla loro conservazione, gli orti botanici sensibilizzano l'opinione pubblica sull'importanza di proteggere queste preziose risorse genetiche. Mostre sulla biodiversità, programmi di sensibilizzazione sulla conservazione delle piante e iniziative per salvare le varietà a rischio di estinzione incoraggiano i visitatori a impegnarsi in azioni per preservare e sostenere la biodiversità.

Collaborazione internazionale

Gli orti botanici spesso collaborano a livello internazionale per scambiare esemplari, conoscenze e risorse con l'obiettivo di rafforzare i programmi di conservazione delle piante. Le partnership tra istituti di ricerca, governi e organizzazioni non governative aiutano a coordinare gli sforzi di conservazione a livello globale e a massimizzare l'impatto della conservazione dei meli e di altre specie vegetali.

L'impegno della comunità

Gli orti botanici promuovono anche l'impegno della comunità incoraggiando la partecipazione del pubblico alle attività di conservazione ed educazione. I volontari possono aiutare a mantenere le collezioni di meli, raccogliere dati sulla crescita e la fruttificazione e sensibilizzare l'opinione pubblica sull'importanza della biodiversità dei frutti. Questi sforzi collettivi rafforzano i collegamenti tra istituzioni botaniche, giardinieri domestici e comunità locali, creando una rete di sostegno per la conservazione dei meli e di altre piante.

Capitolo 112: L'importanza dei meli nell'agriturismo

I meli svolgono un ruolo centrale nel settore dell'agriturismo, offrendo ai visitatori un'esperienza unica incentrata su natura, cultura e gastronomia. Integrando questi alberi da frutto nelle destinazioni turistiche, gli agricoltori creano ulteriori opportunità di reddito, promuovono la sostenibilità agricola e contribuiscono allo sviluppo economico delle regioni rurali.

Esperienza naturale e culturale

I meleti offrono ai visitatori un'esperienza immersiva nella natura, dove possono passeggiare tra gli alberi, raccogliere mele fresche e godersi i pittoreschi paesaggi rurali. Queste attrazioni naturali sono spesso combinate con elementi culturali come feste del raccolto, dimostrazioni sulla produzione del sidro e visite guidate alle fattorie storiche, che forniscono informazioni sulla vita agricola tradizionale.

Attività ricreative ed educative

I meleti offrono una serie di attività ricreative ed educative per visitatori di tutte le età. Giri in carrozza, degustazioni di mele e prodotti a base di mele, giochi all'aperto e visite guidate permettono ai visitatori di conoscere la coltivazione della mela divertendosi. Le scuole e i gruppi comunitari spesso partecipano a programmi educativi sulla natura, l'agricoltura e la nutrizione.

Sostegno all'economia locale

L'agriturismo incentrato sui meli contribuisce allo sviluppo economico delle regioni rurali stimolando l'attività commerciale locale. Gli agricoltori vendono prodotti freschi, prodotti trasformati e souvenir nei negozi della loro fattoria, creando posti di lavoro e generando reddito per la comunità locale. Anche ristoranti, alloggi e altre attività turistiche beneficiano dell'afflusso di visitatori.

Promozione della sostenibilità agricola

I meleti orientati all'agriturismo evidenziano pratiche agricole sostenibili e rispettose dell'ambiente. Gli agricoltori spesso utilizzano l'agricoltura biologica, la gestione integrata dei parassiti e metodi di conservazione delle risorse naturali per mantenere la salute degli ecosistemi locali. I visitatori vengono sensibilizzati sull'importanza di sostenere un'agricoltura rispettosa dell'ambiente.

Diversificazione delle attività agricole

Per molti agricoltori, l'agriturismo incentrato sulla mela offre l'opportunità di diversificare le proprie attività e ridurre la dipendenza da un'unica fonte di reddito agricolo. Oltre alla produzione di mele, possono offrire attività turistiche stagionali come visite ai frutteti, raccolta delle mele, degustazioni di prodotti ed eventi speciali, che contribuiscono a una maggiore stabilità economica.

Promozione della vita sana e dell'ecologia

I meleti incoraggiano uno stile di vita sano fornendo ai visitatori un facile accesso a cibi freschi e nutrienti. Le mele fresche sono ricche di nutrienti essenziali e costituiscono uno spuntino salutare per le famiglie in visita. Inoltre, le pratiche agricole sostenibili promosse nei meleti contribuiscono alla preservazione degli ecosistemi locali e alla tutela della biodiversità.

Rafforzare i legami sociali e culturali

L'agriturismo incentrato sul melo promuove il rafforzamento dei legami sociali e culturali tra i visitatori e le comunità rurali. Sagre delle mele, eventi in fattoria e attività di gruppo offrono occasioni di incontro e scambio tra gente del posto e visitatori, favorendo così la conoscenza reciproca e la condivisione delle tradizioni locali.

Sviluppo dell'identità regionale

I meleti contribuiscono allo sviluppo dell'identità regionale valorizzando i prodotti e le tradizioni locali. Diventano simboli di orgoglio locale e autenticità culturale, attirando visitatori alla ricerca di esperienze uniche e memorabili. Questa valorizzazione dell'identità regionale rafforza il sentimento di appartenenza alla comunità e incoraggia il sostegno alle imprese locali.

Promozione del turismo sostenibile

Offrendo esperienze autentiche e rispettose dell'ambiente, i meleti contribuiscono allo sviluppo del turismo sostenibile. I visitatori sono incoraggiati ad adottare comportamenti responsabili in termini di conservazione delle risorse, riduzione dei rifiuti e rispetto della natura. Queste pratiche di turismo sostenibile promuovono la conservazione dei paesaggi naturali e la protezione degli ecosistemi fragili.

Capitolo 113: Proteggere gli alberi di mele dai cambiamenti climatici

I meli, come molte altre colture, devono affrontare le sfide poste dai cambiamenti climatici. Temperature estreme, precipitazioni irregolari, condizioni meteorologiche imprevedibili e aumento del rischio di malattie e parassiti minacciano la salute e la produttività dei meleti. Per garantire la sostenibilità di questa preziosa coltura, è essenziale adottare misure per proteggere i meli dagli effetti dannosi dei cambiamenti climatici.

Adattamento delle pratiche agricole

Di fronte al cambiamento delle condizioni climatiche, gli agricoltori devono adattare le loro pratiche di coltivazione per garantire la salute e la resilienza dei meli. Ciò potrebbe includere l'utilizzo di varietà di mele resistenti allo stress climatico, la creazione di sistemi di irrigazione efficienti per far fronte ai periodi di siccità e l'applicazione di tecniche di gestione del suolo per migliorare la ritenzione idrica e la fertilità del suolo. Inoltre, la gestione integrata dei parassiti e delle malattie diventa essenziale per prevenire l'insorgenza di malattie e ridurre al minimo le perdite di raccolto.

Conservazione della biodiversità genetica

La conservazione della biodiversità genetica dei meli è fondamentale per garantire la disponibilità di varietà adatte alle mutevoli condizioni climatiche. Le banche genetiche e le collezioni di meli antichi e rari svolgono un ruolo importante nel preservare la diversità genetica di questa coltura. I programmi di selezione e incrocio possono essere utilizzati anche per sviluppare nuove varietà resistenti allo stress climatico che possano prosperare in condizioni ambientali variabili.

Gestione dell'acqua e delle risorse

Una gestione efficace dell'acqua e delle risorse naturali è essenziale per mitigare gli effetti del cambiamento climatico sui meleti. I moderni sistemi di irrigazione, come l'irrigazione a goccia e i sistemi di irrigazione a pioggia, consentono un utilizzo più efficiente dell'acqua fornendo la giusta quantità al momento giusto. Inoltre, l'attuazione di pratiche di conservazione del suolo, come la copertura del suolo e la piantagione di colture intercalate, aiuta a ridurre l'erosione e a migliorare la qualità del suolo, promuovendo così la crescita sana dei meli.

Consapevolezza ed educazione

La consapevolezza e l'educazione degli agricoltori, dei consumatori e dei responsabili politici sono essenziali per promuovere pratiche agricole sostenibili e resilienti al clima. I programmi di sensibilizzazione possono includere formazione sulle migliori pratiche di gestione dei frutteti, seminari sull'adattamento alle mutevoli condizioni climatiche e campagne di sensibilizzazione sull'importanza di conservare la biodiversità genetica. Inoltre, è fondamentale incoraggiare la collaborazione tra i diversi attori della catena alimentare per sviluppare strategie per la gestione integrata del clima e rafforzare la resilienza dei sistemi alimentari.

Ricerca e Innovazione

La ricerca scientifica e l'innovazione svolgono un ruolo centrale nel contrastare gli effetti dei cambiamenti climatici sui meli. I ricercatori stanno lavorando allo sviluppo di varietà resistenti agli stress climatici, al miglioramento delle pratiche di gestione delle colture e all'identificazione di soluzioni innovative per mitigare gli effetti del cambiamento climatico sui meleti. Gli investimenti nella ricerca e nello sviluppo tecnologico sono essenziali per sostenere l'adattamento e la resilienza dei sistemi agricoli di fronte alle crescenti sfide climatiche.

Collaborazione e azione collettiva

Proteggere i meli dai cambiamenti climatici richiede un'azione collettiva e una collaborazione a tutti i livelli, dalle singole aziende agricole ai governi nazionali e alle organizzazioni internazionali. Le iniziative di partenariato pubblico-privato possono svolgere un ruolo importante nel finanziamento della ricerca, nello sviluppo di politiche rispettose del clima e nell'attuazione di programmi di adattamento al clima. Lavorando insieme, agricoltori, ricercatori, politici e società civile possono contribuire a rafforzare la resilienza dei meli e garantire la sicurezza alimentare in un clima che cambia.

Capitolo 114: Tecniche di coltivazione di mele resilienti

La selezione di meli resilienti è essenziale per garantire la sostenibilità e la produttività dei frutteti di fronte alle sfide poste dai cambiamenti climatici, dalle malattie e dai parassiti. Le tecniche di selezione mirano a identificare e promuovere varietà di mele che possano prosperare in condizioni ambientali variabili, pur mostrando una buona resistenza a malattie e parassiti. Ecco alcune delle tecniche chiave utilizzate per allevare meli resilienti:

Selezione genetica

La selezione genetica è una tecnica tradizionale utilizzata per migliorare i tratti desiderabili nei meli. Gli allevatori cercano caratteristiche come la resistenza alle malattie, la tolleranza allo stress climatico, la produttività e la qualità dei frutti. Incrociando varietà parentali con queste caratteristiche, possono creare nuove varietà con migliore resilienza e maggiore adattabilità alle mutevoli condizioni.

Selezione basata su marcatori genetici

I progressi nella genomica consentono ai coltivatori di utilizzare marcatori genetici per identificare i geni associati a tratti specifici nei meli. Questo approccio, noto come selezione basata sui marcatori, consente una selezione più precisa ed efficiente delle varietà resilienti. Prendendo di mira i marcatori associati alla resistenza alle malattie o alla tolleranza allo stress, i coltivatori possono accelerare il processo di selezione e sviluppare varietà più adatte alle mutevoli condizioni ambientali.

Selezione partecipativa

La selezione partecipativa prevede una stretta collaborazione tra allevatori, agricoltori e comunità locali nel processo di selezione delle varietà di mele. Gli agricoltori forniscono feedback sulle caratteristiche desiderate della varietà, in base alla loro esperienza pratica nei frutteti. Questo approccio consente di sviluppare varietà più adatte alle esigenze di produttori e consumatori, rafforzando al tempo stesso l'impegno della comunità e la resilienza dei sistemi agricoli locali.

Valutazione sul campo

La valutazione sul campo è un passo cruciale nel processo di selezione dei meli resilienti. Le varietà candidate vengono piantate in frutteti di prova dove vengono valutate la crescita, la resa, la resistenza alle malattie e la qualità dei frutti. I dati raccolti sul campo aiutano i selezionatori a identificare le varietà più promettenti per l'ulteriore commercializzazione.

Questo approccio garantisce che le varietà selezionate siano ben adattate alle condizioni locali e soddisfino le esigenze degli agricoltori e dei consumatori.

Utilizzo della biodiversità

La biodiversità delle mele fornisce un'importante fonte di variabilità genetica che può essere sfruttata nella selezione di varietà resilienti. I programmi di conservazione delle risorse genetiche aiutano a preservare varietà antiche e rare, che possono presentare tratti unici di resistenza alle malattie o tolleranza allo stress. Utilizzando questa diversità genetica, i selezionatori possono sviluppare varietà nuove e migliorate che contribuiscono alla sostenibilità e alla resilienza dei sistemi agricoli.

Integrazione della resilienza ecologica

Nel processo di selezione dei meli resilienti è fondamentale considerare i principi della resilienza ecologica. Ciò include la promozione della diversità genetica, la creazione di paesaggi agroforestali multifunzionali e l'implementazione di pratiche di gestione delle colture sostenibili che promuovano ecosistemi agricoli sani. Integrando questi principi, i selezionatori possono contribuire a sviluppare la resilienza dei meli e sostenere la sostenibilità a lungo termine dei sistemi agricoli.

Capitolo 115: Riproduzione di meli in laboratorio

La selezione in laboratorio dei meli è una tecnica avanzata utilizzata per produrre piantine di alta qualità, esenti da malattie e geneticamente uniformi. Questo metodo, noto anche come micropropagazione, consente la moltiplicazione rapida di cloni di meli selezionati per le loro caratteristiche desiderabili. Ecco una panoramica dei diversi passaggi e tecniche utilizzate nella riproduzione dei meli in laboratorio:

Selezione dei materiali vegetali

Il processo di allevamento dei meli in laboratorio inizia con la selezione di materiali vegetali di alta qualità. I tessuti vegetali vengono raccolti da meli madri sani e vigorosi, idealmente scelti per le loro desiderabili caratteristiche agronomiche e orticole. Questi tessuti includono tipicamente meristemi apicali, gemme ascellari o segmenti staminali.

Superficie di sterilizzazione

Una volta raccolti, i tessuti vegetali vengono sottoposti ad una superficie di sterilizzazione per eliminare ogni contaminazione microbica. Questo passaggio è fondamentale per garantire il successo della coltura in vitro. I tessuti vengono trattati con agenti disinfettanti come ipoclorito di sodio o etanolo e poi risciacquati ripetutamente con acqua sterile per rimuovere i residui chimici.

Coltura in vitro

I tessuti vegetali sterilizzati vengono poi posti in un terreno di coltura nutriente, solitamente sotto forma di gel di agar, contenente sali minerali, vitamine, ormoni della crescita e zuccheri. Questo ambiente fornisce ai tessuti i nutrienti necessari per la loro crescita e sviluppo. Le colture vengono mantenute in condizioni controllate di temperatura, umidità e luce per favorire la moltiplicazione cellulare e la formazione di nuovi organi vegetali.

Moltiplicazione e rigenerazione

Nella coltura in vitro, i meristemi apicali o le gemme ascellari si moltiplicano per formare germogli avventizi. Questi germogli vengono poi rigenerati per produrre piantine complete. La moltiplicazione cellulare è stimolata dall'aggiunta di specifici ormoni della crescita al terreno di coltura, mentre la differenziazione dei tessuti in radici, steli e foglie è controllata da specifiche combinazioni di ormoni.

Indurimento e acclimatazione

Una volta rigenerate, le piantine vengono rimosse dalla coltura in vitro e poste in condizioni di indurimento per prepararle al passaggio all'ambiente esterno. Questa fase prevede una graduale riduzione dell'umidità e un aumento dell'esposizione alla luce e all'aria. Le piantine indurite vengono poi trapiantate in vasi o vassoi da vivaio e poste in serre o vivai per l'acclimatazione finale prima di essere piantate in campo.

Vantaggi della riproduzione in laboratorio

La riproduzione dei meli in laboratorio presenta numerosi vantaggi rispetto ai metodi tradizionali di propagazione delle piante. Permette una rapida produzione di piantine in grandi quantità, indipendentemente dalle stagioni e dalle condizioni climatiche. Inoltre, offre un controllo preciso sulla qualità e sulla purezza genetica delle piante prodotte, riducendo così i rischi di malattie e infezioni virali. Infine, aiuta a mantenere il vigore e la vitalità dei cloni selezionati per le loro desiderabili caratteristiche agronomiche e orticole.

Capitolo 116: Meli e innovazioni agronomiche

I meli, in quanto coltura frutticola importante, beneficiano costantemente dei progressi dell'innovazione agronomica. Questi progressi mirano a migliorare la produttività, la sostenibilità e la resilienza dei meleti di fronte alle sfide climatiche, ambientali ed economiche. Ecco una panoramica delle principali innovazioni agronomiche applicate al melo:

Tecniche di coltivazione intensiva

Le tecniche di coltivazione intensive, come l'elevata densità di impianto e l'uso di sistemi a traliccio, ottimizzano l'uso dello spazio e delle risorse nei meleti. Piantando alberi più vicini tra loro e facendoli crescere su tralicci o fili, gli agricoltori possono aumentare la resa per ettaro facilitando al tempo stesso la gestione e la raccolta dei frutti.

Irrigazione e gestione delle acque

L'irrigazione precisa e la gestione efficiente dell'acqua sono essenziali per mantenere la salute e la produttività dei meli, soprattutto nelle regioni soggette a siccità. I moderni sistemi di irrigazione, come l'irrigazione a goccia e i sensori di umidità del suolo, consentono una distribuzione precisa dell'acqua in base alle esigenze degli alberi, riducendo gli sprechi e promuovendo una crescita sana.

Genetica e selezione delle piante

I programmi di selezione vegetale e di genetica delle mele mirano a sviluppare varietà resistenti a malattie, parassiti e stress ambientali, pur presentando gusto e qualità commerciali superiori. Utilizzando tecniche come la selezione assistita da marcatori e la biologia molecolare, i coltivatori possono accelerare il processo di sviluppo di nuove varietà su misura per le esigenze di coltivatori e consumatori.

Protezione delle colture e gestione dei parassiti

I progressi nella protezione delle colture e nelle tecniche di gestione dei parassiti stanno contribuendo a ridurre l'uso di pesticidi e a promuovere pratiche agricole sostenibili. Metodi alternativi come il controllo biologico, i feromoni che disturbano l'accoppiamento e le tecniche di controllo integrato dei parassiti aiutano a tenere sotto controllo le popolazioni di parassiti preservando la biodiversità e la salute dell'ecosistema.

Gestione della nutrizione e fecondazione

Una gestione efficace della nutrizione e della fertilizzazione è essenziale per garantire una crescita ottimale e una produzione di alta qualità nei meleti. L'analisi fogliare, la fertirrigazione e l'uso di fertilizzanti a rilascio controllato consentono agli agricoltori di fornire agli alberi i nutrienti essenziali in modo equilibrato e adattato alle loro esigenze durante tutto il ciclo di crescita.

Sorveglianza e tecnologie digitali

Le tecnologie digitali, come droni, sensori e software di gestione agricola, offrono nuove opportunità per monitorare e ottimizzare la gestione dei meleti. Questi strumenti consentono agli agricoltori di raccogliere dati sulla salute degli alberi, sulle condizioni meteorologiche, sui livelli di acqua e nutrienti e di utilizzare queste informazioni per prendere decisioni informate e migliorare rese e redditività.

Formazione e istruzione

Formare ed educare gli agricoltori sulle ultime innovazioni agronomiche è essenziale per promuoverne l'adozione e l'integrazione nelle pratiche agricole esistenti. Programmi di formazione sul campo, seminari tecnici ed eventi di sensibilizzazione forniscono agli agricoltori le competenze e le conoscenze necessarie per implementare con successo nuove tecnologie e tecniche nelle loro aziende agricole.

Capitolo 117: Le sfide della coltivazione sostenibile delle mele

La coltivazione sostenibile delle mele deve affrontare diverse sfide che richiedono attenzione e soluzioni adeguate per garantire la sostenibilità a lungo termine di questo raccolto di frutta essenziale.

Cambiamenti climatici

Il cambiamento climatico rappresenta una delle maggiori sfide per la coltivazione delle mele. Temperature estreme, variazioni climatiche imprevedibili, siccità ed eventi meteorologici estremi possono avere un impatto significativo sulla crescita, sulla resa e sulla qualità dei frutti. Gli agricoltori devono attuare strategie di adattamento come l'utilizzo di varietà resistenti allo stress climatico, la gestione dell'acqua e l'adozione di pratiche agricole sostenibili per mitigare gli effetti negativi del cambiamento climatico sui meleti.

Malattie e parassiti

Malattie e parassiti rappresentano una sfida costante per la coltivazione sostenibile delle mele. Malattie come la ticchiolatura, il marciume dei frutti e la peronospora batterica possono causare danni significativi alle colture e ridurre i raccolti. Allo stesso modo, parassiti come la tignola, gli afidi e gli acari possono causare danni ai frutti e alle foglie, richiedendo una gestione efficace per ridurre al minimo le perdite di raccolto. Gli agricoltori devono attuare pratiche integrate di gestione delle malattie e dei parassiti, combinando metodi biologici, colturali e chimici per mantenere la salute dei meleti in modo sostenibile.

Pressioni ambientali

La coltivazione delle mele è soggetta a crescenti pressioni ambientali come il degrado del suolo, l'inquinamento dell'aria e dell'acqua e la perdita di biodiversità. Queste pressioni possono compromettere la salute dei meleti e incidere sulla qualità dei frutti prodotti. Gli agricoltori dovrebbero adottare pratiche agricole sostenibili come la conservazione del suolo, la riduzione dell'uso di pesticidi e fertilizzanti chimici e la promozione della biodiversità nei frutteti per ridurre al minimo l'impatto sull'ambiente e garantire la sostenibilità a lungo termine della coltivazione delle mele.

Gestione delle risorse

Una gestione efficiente delle risorse come acqua, suolo ed energia è essenziale per una coltivazione sostenibile delle mele. Pratiche di irrigazione efficienti, conservazione del suolo, gestione dei rifiuti e uso razionale dell'energia sono tutte considerazioni importanti per gli agricoltori. Adottando pratiche di gestione sostenibile delle risorse, gli agricoltori possono ridurre al minimo il proprio impatto ambientale e migliorare l'efficienza e la redditività delle loro aziende agricole.

Mercati e consumi

Anche le tendenze del mercato e le preferenze dei consumatori possono rappresentare sfide per la coltivazione sostenibile delle mele. Per rimanere competitivi, gli agricoltori devono essere attenti alle mutevoli richieste del mercato e agli standard di qualità e sicurezza alimentare. Allo stesso modo, educare i consumatori sui vantaggi dei prodotti a base di mele locali, sostenibili e stagionali può aiutare a promuovere una coltivazione delle mele più sostenibile ed equa.

Innovazione e collaborazione

Di fronte a queste sfide, l'innovazione e la collaborazione sono essenziali per trovare soluzioni sostenibili per la coltivazione delle mele. Agricoltori, ricercatori, responsabili politici e parti interessate del settore devono lavorare insieme per sviluppare e promuovere pratiche agricole sostenibili, varietà resilienti e politiche ambientali favorevoli. Investendo nella ricerca, nell'istruzione e nello sviluppo delle capacità, è possibile superare le sfide della coltivazione sostenibile delle mele e promuovere un'agricoltura più resiliente, equa e rispettosa dell'ambiente.

Capitolo 118: Meli ed ecosistemi urbani

La presenza dei meli negli ecosistemi urbani apporta numerosi benefici ecologici, sociali ed economici, contribuendo alla qualità della vita dei residenti e alla sostenibilità delle città.

Biodiversità e Habitat

I meli forniscono l'habitat e una fonte di cibo per una varietà di specie animali, tra cui uccelli, insetti impollinatori e piccoli mammiferi. I loro fiori attirano api e altri impollinatori, contribuendo così alla biodiversità urbana e alla salute degli ecosistemi locali.

Migliore qualità dell'aria

Gli alberi, compresi i meli, svolgono un ruolo fondamentale nel migliorare la qualità dell'aria assorbendo anidride carbonica e producendo ossigeno. Il loro fogliame agisce come un filtro naturale, catturando particelle fini, inquinanti atmosferici e gas nocivi, contribuendo a ridurre l'inquinamento atmosferico e a migliorare la salute dei residenti delle città.

Riduzione dell'Isola di Calore Urbana

Meli e altri alberi forniscono ombra e aiutano a ridurre le temperature negli ambienti urbani, contribuendo ad alleviare l'effetto isola di calore urbana. La loro presenza aiuta a regolare la temperatura locale, fornendo sollievo durante i periodi di caldo estremo e contribuendo a creare ambienti urbani più confortevoli e resilienti.

Gestione dell'acqua piovana

Gli alberi, compresi i meli, svolgono un ruolo importante nella gestione delle acque piovane assorbendo l'acqua dal terreno e riducendo il deflusso. Le loro radici aiutano a prevenire l'erosione del suolo e a ricaricare le falde acquifere, contribuendo a mitigare i rischi di inondazioni e a proteggere la qualità dell'acqua negli ecosistemi urbani.

Legami sociali e comunitari

I frutteti di mele negli spazi urbani possono servire come luoghi per incontri comunitari e incontri sociali. Forniscono ai residenti locali un luogo in cui connettersi con la natura, coltivare cibo fresco, partecipare ad attività di giardinaggio e rafforzare le connessioni sociali all'interno della comunità.

Educazione e consapevolezza

I meleti urbani offrono anche opportunità di educazione ambientale e consapevolezza della natura. Possono fungere da risorse educative per le scuole locali, le organizzazioni comunitarie e i programmi di sensibilizzazione ambientale, contribuendo a educare i residenti urbani sull'importanza della biodiversità, della sostenibilità alimentare e della conservazione delle risorse naturali.

Conclusione

In sintesi, i meli svolgono un ruolo vitale negli ecosistemi urbani, fornendo una moltitudine di benefici ecologici, sociali ed economici. La loro presenza aiuta a creare ambienti urbani più sostenibili, resilienti e vivibili per gli abitanti delle città, rafforzando la connessione tra uomo e natura nei cambiamenti degli ambienti urbani.

Capitolo 119: Il futuro dei meli: prospettive e innovazioni

Il futuro dei meli è luminoso, con molte prospettive e innovazioni che plasmano il futuro di questo raccolto di frutta essenziale.

Adattamento ai cambiamenti climatici

Di fronte alle sfide poste dai cambiamenti climatici, il futuro dei meli implica un continuo adattamento per rispondere alle mutevoli condizioni climatiche. Ciò include lo sviluppo di nuove varietà di meli resistenti allo stress climatico, in grado di prosperare in condizioni più calde, secche o più variabili.

Tecnologie Agronomiche Avanzate

Le tecnologie agronomiche avanzate giocheranno un ruolo cruciale nel futuro del melo. Innovazioni come la biotecnologia, la genomica, l'agricoltura di precisione e l'intelligenza artificiale consentiranno agli agricoltori di migliorare la produttività, la qualità e la sostenibilità dei loro meleti.

Sostenibilità e pratiche agricole rispettose dell'ambiente

La sostenibilità sarà al centro del futuro dei meli. Pratiche agricole rispettose dell'ambiente, come il controllo biologico, la conservazione del suolo, la gestione dell'acqua e la riduzione degli input chimici, saranno sempre più adottate per promuovere la salute dell'ecosistema, la biodiversità e la resilienza dei meleti.

Adattamento alle esigenze dei consumatori

Il futuro dei meli implica anche l'adattamento alle mutevoli esigenze e preferenze dei consumatori. Le varietà di meli saranno selezionate per le loro qualità gustative, aspetto, valore nutrizionale e durata di conservazione, al fine di soddisfare le richieste del mercato e le aspettative dei consumatori.

Collaborazione e innovazione

La collaborazione e l'innovazione saranno fondamentali per dare forma al futuro dei meli. I partenariati tra ricercatori, agricoltori, industria e responsabili politici faciliteranno lo sviluppo e l'adozione di nuove tecnologie, pratiche e politiche volte a promuovere una coltivazione delle mele più sostenibile, resiliente e innovativa.

Valorizzazione dei prodotti derivati dal melo

Infine, il futuro del melo passa attraverso una maggiore valorizzazione dei prodotti derivati dal melo. Le innovazioni nella lavorazione, conservazione e commercializzazione delle mele e dei loro derivati, come sidro, succhi di frutta, composte e prodotti dolciari, apriranno nuove opportunità economiche per i produttori di mele.

In breve, il futuro dei meli è promettente, con prospettive e innovazioni che mirano a rafforzare la sostenibilità, la resilienza e la prosperità di questa iconica coltura da frutto.

Capitolo 120: La biologia floreale dei meli

La biologia floreale dei meli è affascinante e complessa e influenza direttamente l'impollinazione, la fruttificazione e la produzione di frutti di questa iconica coltura da frutto.

Struttura del fiore

I fiori del melo sono ermafroditi, nel senso che hanno sia organi maschili (stami) che organi femminili (pistillo) all'interno dello stesso fiore. Il fiore del melo è composto da cinque sepali, cinque petali, numerosi stami e un pistillo centrale.

Ciclo vitale

Il ciclo vitale dei fiori di melo inizia con la fioritura primaverile, quando i boccioli si trasformano in fiori. I fiori dei meli sono solitamente bianchi o rosa e le loro fioriture sono spesso spettacolari, creando paesaggi incantevoli nei frutteti.

Impollinazione

L'impollinazione dei fiori di melo è essenziale per la formazione dei frutti. I fiori sono impollinati da insetti, principalmente api, che raccolgono nettare e polline dai fiori mentre li fecondano. Una buona impollinazione è necessaria per garantire una resa ottimale e una fruttificazione uniforme.

Autofecondazione e incrocio

Sebbene i meli siano generalmente autofertili, alcune varietà sono parzialmente o completamente autoincompatibili, nel senso che richiedono la presenza di altre varietà compatibili per garantire l'impollinazione incrociata e un'efficace fruttificazione.

Sviluppo dei frutti

Una volta impollinato, il fiore del melo si trasforma in frutto. Il pistillo fecondato si sviluppa per formare il frutto, mentre i petali e i sepali cadono. Il frutto della mela inizia a svilupparsi e maturare nel corso delle settimane, fino a quando non è pronto per essere raccolto a maturazione.

Variabilità genetica

La biologia floreale del melo contribuisce alla variabilità genetica di questa specie. Gli incroci tra diverse varietà di meli creano nuove varietà con caratteristiche agronomiche e orticole desiderabili, come resistenza alle malattie, sapore, consistenza e colore del frutto.

Sensibilità alle condizioni ambientali

La fioritura e la fruttificazione dei meli sono sensibili alle condizioni ambientali, come temperatura, umidità e precipitazioni. Le condizioni meteorologiche al momento della fioritura possono influenzare la qualità e la quantità del raccolto, rendendo la biologia floreale dei meli particolarmente importante per gli agricoltori.

In sintesi, la biologia floreale del melo svolge un ruolo fondamentale nell'impollinazione, nella fruttificazione e nella produzione di frutti di questo iconico raccolto di frutta. La sua comprensione è fondamentale per garantire una resa ottimale, una qualità superiore dei frutti e la sostenibilità a lungo termine dei meleti.

Capitolo 121: Processo di impollinazione nei meli

L'impollinazione dei meli è un processo complesso e vitale che garantisce la produzione di frutti nei frutteti. Comprendere questo processo è essenziale per garantire rese ottimali e una fruttificazione efficiente.

Progresso dell'impollinazione

L'impollinazione dei meli inizia quando i fiori sbocciano in primavera. Le api e altri insetti impollinatori visitano i fiori in cerca di nettare e polline. Muovendosi tra i fiori, gli insetti trasportano il polline dagli stami agli stimmi dei pistilli, permettendo la fecondazione degli ovuli.

Importanza degli insetti impollinatori

Le api domestiche e selvatiche sono i principali impollinatori dei meli. Il loro ruolo è fondamentale perché garantiscono un'impollinazione e una fecondazione efficaci dei fiori. Senza impollinazione, i fiori non possono produrre frutti vitali, il che porta a una scarsa fruttificazione e a rese ridotte.

Fattori che influenzano l'impollinazione

Diversi fattori possono influenzare il processo di impollinazione nei meli. Le condizioni meteorologiche, come temperatura e umidità, possono influenzare l'attività degli impollinatori e la disponibilità di polline. Inoltre, la vicinanza e la diversità delle varietà di mele nel frutteto possono influenzare l'impollinazione incrociata e la fruttificazione.

Autofecondazione e incrocio

Sebbene i meli siano generalmente autofertili, alcune cultivar sono parzialmente o completamente autoincompatibili, richiedendo la presenza di altre varietà compatibili per una riuscita impollinazione incrociata. Pertanto, la selezione e la disposizione delle varietà di mele nel frutteto è importante per garantire un'impollinazione efficiente e la massima fruttificazione.

Gestione dell'impollinazione

Gli agricoltori possono adottare misure per promuovere l'impollinazione nei loro meleti. Ciò può includere la creazione di habitat favorevoli agli impollinatori, come aree di fiori selvatici e rifugi, nonché la riduzione dell'uso di pesticidi che possono danneggiare le popolazioni di api e altri impollinatori.

Monitoraggio e valutazione

È importante che gli agricoltori monitorino attentamente il processo di impollinazione e valutino il successo della fruttificazione nei loro frutteti. Ciò consente loro di identificare i fattori che influenzano l'impollinazione e apportare le modifiche necessarie per ottimizzare i raccolti e la qualità dei frutti.

In sintesi, il processo di impollinazione nei meli è un elemento chiave della produzione di frutta, che richiede una comprensione approfondita e una gestione efficace per garantire raccolti abbondanti e di alta qualità.

Capitolo 122: Formazione del frutto: dal germoglio alla mela

Il processo di formazione dei frutti nei meli è un viaggio affascinante che inizia ben prima della fioritura e continua fino alla maturazione delle mele.

Fase preparatoria

Tutto inizia in primavera, quando i boccioli dei meli iniziano a gonfiarsi e svilupparsi. All'interno di ogni gemma si trovano le strutture floreali che daranno origine ai fiori. Questi germogli sono essenziali per la formazione dei frutti perché contengono i meccanismi necessari per produrre fiori e futuri frutti.

Fioritura

Quando le condizioni sono ottimali, i boccioli si aprono per rivelare magnifici fiori. Questi fiori attirano gli insetti impollinatori con il loro nettare e polline. Quando i fiori vengono impollinati, gli ovuli all'interno del pistillo iniziano a svilupparsi e si trasformano in embrioni di frutti.

Fecondazione e sviluppo dei frutti

La fecondazione avviene quando i granelli di polline raggiungono lo stigma del pistillo e fecondano gli ovuli. Da lì inizia a svilupparsi il pistillo per formare il frutto, mentre i petali e i sepali cadono. Il frutto comincia a prendere forma, con lo sviluppo della polpa, dei semi e della buccia.

Crescita e maturazione

Nel corso delle settimane, il frutto continua a svilupparsi e maturare. La crescita è alimentata dalle sostanze nutritive dell'albero e dall'acqua assorbita dalle radici. Durante questo periodo la buccia del frutto cambia colore e il suo sapore si sviluppa. Una volta mature, le mele sono pronte per essere raccolte e gustate.

Fattori influenti

Diversi fattori possono influenzare la formazione dei frutti nei meli. Le condizioni meteorologiche, come temperatura e umidità, possono influenzare il processo di fioritura e la fecondazione. Allo stesso modo, anche la disponibilità di insetti impollinatori e la salute dell'albero possono svolgere un ruolo cruciale nella formazione dei frutti.

Monitoraggio e cura

Gli agricoltori monitorano attentamente il processo di formazione dei frutti e forniscono cure adeguate per ottimizzare la resa e la qualità delle mele. Ciò può includere la gestione delle malattie e dei parassiti, un'adeguata fertilizzazione, un'irrigazione adeguata e la potatura regolare degli alberi per promuovere una crescita sana e un'abbondante produzione di frutti.

In sintesi, la formazione dei frutti nei meli è un processo complesso e dinamico che richiede tempo, cura e condizioni favorevoli per produrre mele succulente e deliziose.

Capitolo 123: I diversi colori e texture delle mele

Le mele sono disponibili in una sorprendente varietà di colori e consistenze, che le rendono non solo deliziose da mangiare ma anche visivamente accattivanti e diverse.

Colori

Le mele possono essere rosse, gialle, verdi o una combinazione di questi colori. Ogni varietà ha la sua tonalità distintiva, che va dal rosso intenso al giallo vibrante fino alle sottili sfumature del verde. Alcune cultivar presentano anche chiazze o striature che ne aumentano il fascino visivo.

Struttura della pelle

Anche la consistenza della buccia della mela varia da varietà a varietà. Alcune mele hanno la buccia liscia e lucida, mentre altre hanno la buccia leggermente ruvida o opaca. La struttura può anche essere influenzata da fattori quali il grado di maturità, la stagione di crescita e le condizioni di crescita.

Struttura della carne

La polpa della mela può essere croccante e succosa, come nel caso delle varietà Fuji e Honeycrisp, oppure più tenera e fondente, come nel caso delle varietà McIntosh e Golden Delicious. La consistenza della polpa può variare anche a seconda del tempo di conservazione e del metodo di conservazione.

Sapori

Oltre alle differenze di colore e consistenza, le mele presentano anche una vasta gamma di sapori. Alcune varietà sono delicate e dolci, con sentori di miele o caramello, mentre altre sono più piccanti o aspre, fornendo un delizioso contrasto. Il sapore può anche essere influenzato da fattori quali il contenuto di zucchero, l'acidità e i composti aromatici presenti nella mela.

Usi culinari

I diversi colori e consistenze delle mele le rendono versatili in cucina. Le mele croccanti e succose sono ideali da mangiare crude, le varietà più morbide sono perfette per cuocere torte, composte e torte, mentre le mele aspre aggiungono un tocco fresco alle insalate e ai piatti salati.

Apprezzamento visivo

Oltre al loro gusto delizioso, le mele offrono anche una piacevole esperienza visiva. I loro colori vivaci e le forme variegate aggiungono bellezza a qualsiasi piatto o composizione di frutta, rendendo le mele un elemento popolare nella decorazione e nella presentazione del cibo.

In breve, i diversi colori e consistenze delle mele si aggiungono al loro fascino visivo e alla diversità del gusto, rendendo questo frutto iconico una vera meraviglia della natura.

Capitolo 124: La composizione chimica delle mele

La composizione chimica delle mele è notevolmente complessa e ogni componente contribuisce al loro sapore, consistenza e benefici per la salute.

Acqua

Le mele sono composte principalmente da acqua, che conferisce loro la consistenza succosa e croccante. In media, una mela è composta per l'85% da acqua, il che la rende un frutto idratante e rinfrescante.

Carboidrati

I carboidrati sono una componente importante delle mele, principalmente sotto forma di zuccheri semplici come fruttosio, glucosio e saccarosio. Questi zuccheri contribuiscono al sapore dolce delle mele e forniscono una fonte naturale di energia.

Fibre

Le mele sono ricche di fibre alimentari, principalmente sotto forma di cellulosa, pectina ed emicellulosa. La fibra contribuisce alla consistenza croccante delle mele ed è benefica per la salute dell'apparato digerente favorendo il transito intestinale e regolando i livelli di colesterolo.

Acidi organici

Le mele contengono una varietà di acidi organici, come acido malico, acido citrico e acido tartarico. Questi acidi contribuiscono al sapore aspro delle mele e svolgono un ruolo nel preservare la frutta inibendo la crescita dei batteri.

Vitamine e minerali

Le mele sono una buona fonte di vitamine e minerali essenziali, tra cui vitamina C, vitamina K, potassio e magnesio. Questi nutrienti sono importanti per la salute immunitaria, la coagulazione del sangue, la salute delle ossa e la regolazione della pressione sanguigna.

Antiossidanti

Le mele sono ricche di antiossidanti, come flavonoidi, polifenoli e composti fenolici. Queste sostanze proteggono le cellule dai danni causati dai radicali liberi, riducono l'infiammazione e possono aiutare a prevenire alcune malattie croniche, come le malattie cardiovascolari e il cancro.

Composti volatili

Le mele contengono anche una serie di composti volatili che contribuiscono al loro aroma caratteristico. Questi composti si formano dalla scomposizione di lipidi, carboidrati e acidi organici durante il processo di maturazione e conservazione delle mele.

In sintesi, la complessa composizione chimica delle mele le rende un frutto versatile e nutriente, che offre una serie di benefici per la salute e una varietà di sapori e consistenze per soddisfare ogni palato.

Capitolo 125: Studi fitosanitari sui meli

Gli studi sulla salute delle piante dei meli sono essenziali per garantire la salute e la produttività di questi preziosi alberi da frutto. Implicano la valutazione di malattie, parassiti e condizioni ambientali che possono influenzare la crescita e la resa dei meli.

Malattie

I ricercatori studiano le malattie che colpiscono i meli, come la ticchiolatura, il marciume dei frutti, la malattia del marciume apicale e la ruggine delle foglie. Queste malattie possono causare danni significativi agli alberi e ridurre la qualità e la quantità del raccolto. Gli studi fitosanitari mirano a comprendere le cause, la diffusione e le modalità di controllo di queste malattie per proteggere i meleti.

Parassiti

Anche i parassiti come afidi, acari, carapace e mosche della sega possono mettere a rischio la salute dei meli. I ricercatori studiano i cicli di vita, i comportamenti e le preferenze alimentari di questi parassiti per sviluppare strategie di controllo efficaci, come l'uso di insetticidi naturali o tecniche di controllo biologico.

Resistenza e tolleranza

Gli studi sulla salute delle piante del melo includono anche ricerche sulla resistenza e sulla tolleranza degli alberi alle malattie e ai parassiti. I ricercatori selezionano e sviluppano varietà di meli che sono geneticamente resistenti a determinate malattie o che hanno una maggiore tolleranza alle condizioni ambientali avverse.

Sorveglianza e Prevenzione

Il monitoraggio regolare dei meleti è una componente importante degli studi fitosanitari. Agricoltori e ricercatori osservano i segni di malattie e parassiti, come macchie sulle foglie, deformità dei frutti o colonie di insetti, per intervenire rapidamente e prevenire la diffusione dei problemi.

Gestione integrata di parassiti e malattie

Gli studi fitosanitari sui meli incoraggiano anche l'adozione di pratiche integrate di gestione dei parassiti e delle malattie. Ciò include l'uso giudizioso di insetticidi e fungicidi, la rotazione delle colture, la promozione della biodiversità nei frutteti e l'adozione di tecniche di controllo biologico per ridurre la dipendenza dalle sostanze chimiche.

Sostenibilità e Resilienza

In definitiva, gli studi sulla salute delle piante di mele mirano a promuovere la sostenibilità e la resilienza dei frutteti di mele. Comprendendo e gestendo in modo efficace malattie, parassiti e fattori ambientali, gli agricoltori possono mantenere la salute a lungo termine dei loro alberi e garantire una produzione di frutta stabile e di alta qualità.

Capitolo 126: Malattie fungine dei meli

I meli, come molte altre piante, sono vulnerabili a varie malattie fungine che possono influenzarne la crescita, la produttività e la qualità dei frutti. Comprendere queste malattie e i metodi di gestione è fondamentale per i frutticoltori.

Crosta di mela

La crosta è una delle malattie fungine più comuni e distruttive dei meli. Causata dal fungo Venturia inaequalis, appare come macchie scure e vellutate su foglie, frutti e talvolta su giovani germogli. Queste macchie possono deformare i frutti, rendendoli invendibili. La crosta prospera in condizioni umide e fresche, rendendo essenziali il monitoraggio del clima e i trattamenti preventivi.

Oidio

L'oidio, causato dalla Podosphaera leucotricha, si presenta come una polvere bianca su foglie, germogli e frutti giovani. Influisce sulla fotosintesi e può causare una significativa riduzione del vigore degli alberi e della produzione di frutti. La malattia prospera particolarmente in condizioni di caldo e umidità moderati. Le tecniche di potatura per migliorare la circolazione dell'aria e i trattamenti fungicidi possono aiutare a controllare l'oidio.

Ruggine

La ruggine delle mele, causata da diverse specie di funghi del genere Gymnosporangium, mostra sintomi di macchie arancioni su foglie e frutti. Questa malattia necessita di due ospiti per completare il suo ciclo vitale: il melo e un cedro o un ginepro. Infezioni gravi possono portare alla defogliazione precoce e alla perdita di vigore dell'albero. Gestire la ruggine spesso comporta la rimozione di ospiti alternativi nelle vicinanze e l'applicazione di fungicidi in primavera.

Marciume radicale

Il marciume radicale, causato da diversi funghi del terreno come Armillaria e Phytophthora, è particolarmente insidioso perché attacca l'apparato radicale dei meli. I sintomi includono la morte dei rami, il fogliame rado e, nei casi più gravi, la morte dell'albero. Pratiche culturali come un buon drenaggio del terreno ed evitare lesioni alle radici possono aiutare a prevenire questa malattia. I trattamenti chimici sono spesso limitati e la gestione si basa principalmente sulla prevenzione e sulla sanificazione dei siti infetti.

Moniliosi

La moniliosi, detta anche marciume bruno, è causata dalla Monilinia fructigena. Colpisce fiori, rami e frutti, facendoli marcire. I frutti colpiti diventano marroni e presentano spore grigiastre. La gestione della moniliosi prevede la rimozione dei frutti mummificati e delle parti infette, nonché l'applicazione di fungicidi durante il periodo di fioritura e maturazione dei frutti.

Strategie di gestione

La gestione delle malattie fungine dei meli richiede un approccio integrato. Ciò include il monitoraggio regolare dei frutteti, l'applicazione di fungicidi appropriati, l'implementazione di pratiche colturali come la potatura per migliorare la circolazione dell'aria e la selezione di varietà di meli resistenti alle malattie. Anche l'igiene dei frutteti, compresa la rimozione delle foglie e dei frutti infetti, è fondamentale per ridurre la pressione delle malattie.

Le malattie fungine rappresentano una sfida importante per la coltivazione delle mele, ma con pratiche di gestione adeguate e un attento monitoraggio è possibile minimizzare il loro impatto e mantenere frutteti sani e produttivi.

Capitolo 127: Infezioni batteriche dei meli

Le infezioni batteriche possono causare danni significativi ai meli, influenzandone la crescita, la produttività e la qualità dei frutti. Tra le varie malattie batteriche, due delle più devastanti sono il fuoco batterico e il cancro batterico.

Fuoco batterico

Il fuoco batterico, causato dall'Erwinia amylovora, è una delle malattie batteriche più gravi del melo. Si manifesta come annerimento e avvizzimento di fiori, germogli e foglie, dando l'impressione di essere stati bruciati dal fuoco. Le infezioni gravi possono portare alla morte dei rami e, in alcuni casi, dell'intero albero. Il batterio si diffonde facilmente attraverso insetti, vento, pioggia e strumenti di potatura contaminati. La gestione del fuoco batterico si basa sulla rimozione e distruzione delle parti infette, sull'utilizzo di varietà resistenti e sull'applicazione di trattamenti chimici, come battericidi a base di rame, durante il periodo della fioritura.

Cancro batterico

Il cancro batterico, causato da Pseudomonas syringae, colpisce principalmente i rami e i tronchi dei meli, causando la formazione di cancri che trasudano linfa appiccicosa. Le infezioni possono anche portare alla necrosi dei tessuti e allo scolorimento delle foglie. Condizioni fredde e umide favoriscono lo sviluppo di questa malattia, che può diffondersi attraverso piaghe da potatura e ferite dovute agli agenti atmosferici. La prevenzione del cancro batterico comprende l'applicazione di trattamenti protettivi, come spray al rame in autunno e primavera, e la potatura degli alberi durante la stagione secca per prevenire la diffusione dei batteri.

Strategie di gestione

Il controllo delle infezioni batteriche nei meli richiede un approccio integrato e proattivo. Il monitoraggio regolare degli alberi per rilevare i primi segni di malattia è essenziale per un intervento rapido. L'uso di strumenti di potatura sterilizzati aiuta a prevenire la diffusione dei batteri. Inoltre, la selezione di varietà di mele resistenti alle infezioni batteriche può ridurre la suscettibilità dei frutteti a queste malattie.

Trattamenti chimici

L'applicazione di trattamenti chimici, come battericidi a base di rame, può aiutare a controllare le infezioni batteriche. Questi trattamenti vengono spesso applicati durante i periodi di maggiore sensibilità, come la fioritura e dopo la potatura. Tuttavia, l'uso eccessivo di sostanze chimiche può portare alla resistenza batterica, quindi è fondamentale seguire le raccomandazioni sul dosaggio e sulla rotazione dei prodotti.

Importanza della prevenzione

La prevenzione delle infezioni batteriche inizia con pratiche colturali adeguate. Fornire agli alberi una buona ventilazione e un'adeguata esposizione al sole può ridurre l'umidità eccessiva, un fattore chiave nello sviluppo di malattie batteriche. La rimozione dei detriti vegetali e delle foglie cadute può anche ridurre le fonti di inoculo batterico nel frutteto.

Impatto sulla produzione

Le infezioni batteriche possono avere un impatto significativo sulla produzione di mele, non solo riducendo la quantità di frutti raccolti, ma anche influenzandone la qualità. I frutti provenienti da alberi infetti possono presentare difetti estetici e una durata di conservazione ridotta, che possono influenzarne la commercializzazione e il prezzo di vendita.

Le infezioni batteriche rappresentano una sfida importante per i coltivatori di mele, ma con una gestione integrata e pratiche colturali attente è possibile minimizzare il loro impatto e mantenere frutteti di mele sani e produttivi.

Capitolo 128: Disinfestazione delle mele

Proteggere i meli dai parassiti è essenziale per garantirne la salute e la produttività. I parassiti possono causare danni considerevoli, influenzando la qualità dei frutti e il vigore degli alberi. Una gestione efficace dei parassiti combina metodi biologici, chimici e colturali per ridurre al minimo le perdite e mantenere i frutteti sani.

Identificazione dei parassiti

L'identificazione accurata dei parassiti è il primo passo per combatterli. I principali parassiti dei meli includono la carpocapsa (Cydia pomonella), l'afide grigio del melo (Dysaphis plantaginea), la tignola orientale della frutta (Grapholita molesta) e l'acaro rosso del melo (Panonychus ulmi). Ciascuno di questi parassiti ha caratteristiche distinte e cicli di vita specifici che richiedono strategie di gestione su misura.

Metodi biologici

I metodi biologici per controllare i parassiti delle mele implicano l'uso di predatori naturali, parassitoidi e agenti patogeni per controllare le popolazioni di parassiti. Ad esempio, le vespe parassitoidi come Trichogramma spp. sono usati per controllare la tignola della carpocapsa parassitando le loro uova. Coccinelle e merletti sono efficaci predatori contro gli afidi. Introdurre e mantenere questi nemici naturali nel frutteto può ridurre la necessità di trattamenti chimici e promuovere un ecosistema più equilibrato.

Metodi chimici

I trattamenti chimici rimangono una componente importante nella lotta contro i parassiti del melo, soprattutto in caso di gravi infestazioni. Insetticidi e acaricidi vengono utilizzati per controllare le popolazioni di parassiti, ma il loro utilizzo deve essere gestito con attenzione per evitare lo sviluppo di resistenze e impatti negativi sugli organismi benefici. L'alternanza delle sostanze chimiche e il rispetto dei tempi di sospensione sono pratiche fondamentali per mantenere l'efficacia dei trattamenti.

Pratiche culturali

Le pratiche colturali svolgono un ruolo cruciale nella prevenzione e nella gestione dei parassiti del melo. La rotazione delle colture, l'impianto di varietà resistenti e la gestione della chioma degli alberi per migliorare la circolazione dell'aria e la penetrazione della luce possono ridurre l'incidenza dei parassiti. La potatura regolare e la rimozione dei detriti vegetali e dei frutti caduti riducono al minimo i siti di riproduzione dei parassiti.

Monitoraggio e intervento precoce

Il monitoraggio regolare dei frutteti consente di rilevare rapidamente i primi segni di infestazione e di intervenire prima che le popolazioni di parassiti raggiungano livelli dannosi. Le trappole a feromoni e le osservazioni visive sono strumenti essenziali per monitorare i cicli di vita dei parassiti e pianificare i trattamenti in modo ottimale. L'intervento precoce è spesso più efficace e meno costoso rispetto alla gestione delle infestazioni avanzate.

Utilizzo dei feromoni

I feromoni svolgono un ruolo importante nel controllo di alcuni parassiti delle mele, inclusa la carpocapsa. Le trappole a feromoni attirano e catturano i maschi, riducendo le opportunità di riproduzione. Inoltre, i feromoni possono essere utilizzati per la tecnica della rottura dell'accoppiamento, che disorienta i maschi e impedisce la riproduzione dei parassiti.

Strategie integrate

Un approccio integrato combina diversi metodi di controllo per gestire i parassiti in modo sostenibile ed efficace. Ciò include l'uso giudiziosamente equilibrato di controlli biologici e chimici, pratiche colturali preventive e un monitoraggio costante. Adottando un approccio integrato, i coltivatori possono ridurre al minimo l'impatto ambientale, preservare la salute degli alberi e garantire una produzione di mele di alta qualità.

Il controllo dei parassiti delle mele richiede una conoscenza approfondita dei cicli di vita dei parassiti e delle interazioni ecologiche nel frutteto. Attraverso una gestione proattiva e integrata è possibile proteggere i frutteti promuovendo al contempo un ambiente sostenibile e produttivo.

Capitolo 129: Virus che colpiscono i meli

I virus rappresentano una minaccia significativa per i meli, influenzandone la crescita, la produttività e la qualità dei frutti. Questi agenti patogeni invisibili possono causare malattie devastanti, con conseguenti perdite economiche significative per i produttori. Comprendere i diversi tipi di virus, le loro modalità di trasmissione e i metodi di gestione è fondamentale per mantenere i frutteti sani e produttivi.

Tipi di virus Apple

Diversi virus colpiscono i meli, ciascuno causando sintomi distinti. Tra i più comuni ci sono:

Apple Mosaic Virus (ApMV): questo virus provoca chiazze gialle e verdi sulle foglie, che possono ridurre la fotosintesi e indebolire l'albero.

Apple Stem Grooving Virus (ASGV): provoca striature e crepe su tronchi e rami, che possono portare a rotture e scarsa crescita.

Virus delle macchie clorotiche delle mele (ACLSV): responsabile delle macchie clorotiche sulle foglie e della deformazione dei frutti, colpisce la qualità delle mele.

Apple Stem Pitting Virus (ASPV): provoca cavità e depressioni su tronchi e rami, indebolendo gli alberi e riducendone la produttività.

Metodi di trasmissione

I virus della mela si diffondono principalmente per via vegetativa, come marze e portinnesti infetti. Anche strumenti di potatura non disinfettati e pratiche colturali inadeguate possono favorire la trasmissione di virus. Alcuni virus possono essere trasmessi anche da vettori biologici, come insetti e nematodi, anche se questo è meno comune per i meli.

Sintomi e diagnosi

La diagnosi precoce delle infezioni virali è essenziale per una gestione efficace della malattia. I sintomi più comuni includono chiazze, macchie clorotiche, distorsioni di foglie e frutti, crepe e striature su tronchi e rami. Una diagnosi accurata spesso richiede test di laboratorio, come

ELISA (saggio immunoassorbente legato all'enzima) e PCR (reazione a catena della polimerasi), per identificare la presenza specifica di virus.

Metodi di gestione

La gestione dei virus del melo si basa su un approccio preventivo e integrato. Ecco alcune strategie chiave:

Utilizzo di materiale sano: L'utilizzo di marze e portinnesti certificati esenti da virus è fondamentale per prevenire l'introduzione di malattie nel frutteto.

Disinfezione degli strumenti: la sterilizzazione regolare degli strumenti di potatura e innesto aiuta a ridurre il rischio di trasmissione del virus.

Monitoraggio ed eradicazione: il monitoraggio regolare degli alberi per rilevare i primi segni di malattia e la rapida eradicazione degli alberi infetti possono limitare la diffusione del virus.

Scelta della varietà: piantare varietà resistenti ai virus può aiutare a ridurre l'impatto delle malattie virali sulla produzione di mele.

Pratiche colturali: mantenere una buona igiene del frutteto, evitare danni meccanici agli alberi e controllare i potenziali vettori aiuta a prevenire le infezioni virali.

Impatto economico e ambientale

Le infezioni virali possono avere un impatto economico significativo sui coltivatori di mele. La riduzione della crescita degli alberi e della qualità dei frutti porta a perdite di rendimento e influisce sulla redditività dei frutteti. Inoltre, la gestione delle malattie virali richiede investimenti in test diagnostici, sostituzione di alberi infetti e attuazione di misure preventive.

Dal punto di vista ambientale, la lotta contro i virus del melo promuove pratiche agricole sostenibili. Utilizzando metodi di gestione integrata, i coltivatori possono ridurre la dipendenza dalle sostanze chimiche e promuovere la salute generale dell'ecosistema del frutteto.

I virus Apple rappresentano una sfida importante per i coltivatori, ma con una gestione proattiva e integrata è possibile minimizzarne l'impatto. L'adozione di pratiche colturali appropriate, il monitoraggio continuo e l'uso di materiale vegetale sano sono essenziali per proteggere i frutteti da questi agenti patogeni invisibili ma devastanti.

Capitolo 130: Le sfide della coltivazione commerciale delle mele

La coltivazione di meli su scala commerciale pone molte sfide che richiedono strategie di gestione complesse e adattive. I produttori devono affrontare una serie di problemi, che vanno dalle condizioni climatiche alle pressioni economiche, comprese le minacce biologiche come malattie e parassiti. La resilienza e l'innovazione sono essenziali per superare questi ostacoli e garantire una produzione sostenibile e di successo.

Gestione delle malattie e dei parassiti

I meli sono soggetti a varie malattie fungine, batteriche e virali, nonché alle infestazioni di parassiti come la carpocapsa, gli afidi e gli acari. La gestione integrata dei parassiti (IPM) è fondamentale per mantenere la salute dei frutteti. Questo approccio combina metodi biologici, colturali e chimici per ridurre al minimo i danni. Tra le strategie utilizzate figurano l'uso di predatori naturali, la rotazione delle colture e l'applicazione mirata di pesticidi. Tuttavia, la gestione della resistenza ai pesticidi è una sfida continua, che richiede un monitoraggio costante e un adattamento delle pratiche.

Condizioni meteo

Le condizioni climatiche giocano un ruolo determinante nella coltivazione dei meli. Le fluttuazioni di temperatura, i periodi di gelate tardive e la siccità possono influenzare la fioritura, l'impollinazione e lo sviluppo dei frutti. I coltivatori dovrebbero adottare pratiche di gestione del rischio climatico, come l'uso di reti protettive, l'irrigazione a goccia e la selezione di varietà resistenti alle condizioni locali. Il cambiamento climatico aggiunge uno strato di complessità, costringendo gli agricoltori ad anticipare e adattarsi a modelli meteorologici sempre più imprevedibili.

Requisiti di lavoro

La coltivazione commerciale delle mele dipende fortemente dalla manodopera, soprattutto per attività come la potatura, la raccolta e la gestione dei frutteti. La carenza stagionale di manodopera può porre problemi significativi, soprattutto durante i periodi di punta. La meccanizzazione di alcuni compiti, sebbene inizialmente costosa, può contribuire ad alleviare questi vincoli. L'adozione di tecnologie come piattaforme di raccolta e sistemi di gestione automatizzata può migliorare l'efficienza e ridurre la dipendenza da una forza lavoro fluttuante.

Pressioni economiche e di mercato

Le fluttuazioni dei prezzi sul mercato delle mele, la concorrenza internazionale e i costi di produzione sono fattori economici che influenzano fortemente la redditività dei frutteti commerciali. I produttori spesso devono diversificare le loro fonti di reddito, ad esempio trasformando le mele in prodotti a valore aggiunto come il sidro o le marmellate. Anche il marketing diretto, attraverso i mercati locali e i cortocircuiti, può offrire margini più elevati. L'innovazione nelle pratiche di marketing e distribuzione è essenziale per rimanere competitivi.

Pratiche sostenibili

L'adozione di pratiche agricole sostenibili è sempre più necessaria per soddisfare le aspettative dei consumatori e le normative ambientali. La riduzione dell'impronta ecologica implica tecniche come l'agricoltura biologica, la conservazione delle risorse idriche e la gestione del suolo. Le certificazioni ambientali possono non solo migliorare la sostenibilità, ma anche fornire vantaggi aziendali attirando consumatori attenti all'ambiente.

Ricerca e Innovazione

Gli investimenti in ricerca e sviluppo sono fondamentali per superare le sfide della coltivazione commerciale delle mele. I progressi nel campo della genetica rendono possibile lo sviluppo di varietà più resistenti alle malattie e alle condizioni climatiche avverse. Le innovazioni tecnologiche, come i sensori di precisione per la gestione dei frutteti e i droni per il monitoraggio delle colture, offrono potenti strumenti per migliorare l'efficienza e la produttività.

La coltivazione commerciale delle mele è un settore dinamico e complesso che richiede una gestione proattiva e un adattamento continuo. Affrontando le sfide in modo integrato e adottando pratiche innovative e sostenibili, i produttori possono non solo superare gli ostacoli attuali, ma anche garantire la sostenibilità dei loro frutteti per le generazioni future.

Capitolo 131: L'industria Apple: tendenze e innovazioni

L'industria delle mele è in continua evoluzione, influenzata dai progressi tecnologici, dalle tendenze dei consumatori e dalle sfide ambientali. Produttori e ricercatori lavorano insieme per sviluppare nuovi metodi di coltivazione, migliorare la qualità della frutta e soddisfare le aspettative dei consumatori. Ecco uno sguardo alle tendenze attuali e alle innovazioni che plasmano il futuro di questo settore.

Tecnologia e Agricoltura di Precisione

Una delle principali tendenze nel settore delle mele è l'adozione dell'agricoltura di precisione. Attraverso l'uso di tecnologie avanzate come droni, sensori del suolo e sistemi GPS, i coltivatori possono monitorare e gestire i propri frutteti con una precisione senza precedenti. Questi strumenti aiutano a raccogliere dati in tempo reale sulla salute degli alberi, sui livelli di umidità del suolo e sul fabbisogno di nutrienti, ottimizzando l'uso delle risorse e aumentando i raccolti.

Varietà resistenti e adattate

La ricerca genetica svolge un ruolo cruciale nell'innovazione nel settore delle mele. Gli scienziati stanno sviluppando nuove varietà di mele che non solo siano resistenti a malattie e parassiti, ma si adattino anche alle mutevoli condizioni climatiche. Ad esempio, varietà come "Honeycrisp" e "Cosmic Crisp" sono state create per fornire una maggiore resistenza alle malattie e soddisfare al tempo stesso le preferenze di gusto dei consumatori. Queste nuove varietà aiutano a ridurre le perdite e garantiscono raccolti più regolari.

Metodi sostenibili e biologici

Le pratiche agricole sostenibili stanno guadagnando popolarità nel settore delle mele. Man mano che i consumatori diventano più attenti all'ambiente, la domanda di mele biologiche e coltivate in modo sostenibile è in aumento. I produttori stanno adottando tecniche come la gestione integrata dei parassiti (IPM), l'uso di compost e biofertilizzanti e l'istituzione di sistemi di coltivazione agroforestali. Questi metodi consentono di ridurre l'impronta ecologica della coltivazione delle mele mantenendo la produttività.

Trasformazione e valore aggiunto

Per soddisfare la crescente domanda di prodotti a base di mele, l'industria si sta diversificando trasformando le mele in prodotti a valore aggiunto. Sidro, succhi, composte e snack di mele essiccate sono alcuni esempi di prodotti che stanno guadagnando popolarità. Questa diversificazione consente ai produttori di promuovere meglio il loro raccolto e di proteggersi dalle fluttuazioni dei prezzi delle mele fresche. Le innovazioni nella lavorazione, come le tecnologie di essiccazione e conservazione, svolgono un ruolo chiave nello sviluppo di questi prodotti.

Marketing e distribuzione

Le tendenze dei consumatori influenzano anche le strategie di marketing e distribuzione nel settore delle mele. Le vendite dirette al consumatore, sia attraverso mercati locali, fattorie aperte o piattaforme online, sono sempre più comuni. Questo approccio consente di ridurre gli intermediari e aumentare i margini per i produttori. Inoltre, le iniziative di tracciabilità e trasparenza, che consentono ai consumatori di conoscere l'origine delle loro mele e i metodi di coltivazione utilizzati, rafforzano la fiducia e la fedeltà dei clienti.

Adattamento ai cambiamenti climatici

Il cambiamento climatico pone nuove sfide per l'industria delle mele, ma stimola anche l'innovazione. I coltivatori devono adattare le loro pratiche per far fronte a condizioni meteorologiche sempre più imprevedibili, come periodi di siccità, gelate tardive e ondate di caldo. Per garantire la resilienza dei frutteti, vengono implementate strategie come l'irrigazione efficiente, la selezione di portinnesti resistenti alla siccità e la protezione dal gelo. La ricerca attuale mira anche a sviluppare varietà di mele più tolleranti alle variazioni climatiche.

L'industria delle mele è in rapida evoluzione grazie ai progressi tecnologici, alla ricerca genetica, alle pratiche sostenibili e all'innovazione di prodotto e di marketing. Questi sviluppi consentono ai coltivatori di affrontare le sfide attuali soddisfacendo al tempo stesso le aspettative dei consumatori moderni, garantendo un futuro luminoso per la coltivazione delle mele.

Capitolo 132: Tecniche del commercio equo e solidale per le mele

Il commercio equo e solidale è un approccio aziendale volto a promuovere condizioni di lavoro eque, pratiche agricole sostenibili e relazioni commerciali trasparenti ed eque. Per l'industria delle mele, l'applicazione dei principi del commercio equo comporta numerosi vantaggi per produttori, lavoratori e consumatori. Ecco una panoramica delle tecniche e delle pratiche per attuare il commercio equo e solidale nella coltivazione delle mele.

Certificazione e standard

Ottenere la certificazione del commercio equo e solidale è un primo passo fondamentale per i produttori di mele che desiderano entrare in questo mercato. Organizzazioni come Fairtrade International e Rainforest Alliance offrono certificazioni riconosciute che garantiscono che i prodotti soddisfino standard rigorosi in termini di condizioni di lavoro, pratiche agricole sostenibili e prezzi equi. Queste certificazioni spesso richiedono una valutazione esterna regolare per garantire il rispetto degli standard.

Condizioni di lavoro eque

Un elemento centrale del commercio equo è il miglioramento delle condizioni di lavoro dei lavoratori agricoli. Ciò include salari equi, orari di lavoro ragionevoli e condizioni di lavoro sicure e dignitose. Le aziende agricole produttrici di mele devono attuare politiche chiare per garantire il rispetto dei diritti dei lavoratori. Fornire formazione regolare, dispositivi di protezione e benefici sociali come l'accesso all'assistenza sanitaria e all'istruzione sono pratiche comuni nelle aziende agricole certificate dal commercio equo e solidale.

Prezzi minimi e bonus di sviluppo

Il commercio equo e solidale spesso garantisce un prezzo minimo per i prodotti, assicurando che i produttori coprano i costi di produzione e ottengano un reddito dignitoso. Oltre a questo prezzo minimo, gli acquirenti pagano un premio del commercio equo e solidale che viene utilizzato per progetti comunitari e iniziative di sviluppo. Questi premi possono finanziare infrastrutture locali, programmi di formazione o progetti ambientali, migliorando così la qualità della vita dei produttori e delle loro comunità.

Pratiche agricole sostenibili

Le tecniche del commercio equo e solidale incoraggiano anche pratiche agricole sostenibili che preservano l'ambiente e promuovono la biodiversità. I coltivatori di mele dovrebbero adottare metodi di coltivazione che riducano al minimo l'uso di pesticidi e sostanze chimiche dannose, favoriscano l'agricoltura biologica e incoraggino la rotazione delle colture e la gestione integrata dei parassiti (IPM). Anche la conservazione delle risorse naturali, come l'acqua e il suolo, è una priorità e i produttori spesso devono attuare misure per prevenire l'erosione e mantenere la fertilità del suolo.

Trasparenza e Tracciabilità

La trasparenza nelle pratiche commerciali e la tracciabilità dei prodotti sono aspetti essenziali del commercio equo e solidale. I coltivatori di mele devono mantenere registri accurati e dettagliati delle loro pratiche agricole, condizioni di lavoro e transazioni commerciali. Ciò consente ai consumatori di sapere esattamente da dove provengono le mele che acquistano e di garantire che siano state prodotte in condizioni eque e sostenibili. Le moderne tecnologie, come i sistemi di tracciabilità blockchain, possono essere utilizzate per migliorare questa trasparenza.

Educazione e consapevolezza del consumo

Affinché il commercio equo possa prosperare, è fondamentale sensibilizzare i consumatori sui vantaggi di questo modello di business. I produttori e le organizzazioni del commercio equo e solidale devono investire in campagne di marketing ed educazione per informare i consumatori sugli impatti positivi dei loro acquisti. Ciò potrebbe includere etichette chiare dei prodotti, campagne pubblicitarie e partnership con i rivenditori per promuovere le mele del commercio equo e solidale.

Sviluppo di capacità e responsabilizzazione

Il commercio equo e solidale mira anche a sviluppare le capacità dei produttori e dei lavoratori aiutandoli a sviluppare le proprie competenze e a migliorare la propria produttività. Viene comunemente offerta formazione sulla gestione agricola, sulle tecniche agricole avanzate e sul marketing. Inoltre, il commercio equo e solidale promuove l'empowerment dei produttori coinvolgendoli nei processi decisionali e sostenendo la creazione di cooperative e associazioni che difendono i loro interessi.

Sviluppo dei mercati locali e internazionali

Infine, le tecniche del commercio equo e solidale incoraggiano lo sviluppo di mercati locali e internazionali per le mele del commercio equo e solidale. I produttori devono diversificare i propri canali di distribuzione per raggiungere sia i mercati locali, dove la consapevolezza del consumatore può essere più semplice, sia i mercati internazionali, dove la domanda di prodotti del commercio equo e solidale è in forte crescita. Partecipare a fiere ed eventi di settore può aiutare a stabilire contatti commerciali e ad aprire nuovi mercati per le mele del commercio equo e solidale.

L'applicazione delle tecniche del commercio equo e solidale nel settore delle mele non solo migliora le condizioni di vita dei produttori e dei lavoratori, ma contribuisce anche a pratiche agricole più sostenibili e a una maggiore trasparenza nelle catene di approvvigionamento. Adottando queste pratiche, i coltivatori di mele possono soddisfare la crescente domanda dei consumatori di prodotti etici e responsabili, garantendo al tempo stesso la fattibilità e la prosperità delle loro attività.

Capitolo 133: Certificazione biologica dei meleti

La certificazione biologica dei meleti è diventata sempre più importante nel settore agricolo a causa della crescente domanda da parte dei consumatori di prodotti alimentari sani e rispettosi dell'ambiente. Questa certificazione garantisce che le mele vengono coltivate secondo rigorosi standard che escludono l'uso di pesticidi chimici e fertilizzanti sintetici, favorendo così pratiche agricole sostenibili e rispettose della biodiversità. Ecco una panoramica dei principi e dei processi coinvolti nella certificazione biologica dei meleti.

Pratiche di agricoltura biologica

La certificazione biologica dei meleti si basa sull'adozione di pratiche di agricoltura biologica che preservano la salute dei suoli, delle piante e degli ecosistemi circostanti. Ciò include la fertilizzazione organica utilizzando compost, letame o rifiuti organici, nonché la rotazione delle colture per mantenere la fertilità del suolo e prevenire l'esaurimento dei nutrienti. I coltivatori biologici utilizzano anche metodi biologici di controllo dei parassiti e delle malattie, come l'uso di ausiliari naturali e sostanze naturali come oli essenziali ed estratti vegetali.

Divieto di sostanze chimiche sintetiche

Uno dei principi fondamentali della certificazione biologica è il divieto dell'uso di prodotti chimici di sintesi, come pesticidi, erbicidi e fertilizzanti chimici. I coltivatori biologici devono utilizzare alternative naturali per proteggere i loro frutteti da parassiti e malattie, che spesso includono l'uso di trappole, reti protettive e pratiche colturali che aumentano la resilienza degli alberi. Il divieto mira a ridurre l'impatto ambientale della coltivazione delle mele e a proteggere la salute dei lavoratori agricoli e dei consumatori.

Utilizzo di varietà resistenti

I coltivatori biologici spesso preferiscono varietà di mele che sono naturalmente resistenti a malattie e parassiti, riducendo la dipendenza dai trattamenti chimici. Queste varietà sono selezionate per la loro robustezza e la loro capacità di prosperare in condizioni organiche senza l'uso di input chimici. Inoltre, i coltivatori possono optare per portinnesti resistenti alle malattie, che migliorano la salute generale degli alberi e riducono la necessità di trattamenti aggressivi.

Certificazione e Controllo

La certificazione biologica dei meleti viene generalmente rilasciata da organismi di certificazione indipendenti che verificano che i coltivatori rispettino gli standard biologici stabiliti. Queste organizzazioni conducono ispezioni regolari dei frutteti per garantire che le pratiche agricole siano conformi ai requisiti biologici. I produttori devono tenere registri dettagliati delle loro attività agricole ed essere in grado di fornire prove di conformità durante gli audit di certificazione.

Benefici per l'ambiente e la salute

La certificazione biologica dei meleti offre numerosi vantaggi per l'ambiente e la salute. Escludendo l'uso di sostanze chimiche di sintesi, si contribuisce alla preservazione della biodiversità, della qualità dell'acqua e della salute del suolo. Inoltre, le mele biologiche sono spesso percepite come più sane perché non contengono residui di pesticidi chimici. I consumatori possono così beneficiare di prodotti di qualità contribuendo al tempo stesso alla tutela dell'ambiente.

Valutazione sul mercato

Le mele biologiche certificate spesso beneficiano della valutazione di mercato grazie al loro stato ecologico e alla percezione di qualità superiore. I consumatori sono disposti a pagare un prezzo più alto per i prodotti biologici che rispondono alle loro preoccupazioni per la salute e l'ambiente. Pertanto, la certificazione biologica può essere un modo per i produttori di differenziare i propri prodotti sul mercato e accedere a segmenti di consumatori più interessati.

La certificazione biologica dei meleti svolge un ruolo cruciale nel promuovere pratiche agricole sostenibili e rispettose dell'ambiente. Offre garanzie ai consumatori riguardo alla qualità e all'origine dei prodotti, contribuendo nel contempo alla preservazione delle risorse naturali. Per i produttori rappresenta un'opportunità per promuovere i propri sforzi in termini di sostenibilità e per accedere a mercati differenziati e più redditizi.

Capitolo 134: Meli e politiche agricole

Il melo, in quanto coltura da frutto di grande importanza economica ed ecologica, è strettamente legato alle politiche agricole attuate dai governi. Queste politiche influenzano la produzione, la gestione dei frutteti, la commercializzazione delle mele e il sostegno ai produttori. Comprendere le interazioni tra il melo e le politiche agricole ci consente di comprendere meglio le sfide e le opportunità del settore frutticolo.

Supporto ai produttori

Le politiche agricole spesso includono programmi di sostegno finanziario per aiutare i coltivatori di mele a mantenere e migliorare i loro frutteti. Questa assistenza può assumere la forma di sovvenzioni per l'acquisto di attrezzature agricole, prestiti a basso interesse o programmi di assicurazione del raccolto per proteggere i produttori dalle perdite dovute al maltempo o alle malattie. Fornendo una rete di sicurezza finanziaria, questi programmi incoraggiano la stabilità e la crescita del settore delle mele.

Ricerca e Innovazione

I governi stanno investendo nella ricerca agricola per sviluppare nuove varietà di meli, migliorare le tecniche di coltivazione e controllare parassiti e malattie. Le stazioni di ricerca e le università svolgono un ruolo cruciale nello sviluppo di tecnologie agricole avanzate e pratiche agricole sostenibili. I risultati di questa ricerca vengono poi diffusi ai produttori attraverso programmi di divulgazione agricola, favorendo così l'innovazione e l'adozione di metodi più efficaci.

Politiche ambientali

Gli alberi di mele, come tutte le colture agricole, sono interessati dalle politiche ambientali che mirano a promuovere pratiche agricole sostenibili e a ridurre l'impatto ambientale dell'agricoltura. Queste politiche incoraggiano l'uso di tecniche di gestione integrata dei parassiti, la conservazione del suolo e dell'acqua e la riduzione delle emissioni di gas serra. Ad esempio, possono essere offerti incentivi finanziari ai produttori che adottano pratiche biologiche o partecipano a programmi di certificazione ambientale.

Commercio ed esportazione

Anche le politiche commerciali influenzano la produzione di mele, in particolare per i produttori che fanno affidamento sui mercati internazionali. Accordi commerciali, standard di qualità e norme fitosanitarie determinano le condizioni alle quali le mele possono essere esportate. I governi spesso negoziano accordi per aprire nuovi mercati e ridurre le barriere commerciali, il che può aiutare i coltivatori di mele ad accedere ai consumatori stranieri e a diversificare i loro flussi di entrate.

Formazione e istruzione

Le politiche agricole spesso includono iniziative di formazione ed educazione per i coltivatori di mele. Questi programmi mirano a migliorare le competenze degli agricoltori nella gestione dei frutteti, nelle tecniche di coltivazione avanzate e nel marketing. Offrendo workshop, corsi online e risorse educative, i governi e le istituzioni agricole stanno contribuendo a sviluppare le capacità dei produttori e a garantire la sostenibilità del settore.

Adattamento ai cambiamenti climatici

Il cambiamento climatico pone sfide significative alla produzione di mele, come le variazioni delle condizioni meteorologiche, l'aumento dello stress idrico e la proliferazione di nuovi parassiti e malattie. Le politiche agricole devono quindi includere misure per aiutare i produttori ad adattarsi a questi cambiamenti. Ciò potrebbe comportare investimenti in sistemi di irrigazione più efficienti, lo sviluppo di varietà resistenti alla siccità e alle malattie e la creazione di sistemi di allerta precoce per eventi meteorologici estremi.

Tutela dei diritti dei lavoratori

Le politiche agricole affrontano anche le condizioni di lavoro nei meleti. Vengono messe in atto norme per garantire la sicurezza, il benessere e l'equa remunerazione dei lavoratori agricoli. I programmi di formazione sulla salute e sicurezza sul lavoro, le ispezioni regolari delle condizioni di lavoro e le iniziative per promuovere l'equità retributiva contribuiscono a un ambiente di lavoro più giusto e sicuro.

Meli e politiche agricole sono indissolubilmente legati. Le decisioni politiche influenzano la fattibilità economica dei frutteti, la sostenibilità ambientale delle pratiche di coltivazione e la capacità dei produttori di adattarsi alle sfide contemporanee. Fornendo sostegno finanziario, investendo nella ricerca e promuovendo pratiche sostenibili, le politiche agricole svolgono un ruolo cruciale nella sostenibilità e nella prosperità del settore delle mele.

Capitolo 135: Meli e cooperative agricole

Le cooperative agricole svolgono un ruolo fondamentale nella produzione di mele, offrendo ai produttori numerosi vantaggi economici, sociali e tecnici. Queste strutture consentono agli agricoltori di riunirsi per mettere in comune le proprie risorse, ottimizzare la produzione, migliorare la commercializzazione e rafforzare il proprio potere negoziale. Ecco una panoramica dell'impatto delle cooperative agricole sulla coltivazione delle mele.

Condivisione delle risorse

Uno dei principali vantaggi delle cooperative agricole è la condivisione delle risorse. I coltivatori di mele possono condividere l'accesso ad attrezzature costose, come trattori, sistemi di irrigazione e macchine da raccolta. Questa messa in comune consente di ridurre i costi di investimento individuali e di aumentare l'efficienza delle operazioni agricole. Inoltre, le cooperative possono negoziare tariffe preferenziali per l'acquisto di forniture agricole, come fertilizzanti organici e prodotti fitosanitari.

Ottimizzazione della produzione

Le cooperative agricole svolgono un ruolo chiave nell'ottimizzazione della produzione di mele. Riunendo i loro membri, possono organizzare programmi di formazione e trasferimento di conoscenze per diffondere le migliori pratiche agricole. I produttori beneficiano così di consulenza tecnica sulla gestione dei frutteti, sulla potatura dei meli, sul controllo delle malattie e dei parassiti, nonché sul miglioramento dei raccolti. Le cooperative facilitano inoltre l'accesso alla ricerca e all'innovazione, consentendo agli agricoltori di rimanere all'avanguardia nei progressi tecnologici.

Marketing migliorato

La commercializzazione delle mele rappresenta una sfida importante per i singoli coltivatori. Le cooperative agricole offrono una soluzione efficace centralizzando il raccolto e organizzando la distribuzione. Possono negoziare contratti con le grandi catene di distribuzione, i mercati all'ingrosso e gli esportatori, garantendo così sbocchi stabili e redditizi ai produttori. Inoltre, le cooperative possono sviluppare marchi collettivi ed etichette di qualità, rafforzando la reputazione e il riconoscimento dei prodotti sul mercato.

Rafforzare il potere negoziale

Riunendosi in cooperative, i coltivatori di mele rafforzano il loro potere negoziale con acquirenti e fornitori. Possono così ottenere migliori condizioni di vendita e ridurre i margini intermedi. Le cooperative consentono inoltre di difendere gli interessi dei produttori presso le autorità pubbliche e di partecipare attivamente allo sviluppo delle politiche agricole. Questo potere collettivo contribuisce a una migliore protezione dei diritti e del reddito degli agricoltori.

Supporto tecnico e finanziario

Le cooperative agricole forniscono un supporto tecnico e finanziario fondamentale ai propri membri. Possono fornire servizi di consulenza sulla gestione agricola, assistere nella pianificazione delle colture e offrire soluzioni per migliorare le pratiche di produzione. In termini finanziari, le cooperative possono facilitare l'accesso al credito e ai sussidi, aiutando così i produttori a investire nei loro frutteti e a modernizzare le loro infrastrutture. Questa assistenza rafforza la redditività economica delle aziende produttrici di mele.

Promozione dello sviluppo sostenibile

Le cooperative agricole sono spesso attori chiave nella promozione dello sviluppo sostenibile nella coltivazione delle mele. Incoraggiano l'adozione di pratiche agricole rispettose dell'ambiente, come l'agricoltura biologica, la gestione integrata dei parassiti e la conservazione delle risorse naturali. Le cooperative possono anche partecipare a progetti di riforestazione e di tutela della biodiversità, contribuendo così alla preservazione degli ecosistemi locali.

Solidarietà e coesione sociale

Infine, le cooperative agricole rafforzano la solidarietà e la coesione sociale all'interno delle comunità rurali. Riunendo i produttori attorno a obiettivi comuni, promuovono l'aiuto reciproco e la condivisione di esperienze. Le cooperative svolgono anche un ruolo sociale sostenendo iniziative comunitarie, come il miglioramento delle infrastrutture locali, dell'istruzione e della formazione professionale. Questa dimensione sociale contribuisce a migliorare la qualità della vita degli agricoltori e delle loro famiglie.

Le cooperative agricole sono attori essenziali nella coltivazione del melo, offrendo molteplici vantaggi ai produttori. Mettendo in comune le risorse, ottimizzando la produzione, migliorando la commercializzazione, rafforzando il potere negoziale e offrendo supporto tecnico e finanziario, le cooperative contribuiscono alla vitalità e alla prosperità dei meleti. Svolgono inoltre un ruolo cruciale nel promuovere lo sviluppo sostenibile e la coesione sociale all'interno delle comunità rurali. Grazie a queste strutture cooperative, i produttori di mele possono affrontare meglio le sfide economiche, ambientali e sociali che si trovano ad affrontare.

Capitolo 136: Meli e sviluppo sostenibile

La coltivazione delle mele, radicata in molte tradizioni agricole in tutto il mondo, svolge un ruolo cruciale nello sviluppo sostenibile. L'integrazione dei principi di sostenibilità nella produzione di mele aiuta a proteggere l'ambiente, sostenere le comunità locali e garantire la sostenibilità economica a lungo termine. Ecco una panoramica delle diverse dimensioni dello sviluppo sostenibile applicate alla coltivazione delle mele.

Pratiche agricole ecologiche

L'adozione di pratiche agricole ecologiche è essenziale per ridurre al minimo l'impatto ambientale della coltivazione dei meli. L'agricoltura biologica, ad esempio, esclude l'uso di pesticidi e fertilizzanti chimici, favorendo così la salute del suolo e la biodiversità. Le tecniche di gestione integrata dei parassiti (IPM) aiutano a controllare le popolazioni di parassiti utilizzando metodi naturali e biologici, riducendo così la dipendenza dalle sostanze chimiche. L'agroforestazione, che combina i meli con altre piante e alberi, migliora la struttura del suolo, conserva l'acqua e fornisce habitat per impollinatori e predatori naturali di parassiti.

Gestione efficace delle risorse

La gestione efficiente delle risorse naturali è un pilastro dello sviluppo sostenibile nella coltivazione delle mele. L'utilizzo di sistemi di irrigazione efficienti, come l'irrigazione a goccia, aiuta a ridurre il consumo di acqua garantendo al tempo stesso una distribuzione ottimale dell'umidità alle radici degli alberi. La conservazione del suolo, attraverso tecniche come la pacciamatura e la rotazione delle colture, previene l'erosione e mantiene la fertilità del suolo.

Inoltre, il riutilizzo dei rifiuti organici, come i residui di potatura e gli avanzi delle colture, per la produzione di compost arricchisce i terreni e riduce i rifiuti agricoli.

Conservazione della biodiversità

La coltivazione dei meli può svolgere un ruolo importante nella conservazione della biodiversità. Frutteti diversi, che comprendono diverse varietà di meli e altre specie vegetali, creano ecosistemi più resilienti e supportano una maggiore varietà di flora e fauna. Anche la conservazione delle varietà di mele antiche e locali, spesso adattate a condizioni climatiche specifiche e resistenti alle malattie, contribuisce alla diversità genetica. Questa diversità è essenziale per l'adattamento ai cambiamenti climatici e per il mantenimento della produzione di frutta a lungo termine.

Supporto alle comunità locali

Lo sviluppo sostenibile nella coltivazione delle mele implica anche un maggiore sostegno alle comunità locali. Le pratiche agricole sostenibili possono generare posti di lavoro e un reddito stabile per gli agricoltori e le loro famiglie. Le iniziative del commercio equo e solidale garantiscono prezzi equi per i produttori, rafforzando così la sostenibilità economica delle aziende agricole. Inoltre, le cooperative agricole e le associazioni di produttori svolgono un ruolo cruciale nel fornire formazione, risorse e supporto tecnico, migliorando così la resilienza e la capacità di innovazione delle comunità agricole.

Riduzione dell'impronta di carbonio

Ridurre l'impronta di carbonio della coltivazione delle mele è una priorità per un futuro sostenibile. L'adozione di pratiche agricole a basse emissioni di carbonio, come piantare alberi per sequestrare il carbonio e utilizzare fonti di energia rinnovabile per le operazioni agricole, aiuta a mitigare gli effetti del cambiamento climatico. Sistemi di trasporto e distribuzione ottimizzati, oltre a promuovere il consumo locale di mele, riducono anche le emissioni di gas serra associate alla catena di approvvigionamento.

Innovazione e Ricerca

L'innovazione e la ricerca sono fattori chiave per la transizione verso una coltivazione sostenibile delle mele. Le nuove tecnologie, come i sensori del suolo e i sistemi intelligenti di gestione agricola, consentono un uso più preciso ed efficiente delle risorse. La ricerca sulle varietà di meli resistenti alle malattie e agli stress climatici offre soluzioni per mantenere la produzione nonostante le sfide ambientali. Le collaborazioni tra istituti di ricerca, agricoltori e aziende agroalimentari promuovono lo sviluppo e l'adozione di pratiche sostenibili su larga scala.

Educazione e consapevolezza

L'educazione e la consapevolezza tra gli agricoltori, i consumatori e il pubblico in generale sono fondamentali per promuovere pratiche sostenibili nella coltivazione delle mele. Programmi di formazione e workshop sull'agricoltura sostenibile, nonché campagne di sensibilizzazione sui benefici dei prodotti biologici e locali, incoraggiano comportamenti responsabili e informati. Le iniziative educative nelle scuole e nelle comunità aumentano la comprensione dell'importanza della sostenibilità e ispirano le generazioni future ad adottare pratiche rispettose dell'ambiente.

Prospettiva globale

Adottare una prospettiva olistica sulla sostenibilità nella coltivazione delle mele implica tenere conto delle interazioni tra aspetti ambientali, economici e sociali. Si tratta di promuovere sistemi alimentari equi e resilienti, in grado di soddisfare i bisogni attuali senza compromettere la capacità delle generazioni future di soddisfare i propri bisogni. Integrando i principi di sostenibilità a tutti i livelli di produzione delle mele, è possibile creare frutteti che non solo prosperano, ma contribuiscono anche a un mondo più equilibrato e sostenibile.

La coltivazione delle mele, se praticata in modo sostenibile, può servire da modello per altri settori agricoli, illustrando come sia possibile produrre in modo rispettoso dell'ambiente, sostenendo al tempo stesso le economie locali e migliorando la qualità della vita delle comunità rurali. Gli sforzi concertati per adottare e promuovere pratiche sostenibili nella coltivazione delle mele svolgeranno un ruolo cruciale nella costruzione di un futuro più sostenibile ed equo.

Capitolo 137: Meli nei paesi in via di sviluppo

I meli, con la loro importanza economica e nutrizionale, offrono molte opportunità ai paesi in via di sviluppo. La coltivazione delle mele in queste regioni può svolgere un ruolo cruciale nello sviluppo rurale, nella sicurezza alimentare e nella diversificazione del reddito agricolo. Tuttavia, questa cultura presenta anche sfide specifiche che richiedono soluzioni adeguate e innovative.

Importanza economica e nutrizionale

I meli rappresentano un'importante fonte di reddito per molti agricoltori nei paesi in via di sviluppo. La vendita di mele sui mercati locali e internazionali può generare entrate considerevoli, contribuendo così alla riduzione della povertà rurale. Inoltre, le mele sono ricche di vitamine, minerali e fibre, svolgendo un ruolo chiave nel migliorare la nutrizione e la salute delle popolazioni locali.

Adattamento alle condizioni climatiche

Le condizioni climatiche nei paesi in via di sviluppo possono variare notevolmente, ponendo sfide alla coltivazione dei meli. Gli agricoltori spesso affrontano periodi di siccità, temperature elevate e terreni poveri. La selezione di varietà di meli resistenti a queste condizioni è essenziale. I programmi di ricerca agricola si concentrano sullo sviluppo di cultivar che possano prosperare in ambienti difficili, garantendo una produzione stabile e sostenibile.

Tecniche di coltivazione e gestione delle risorse

L'adozione di tecniche di coltivazione adeguate è fondamentale per il successo della coltivazione delle mele nei paesi in via di sviluppo. Le pratiche agricole sostenibili, come l'irrigazione a goccia, la conservazione del suolo e l'uso di compost organico, ottimizzano l'uso delle risorse naturali. Inoltre, la gestione integrata dei parassiti (IPM) e la protezione biologica aiutano a ridurre la dipendenza dai pesticidi chimici, preservando così la salute dei suoli e degli ecosistemi.

Sfide formative e educative

Una delle principali sfide della coltivazione delle mele nei paesi in via di sviluppo è la mancanza di conoscenze e competenze tecniche tra gli agricoltori. La formazione e l'istruzione sono essenziali per superare queste barriere. Programmi di formazione agricola, workshop e dimostrazioni pratiche possono aiutare gli agricoltori ad adottare tecniche moderne ed efficienti. Inoltre, gli scambi di conoscenze tra agricoltori ed esperti agricoli aiutano a diffondere le migliori pratiche e le innovazioni.

Accesso ai mercati e alle catene del valore

Affinché la coltivazione delle mele sia redditizia, gli agricoltori devono avere accesso ai mercati locali e internazionali. Le infrastrutture di trasporto e stoccaggio, le cooperative agricole e i partenariati con le aziende agroalimentari svolgono un ruolo chiave nell'integrazione dei piccoli produttori nelle catene del valore. Inoltre, le certificazioni di qualità e gli standard di produzione possono aprire mercati premium, offrendo prezzi più alti per le mele di alta qualità.

Innovazioni tecnologiche

Le innovazioni tecnologiche possono trasformare la coltivazione delle mele nei paesi in via di sviluppo. Le tecnologie di precisione, come i sensori del suolo, i droni per il monitoraggio delle colture e le applicazioni mobili per la gestione agricola, consentono un uso più efficiente delle risorse e un processo decisionale informato. Inoltre, le tecnologie post-raccolta, come celle frigorifere e sistemi di conservazione dell'atmosfera controllata, prolungano la durata di conservazione delle mele, riducendo le perdite post-raccolta e aumentando il reddito degli agricoltori.

Politiche di sostegno e cooperazione internazionale

Il ruolo dei governi e delle organizzazioni internazionali è cruciale nel sostenere la coltivazione delle mele nei paesi in via di sviluppo. Politiche agricole favorevoli, sussidi per tecnologie sostenibili e programmi di sviluppo rurale possono creare un ambiente favorevole alla crescita del settore. Inoltre, la cooperazione internazionale, attraverso partenariati e scambio di conoscenze, consente di condividere le migliori pratiche e di rafforzare le capacità locali.

Impatto sociale e comunitario

La coltivazione di meli può avere un impatto sociale significativo nelle comunità rurali. Può generare posti di lavoro, migliorare i mezzi di sussistenza e rafforzare la coesione sociale. Le iniziative del commercio equo e i progetti comunitari aiutano a distribuire equamente i benefici, promuovendo uno sviluppo inclusivo. Inoltre, coinvolgere le donne e i giovani nella coltivazione delle mele può migliorare la loro emancipazione economica e sociale.

Prospettive future

Il futuro della coltivazione delle mele nei paesi in via di sviluppo dipenderà dal superamento delle sfide attuali e dalla capacità di cogliere le opportunità emergenti. I progressi scientifici, le innovazioni tecnologiche e le politiche di sostegno giocheranno un ruolo chiave in questa trasformazione. Adottando un approccio olistico e inclusivo, è possibile raggiungere uno sviluppo sostenibile e prospero per le comunità rurali dipendenti dalla coltivazione delle mele.

Capitolo 138: Meli e sicurezza alimentare

Gli alberi di melo svolgono un ruolo cruciale nella sicurezza alimentare globale, fornendo non solo una fonte di nutrimento ma anche opportunità economiche per agricoltori e comunità. La loro coltivazione aiuta a diversificare le diete, fornire un reddito stabile e sostenere pratiche agricole sostenibili. L'importanza dei meli nella lotta alla fame e alla malnutrizione non può essere sottovalutata.

Valore nutrizionale delle mele

Le mele sono una ricca fonte di vitamine, minerali, fibre e antiossidanti. Forniscono nutrienti essenziali come vitamina C, potassio e fibre alimentari, importanti per la salute generale. Le mele aiutano a ridurre il rischio di malattie croniche come malattie cardiovascolari, diabete e alcuni tipi di cancro. Il loro consumo regolare aiuta a mantenere una buona salute dell'apparato digerente e rafforza il sistema immunitario.

Diversificazione delle colture

La coltivazione di meli aiuta a diversificare i sistemi agricoli, il che è fondamentale per la resilienza alimentare. Integrando i meli nelle rotazioni colturali o combinandoli con altre piante, gli agricoltori possono migliorare la fertilità del suolo e ridurre il rischio di perdita del raccolto a causa di condizioni meteorologiche estreme o malattie. La diversificazione riduce anche la dipendenza da un'unica coltura, aumentando così la stabilità economica degli agricoltori.

Fonte di guadagno

La vendita di mele sui mercati locali e internazionali rappresenta una fonte di reddito affidabile per molti agricoltori. I meleti possono rappresentare una fonte di reddito sostenibile, soprattutto se gestiti in modo efficiente. I prodotti a base di mela, come il succo di mela, il sidro e le marmellate, aggiungono ulteriore valore economico. Gli agricoltori possono così investire nelle loro aziende agricole, migliorare le pratiche agricole e garantire la sicurezza finanziaria delle loro famiglie.

Rafforzare le comunità rurali

I meli possono svolgere un ruolo chiave nello sviluppo delle comunità rurali. Fornendo posti di lavoro stagionali per la raccolta e la manutenzione dei frutteti, aiutano a ridurre la migrazione verso le aree urbane e a mantenere la stabilità delle popolazioni rurali. I programmi di sviluppo comunitario che includono la coltivazione delle mele promuovono anche l'autosufficienza alimentare e la cooperazione tra gli agricoltori.

Pratiche sostenibili

La coltivazione di meli può essere integrata in pratiche agricole sostenibili. Tecniche come l'agroforestazione, la lotta integrata ai parassiti e l'uso del compost organico contribuiscono alla conservazione delle risorse naturali e alla protezione dell'ambiente. I meli svolgono anche un ruolo nel sequestro del carbonio, contribuendo a mitigare gli effetti del cambiamento climatico.

Innovazioni e Tecnologie

L'adozione di nuove tecnologie e metodi innovativi può migliorare la produttività e la sostenibilità dei meleti. Le tecnologie di precisione, come i sistemi di irrigazione a goccia e i sensori del suolo, consentono un uso più efficiente dell'acqua e dei nutrienti. I progressi nella biotecnologia e nella selezione varietale possono portare a meli più resistenti alle malattie e meglio adattati alle mutevoli condizioni climatiche.

Politiche di supporto

Il ruolo delle politiche governative è cruciale nel sostenere la coltivazione delle mele e garantire la sicurezza alimentare. I sussidi per i fattori di produzione agricoli, i programmi di formazione per gli agricoltori e le iniziative a sostegno dei mercati locali possono rafforzare la produzione di mele. Anche le politiche che promuovono l'agricoltura sostenibile e la conservazione delle risorse naturali sono essenziali per garantire la redditività a lungo termine dei meleti.

Sfide e soluzioni

La coltivazione di meli non è priva di sfide. Malattie, parassiti e condizioni meteorologiche estreme possono influenzare i raccolti. Le soluzioni includono la ricerca e lo sviluppo di varietà resistenti, il miglioramento delle pratiche di gestione dei frutteti e l'accesso a tecnologie adattate. La collaborazione tra agricoltori, ricercatori e responsabili politici è essenziale per superare queste sfide.

Prospettive future

Il futuro dei meli nel contesto della sicurezza alimentare è luminoso. Con la crescente domanda globale di frutta fresca e il crescente riconoscimento dei benefici per la salute delle mele, la coltivazione delle mele continuerà a essere una componente chiave dei sistemi alimentari. Le innovazioni tecnologiche, le pratiche sostenibili e le politiche di sostegno svolgeranno un ruolo cruciale nel raggiungimento della sicurezza alimentare attraverso la coltivazione delle mele.

Capitolo 139: Meli nell'agricoltura rigenerativa

Gli alberi di mele svolgono un ruolo significativo nell'agricoltura rigenerativa, un approccio olistico al ripristino e al miglioramento della salute degli ecosistemi agricoli. Questo metodo enfatizza la rigenerazione del suolo, la biodiversità e la resilienza delle colture. I meli, per la loro natura perenne e le loro esigenze di gestione sostenibile, si inseriscono perfettamente in questo modello agricolo.

Rigenerazione del suolo

Le pratiche di agricoltura rigenerativa si concentrano sulla costruzione e la preservazione di suoli sani. I meli contribuiscono a questa rigenerazione attraverso le loro radici profonde che aerano il terreno e favoriscono l'infiltrazione dell'acqua. Aggiungendo materia organica, come compost e residui di potatura, il terreno attorno ai meli diventa più ricco di sostanze nutritive. Queste pratiche migliorano la struttura del suolo, aumentano la sua capacità di trattenere l'acqua e riducono l'erosione.

Agroforestazione e biodiversità

L'agroforestazione, che combina alberi e colture, è una tecnica chiave nell'agricoltura rigenerativa. I meli, come gli alberi da frutto, si adattano bene ai sistemi agroforestali. Piantando meli insieme ad altre colture, possiamo creare habitat diversi che promuovono la biodiversità. Questa diversità attrae una varietà di impollinatori e predatori naturali di parassiti, riducendo la necessità di pesticidi chimici. Inoltre, le siepi e le fasce fiorite attorno ai meleti offrono rifugio alla fauna selvatica benefica.

Cattura del carbonio

I meli svolgono un ruolo cruciale nel sequestro del carbonio, una componente chiave dell'agricoltura rigenerativa. Gli alberi assorbono l'anidride carbonica dall'atmosfera e la immagazzinano nella loro biomassa e nel suolo. Aumentando il numero di meli e praticando una gestione sostenibile dei frutteti, gli agricoltori possono contribuire a ridurre i gas serra. Ciò non solo aiuta a combattere il cambiamento climatico, ma migliora anche la fertilità del suolo.

Gestione delle risorse idriche

Le pratiche di agricoltura rigenerativa promuovono una gestione efficiente dell'acqua e i meli possono dare un contributo significativo a questo. La pacciamatura attorno ai meli aiuta a conservare l'umidità del suolo e a ridurre l'evaporazione. Inoltre, i sistemi di irrigazione a goccia consentono un utilizzo preciso ed efficiente dell'acqua, riducendo al minimo gli sprechi. Proteggendo le fonti d'acqua e favorendo l'infiltrazione, i meli aiutano a mantenere un ciclo idrologico sano.

Resilienza alle condizioni climatiche

I meli, se coltivati utilizzando principi rigenerativi, diventano più resistenti alle condizioni meteorologiche estreme. Pratiche come la selezione di varietà adattate al clima locale, la diversificazione delle colture e la gestione integrata dei parassiti rafforzano questa resilienza. I sistemi rigenerativi, rafforzando la salute generale dei frutteti, consentono ai meli di resistere meglio a siccità, inondazioni e sbalzi di temperatura.

Impatto economico e sociale

L'integrazione dei meli nell'agricoltura rigenerativa offre anche vantaggi economici e sociali. Gli agricoltori possono ottenere rese più stabili e di qualità superiore riducendo al tempo stesso i costi associati agli input chimici. Inoltre, le pratiche rigenerative promuovono condizioni di lavoro più sane e comunità rurali più resilienti. I consumatori, da parte loro, beneficiano di prodotti più nutrienti e rispettosi dell'ambiente.

Innovazione e Ricerca

I progressi nella ricerca e nell'innovazione sono essenziali per ottimizzare l'integrazione dei meli nell'agricoltura rigenerativa. Fondamentali sono gli studi sulle varietà di meli più adatte alle pratiche rigenerative, nonché sulle tecniche di gestione sostenibile. Le collaborazioni tra agricoltori, ricercatori e istituzioni possono portare a nuove soluzioni per migliorare la sostenibilità e la produttività dei meleti.

Sfide e prospettive

L'adozione diffusa dell'agricoltura rigenerativa, compresi i meli, richiede il superamento di diverse sfide. La formazione degli agricoltori, il sostegno politico e l'accesso alle risorse finanziarie sono essenziali. Tuttavia, i potenziali benefici in termini di salute del suolo, biodiversità, sequestro del carbonio e resilienza climatica rendono questo sforzo essenziale. Il futuro dell'agricoltura, con i meli come attori chiave, si sta delineando verso pratiche più sostenibili e rigenerative, garantendo la sicurezza alimentare e la salute del nostro pianeta.

Capitolo 140: Meccanizzazione della coltivazione delle mele

La meccanizzazione della coltivazione delle mele rappresenta un importante progresso nell'agricoltura moderna, offrendo numerosi vantaggi in termini di efficienza, riduzione dei costi e miglioramento dei rendimenti. Integrando tecnologie avanzate, i coltivatori possono ora gestire i propri frutteti in modo più produttivo e sostenibile.

Preparazione e semina del terreno

La preparazione del terreno è un passaggio cruciale nella coltivazione dei meli. Le attrezzature meccanizzate, come aratri, motozappe e coltivatori, facilitano la lavorazione profonda del terreno, migliorando così l'aerazione e la struttura del suolo. La piantumazione meccanizzata, mediante l'utilizzo di piantatrici automatiche, consente di piantare alberi giovani con maggiore precisione, garantendo una spaziatura ottimale e una profondità uniforme. Ciò contribuisce ad un migliore insediamento delle piante e ad una crescita iniziale più vigorosa.

Dimensioni e potatura

La potatura dei meli è essenziale per mantenere la salute degli alberi e massimizzare la produzione di frutti. La meccanizzazione della potatura, con macchine da potatura automatizzate, permette di svolgere questo faticoso compito in modo più rapido ed uniforme. Queste attrezzature sono dotate di lame regolabili che possono essere programmate per potare gli alberi secondo schemi specifici, migliorando così la qualità della potatura e riducendo il tempo di lavoro manuale.

Trattamento fitosanitario

Proteggere i meli da malattie e parassiti è essenziale per garantire raccolti sani. Gli atomizzatori meccanizzati, trainati o montati su droni, consentono l'applicazione precisa e uniforme dei trattamenti fitosanitari. Queste macchine possono essere dotate di sensori per rilevare il livello di umidità e la presenza di parassiti, regolando in tempo reale la quantità di prodotti applicati. Ciò non solo migliora l'efficacia dei trattamenti, ma riduce anche l'uso eccessivo di sostanze chimiche.

Irrigazione

La gestione dell'acqua è un aspetto chiave della coltivazione dei meli. I sistemi di irrigazione automatizzata, come l'irrigazione a goccia e gli irrigatori automatici, erogano l'acqua in modo preciso e controllato. Questi sistemi possono essere programmati per funzionare in base alle esigenze specifiche degli alberi e alle condizioni climatiche, ottimizzando così l'utilizzo dell'acqua e minimizzando gli sprechi.

Raccolto

La raccolta delle mele è una delle fasi più laboriose della produzione della frutta. Le macchine per la raccolta meccanizzata, come gli scuotitori per alberi e le raccoglitrici per frutta, riducono notevolmente la necessità di lavoro manuale. Queste macchine sono progettate per scuotere gli alberi o raccogliere i frutti in modo delicato, riducendo al minimo i danni alle mele e aumentando l'efficienza della raccolta. Inoltre, alcune macchine sono dotate di sistemi di cernita e pulizia integrati, che consentono la lavorazione della frutta direttamente sul campo.

Gestione dei rifiuti e compostaggio

Anche la gestione degli scarti di potatura e dei frutti non raccolti è agevolata dalla meccanizzazione. I trituratori di rami e i composter automatici riciclano i rifiuti organici trasformandoli in compost, che può essere riutilizzato per migliorare la fertilità del suolo. Questo approccio contribuisce a una gestione più sostenibile delle risorse e riduce l'impronta ecologica dei frutteti.

Tecnologia e innovazione

I progressi tecnologici continuano a trasformare la coltivazione delle mele. L'uso di sensori, droni e sistemi di gestione dei dati consente agli agricoltori di monitorare da vicino la salute degli alberi, le condizioni del suolo e i livelli di nutrienti. Le piattaforme di gestione agricola basate sull'intelligenza artificiale possono analizzare questi dati e fornire raccomandazioni per ottimizzare le pratiche agricole. Questa integrazione di tecnologia e innovazione nella meccanizzazione non solo migliora la produttività ma anche la sostenibilità dei meleti.

Sfide e prospettive

Sebbene la meccanizzazione offra molti vantaggi, presenta anche delle sfide. L'investimento iniziale in attrezzature potrebbe essere elevato e potrebbe essere necessario formare gli agricoltori all'uso di queste nuove tecnologie. Inoltre, l'adattamento delle pratiche tradizionali ai metodi meccanizzati potrebbe richiedere un periodo di transizione. Tuttavia, le prospettive di miglioramento dell'efficienza, riduzione del costo della manodopera e gestione sostenibile dei frutteti rendono questi sforzi essenziali per il futuro della coltivazione delle mele.

In breve, la meccanizzazione della coltivazione delle mele rappresenta un'evoluzione significativa verso un'agricoltura più moderna e sostenibile. Attraverso l'integrazione di tecnologie avanzate, i coltivatori possono ottimizzare ogni fase della produzione, dalla semina al raccolto, riducendo al contempo l'impatto ambientale e garantendo rese di qualità superiore.

Capitolo 141: Uso di droni e tecnologia nei frutteti

I progressi tecnologici stanno trasformando il campo dell'agricoltura e i meleti non fanno eccezione. L'uso di droni e altre tecnologie innovative apre nuove prospettive per la gestione e l'ottimizzazione dei frutteti, fornendo soluzioni efficienti e sostenibili per i produttori.

Monitoraggio e analisi del frutteto

I droni dotati di telecamere ad alta risoluzione e sensori multispettrali svolgono un ruolo cruciale nel monitoraggio dei frutteti. Questi dispositivi catturano immagini dettagliate degli alberi, fornendo preziose informazioni sulla salute dei meli, sulla presenza di malattie, parassiti e sul fabbisogno idrico. I dati raccolti possono essere analizzati per identificare rapidamente le aree problematiche, consentendo un intervento mirato e rapido.

I sensori multispettrali possono rilevare variazioni invisibili a occhio nudo, come i livelli di clorofilla e segni di stress idrico. Utilizzando queste informazioni, i coltivatori possono adattare le proprie pratiche di gestione per soddisfare le esigenze specifiche di ciascun albero, ottimizzando così la salute generale del frutteto.

Irrigazione di precisione

La gestione dell'acqua è essenziale per mantenere i meleti sani e produttivi. I droni possono monitorare l'umidità del suolo e identificare le aree che richiedono un'irrigazione supplementare. Abbinata ai sistemi di irrigazione automatizzati, questa tecnologia consente una distribuzione precisa dell'acqua, riducendo gli sprechi e migliorando l'efficienza dell'irrigazione. I sensori a terra, integrati con le reti di droni, forniscono dati in tempo reale per regolare l'irrigazione in base alle condizioni meteorologiche e alle esigenze degli alberi.

Applicazione dei prodotti fitosanitari

L'applicazione dei prodotti fitosanitari è un compito fondamentale nella gestione del frutteto. I droni possono essere dotati di serbatoi e irroratori per applicare pesticidi, erbicidi e fertilizzanti in modo preciso e uniforme. Questo metodo riduce l'esposizione dei lavoratori alle sostanze chimiche e consente di raggiungere aree difficili da raggiungere. Inoltre, l'uso dei droni riduce al minimo il sovradosaggio, riducendo così l'impatto ambientale e i costi associati.

Mappatura e pianificazione

I droni facilitano la mappatura precisa dei frutteti, consentendo ai coltivatori di creare mappe dettagliate degli appezzamenti. Queste mappe possono includere informazioni sulla densità degli alberi, sulla topografia e sulle aree di crescita variabile. Questa mappatura dettagliata è essenziale per la pianificazione delle operazioni, la rotazione delle colture e l'espansione del frutteto. Consente inoltre una migliore gestione delle risorse e un'allocazione ottimale dei fattori di produzione agricoli.

Vendemmia Assistita

Anche la tecnologia dei droni può svolgere un ruolo nella raccolta delle mele. Sebbene la raccolta meccanica completa tramite droni sia ancora in fase di sviluppo, i droni possono già assistere i lavoratori identificando i frutti pronti per il raccolto. Possono guidare i lavoratori verso aree con un'alta densità di frutta matura, aumentando così l'efficienza e riducendo i tempi di raccolta.

Innovazioni future

L'integrazione dell'intelligenza artificiale (AI) e dell'apprendimento automatico con i droni apre nuove possibilità per la gestione dei frutteti. Gli algoritmi possono analizzare i dati raccolti dai droni per prevedere i raccolti, rilevare i primi segni di malattie e raccomandare interventi specifici. Inoltre, i droni autonomi possono eseguire attività programmate senza intervento umano, aumentando così l'efficienza e riducendo la dipendenza dalla manodopera.

Benefici economici e ambientali

L'uso di droni e tecnologie avanzate nei frutteti offre notevoli vantaggi economici. Ottimizzando l'uso degli input, riducendo il costo del lavoro e migliorando i rendimenti, i produttori possono aumentare la propria redditività. Inoltre, queste tecnologie promuovono pratiche agricole sostenibili riducendo l'uso eccessivo di sostanze chimiche e minimizzando l'impronta di carbonio delle operazioni agricole.

I droni e le tecnologie associate rappresentano una rivoluzione nella gestione dei meleti. Offrendo soluzioni precise ed efficienti per il monitoraggio, l'irrigazione, l'applicazione di prodotti fitosanitari e la pianificazione, queste innovazioni stanno trasformando il modo in cui i coltivatori gestiscono i loro frutteti. I vantaggi economici e ambientali di queste tecnologie le rendono strumenti essenziali per il futuro della produzione frutticola sostenibile.

Capitolo 142: Meli ed energia rinnovabile

L'integrazione dei meli in sistemi che utilizzano energia rinnovabile presenta vantaggi significativi per la sostenibilità agricola e l'ambiente. Combinando la coltivazione delle mele con le tecnologie verdi, è possibile ridurre l'impronta di carbonio dell'agricoltura aumentando al tempo stesso l'efficienza dei frutteti.

Utilizzo di pannelli solari

I pannelli solari possono essere installati nei meleti per generare elettricità pulita. Questo approccio, noto come agrofotovoltaico, consente di produrre energia rinnovabile coltivando alberi da frutto. I pannelli solari possono essere montati in alto, lasciando molto spazio per far crescere i meli al di sotto. Questa configurazione offre diversi vantaggi: i pannelli forniscono ombra parziale agli alberi, riducendo lo stress termico e l'evaporazione dell'acqua dal terreno.

In cambio, i meli beneficiano di un microclima più stabile, che può migliorarne la crescita e la produttività.

Meli e turbine eoliche

Le turbine eoliche rappresentano un'altra fonte di energia rinnovabile che può essere integrata nei frutteti. Posizionando le turbine eoliche in aree strategiche, i produttori possono generare elettricità dal vento, riducendo la loro dipendenza dai combustibili fossili. Le moderne turbine eoliche sono progettate per ridurre al minimo l'impatto sulla flora e sulla fauna locale e la loro installazione può essere pianificata in modo da non interferire con la crescita e il raccolto dei meli. L'energia eolica prodotta può essere utilizzata per alimentare sistemi di irrigazione, attrezzature per la lavorazione della frutta e altri fabbisogni energetici dei frutteti.

Biomassa e Biogas

I residui di potatura dei meli, i frutti non commerciabili e altri rifiuti organici possono essere trasformati in energia attraverso processi di biomassa e biogas. La biomassa, in particolare, può essere convertita in calore ed elettricità attraverso la combustione controllata o la gassificazione. Il biogas, prodotto dalla fermentazione anaerobica dei rifiuti organici, può essere utilizzato come fonte energetica per il riscaldamento, la cucina o la produzione di energia elettrica. Queste tecniche consentono di valorizzare i rifiuti agricoli, riducendo così i costi di gestione dei rifiuti e fornendo una fonte di energia rinnovabile in loco.

Sistemi di irrigazione solare

L'irrigazione è essenziale per la salute e la produttività dei meli, ma può essere energeticamente costosa. I sistemi di irrigazione ad energia solare offrono una soluzione sostenibile ed efficiente. Questi sistemi utilizzano pannelli solari per alimentare le pompe di irrigazione, eliminando la necessità di combustibili fossili. I sistemi di irrigazione a goccia possono essere particolarmente efficaci se abbinati a pannelli solari, poiché consentono una distribuzione precisa dell'acqua, riducendo gli sprechi e aumentando l'efficienza nell'uso dell'acqua.

Stoccaggio dell'energia

Per massimizzare i benefici delle energie rinnovabili, è fondamentale integrare soluzioni di stoccaggio dell'energia. Le batterie solari, ad esempio, possono immagazzinare l'energia generata dai pannelli solari o dalle turbine eoliche, consentendo ai coltivatori di mele di utilizzare questa energia quando la produzione è bassa, come durante la notte o le giornate nuvolose. I sistemi di accumulo dell'energia aumentano l'affidabilità delle fonti energetiche rinnovabili e garantiscono una fornitura continua di elettricità per le esigenze dei frutteti.

Meli e riduzione dell'impronta di carbonio

Integrando l'energia rinnovabile nella coltivazione delle mele, i coltivatori possono ridurre significativamente la propria impronta di carbonio. L'uso dell'energia solare, eolica e delle biomasse aiuta a ridurre la dipendenza dai combustibili fossili, contribuendo così alla lotta contro il cambiamento climatico. Inoltre, gli stessi meli svolgono un ruolo nel sequestro del carbonio, catturando la CO_2 dall'atmosfera e immagazzinandola nei loro tessuti. Questa sinergia tra agricoltura ed energia rinnovabile crea un sistema agricolo più resiliente e rispettoso dell'ambiente.

Prospettive future

Il futuro dei meleti potrebbe vedere un'integrazione ancora maggiore delle tecnologie rinnovabili. Innovazioni come pannelli solari trasparenti, turbine eoliche ad asse verticale e sistemi intelligenti di gestione dell'energia potrebbero migliorare ulteriormente l'efficienza e la sostenibilità dei frutteti. Inoltre, le politiche e gli incentivi governativi volti a promuovere l'adozione delle energie rinnovabili in agricoltura potrebbero accelerare questa transizione. Combinando le pratiche tradizionali di coltivazione delle mele con tecnologie all'avanguardia, è possibile creare frutteti che non solo producono frutti deliziosi, ma anche energia pulita e rinnovabile.

Capitolo 143: Meli nell'arte e nell'architettura del paesaggio

I meli, al di là del loro valore agricolo, occupano un posto privilegiato nell'arte e nell'architettura del paesaggio. La loro estetica, il loro simbolismo e la loro capacità di strutturare lo spazio li rendono elementi preziosi per artisti e architetti paesaggisti.

Bellezza e simbolismo

I meli hanno una bellezza intrinseca che varia con le stagioni, offrendo una tavolozza mutevole di colori e forme. In primavera, i loro fiori delicati, spesso bianchi o rosa, portano un tocco di leggerezza e freschezza. In estate, il fogliame denso e verde fornisce ombra e una consistenza gradevole alla vista. In autunno, i frutti rossi, gialli o verdi contrastano magnificamente con il fogliame che diventa giallo o rosso, aggiungendo una dimensione visiva ricca e dinamica. In inverno, anche se spogli, i meli mantengono una silhouette aggraziata e scultorea.

Simbolicamente il melo è spesso associato all'abbondanza, alla fertilità e alla conoscenza, temi che risuonano profondamente nell'arte e nella cultura. In molte tradizioni il melo è legato a storie mitologiche e bibliche, come il Giardino dell'Eden o le mele d'oro delle Esperidi, conferendo a questi alberi un'aura di mistero e sacralità.

Utilizzo nell'architettura del paesaggio

Nell'architettura del paesaggio, i meli vengono utilizzati per strutturare e abbellire gli spazi esterni. Le loro dimensioni medie e la chioma allargata li rendono ideali per creare zone d'ombra e punti focali nei giardini. Piantati in allineamento, possono formare percorsi eleganti e accoglienti, guidando i visitatori attraverso il paesaggio. Nei boschetti creano spazi intimi e protetti, perfetti per la contemplazione o il riposo.

I meli possono anche essere incorporati in giardini a tema, come i frutteti didattici, dove fungono sia da fonte di frutta che da elemento educativo, consentendo ai visitatori di conoscere la coltivazione dei meli e l'agricoltura sostenibile. Nei giardini da collezione possono essere esposte diverse varietà di meli, mostrando la diversità di forme, colori e sapori.

Creazione di microclimi e biodiversità

I meli svolgono un ruolo cruciale nella creazione di microclimi favorevoli e nella promozione della biodiversità. Il loro fogliame denso fornisce ombra, riducendo la temperatura del suolo e l'evaporazione dell'acqua, il che può avvantaggiare le piante vicine. I meli forniscono anche l'habitat per una varietà di specie, dagli insetti impollinatori agli uccelli, contribuendo a un ecosistema sano ed equilibrato.

Combinando i meli con altre piante autoctone e benefiche, gli architetti paesaggisti possono creare spazi resilienti ed ecologicamente equilibrati. Le combinazioni di piante possono includere coperture del terreno che riducono le erbacce, piante che fissano l'azoto che arricchiscono il terreno e fiori che attirano gli impollinatori. Queste combinazioni creano paesaggi estetici, funzionali e rispettosi dell'ambiente.

Integrazione artistica

I meli hanno ispirato molti artisti nel corso dei secoli, dalla pittura alla scultura alla letteratura. Nella pittura, artisti come Vincent van Gogh e Claude Monet hanno catturato la bellezza fugace dei fiori di melo nelle loro opere, utilizzando questi alberi per esprimere emozioni e temi profondi. Nella scultura, le forme tortuose dei vecchi meli possono servire come modelli o materiali, i loro rami e tronchi diventano opere d'arte viventi.

Le installazioni di arte contemporanea utilizzano spesso i meli per creare opere interattive e coinvolgenti. Si possono creare frutteti artistici negli spazi pubblici, invitando le persone a connettersi con la natura e a riflettere sui temi della crescita, del cambiamento e del ciclo della vita. Questi progetti mostrano come l'arte e l'architettura del paesaggio possano intrecciarsi per arricchire la nostra esperienza dell'ambiente.

Progetti paesaggistici innovativi

Molti progetti paesaggistici innovativi integrano i meli per creare spazi pubblici e privati unici. Nei giardini urbani, ad esempio, i meli possono essere utilizzati per creare oasi verdi tra cemento e acciaio. I tetti verdi con meli nani o semi-nani forniscono preziosi spazi verdi in ambienti urbani densi, contribuendo alla regolazione termica degli edifici e migliorando la qualità dell'aria.

I meli a spalliera, una tecnica in cui gli alberi vengono addestrati a crescere appiattiti contro una struttura, possono trasformare muri e recinzioni in elementi viventi e produttivi, ottimizzando l'uso dello spazio nei piccoli giardini. Queste tecniche mostrano come i meli possano essere integrati in modo creativo e funzionale in una varietà di spazi, dai cortili delle scuole ai parchi pubblici.

Prospettive future

Con l'evoluzione delle pratiche di progettazione e una crescente consapevolezza dell'importanza della sostenibilità, i meli continueranno a svolgere un ruolo centrale nell'arte e nell'architettura del paesaggio. La loro capacità di offrire vantaggi sia estetici che ecologici li rende le scelte preferite per futuri progetti di design. Coltivando e integrando questi alberi nei nostri paesaggi, possiamo creare ambienti che nutrono sia il corpo che lo spirito, rispettando e preservando la natura.

Capitolo 144: Meli nei giardini comunitari

Gli orti comunitari sono spazi preziosi in cui i membri della comunità si riuniscono per coltivare cibo, condividere conoscenze e rafforzare le connessioni sociali. Al centro di questi giardini ci sono spesso i meli, alberi che aggiungono un valore inestimabile a questi spazi condivisi.

Un simbolo di condivisione e convivialità

I meli sono più che semplici alberi da frutto negli orti comunitari. Simboleggiano la condivisione, la generosità e la convivialità. Producendo frutti abbondanti, forniscono una fonte di cibo fresco e sano per i membri della comunità, rafforzando così la sicurezza alimentare locale. Inoltre, la raccolta delle mele diventa spesso un evento sociale, che riunisce membri della comunità di tutte le età per raccogliere e condividere i frutti del loro lavoro comune.

Educazione e consapevolezza

Anche i meli negli orti comunitari sono potenti strumenti educativi. Offrono l'opportunità di insegnare ai membri della comunità come coltivare gli alberi da frutto, comprese le cure necessarie, la potatura e la raccolta. I bambini possono imparare da dove proviene il cibo e quanto sia importante prendersi cura dell'ambiente per garantire una produzione alimentare sostenibile. Inoltre, i meli possono essere integrati in programmi educativi più ampi sulla nutrizione, l'agricoltura urbana e la conservazione dell'ambiente.

Creazione di collegamenti sociali

Gli alberi di mele sono spesso piantati in posizioni strategiche negli orti comunitari, incoraggiando l'interazione sociale. La raccolta delle mele diventa un momento di ritrovo in cui i membri della comunità si riuniscono per chiacchierare, scambiarsi consigli di giardinaggio e condividere storie. Queste interazioni favoriscono un senso di appartenenza e solidarietà all'interno della comunità, rafforzando i legami sociali e contribuendo alla coesione della comunità.

Sostegno alla sostenibilità

Oltre a fornire frutta fresca, i meli negli orti comunitari contribuiscono alla sostenibilità ambientale. Assorbono l'anidride carbonica, forniscono ombra e creano habitat per la fauna selvatica locale. La loro presenza incoraggia anche pratiche agricole rispettose dell'ambiente, come il compostaggio, la conservazione dell'acqua e la riduzione dei rifiuti.

I meli negli orti comunitari sono più di una semplice fonte di cibo. Incarnano i valori della condivisione, dell'educazione e della sostenibilità, rafforzando al tempo stesso i legami sociali all'interno della comunità. La loro presenza arricchisce non solo i giardini, ma anche la vita delle persone che li coltivano, creando spazi verdi vivaci e inclusivi.

Capitolo 145: Meli e pianificazione urbana sostenibile

I meli svolgono un ruolo importante nella promozione della pianificazione urbana sostenibile. In quanto elementi viventi degli spazi urbani, offrono una moltitudine di benefici sia a livello ambientale che sociale.

Innanzitutto, i meli aiutano a migliorare la qualità dell'aria assorbendo anidride carbonica e producendo ossigeno durante la fotosintesi. La loro presenza nelle aree urbane aiuta a mitigare gli effetti dannosi dell'inquinamento atmosferico e contribuisce a creare ambienti urbani più sani e vivibili.

Inoltre, i meli forniscono ombra naturale, che aiuta a ridurre le isole di calore urbane in estate. La loro fitta tettoia protegge i marciapiedi e gli spazi pubblici dalla luce solare diretta, fornendo un rifugio fresco per residenti e passanti.

A livello sociale i meli favoriscono il benessere dei cittadini creando spazi verdi accessibili a tutti. Aggiungono bellezza e diversità all'ambiente urbano, offrendo allo stesso tempo opportunità di svago e relax ai residenti della città.

Inoltre, i meleti urbani possono fungere da punti di ritrovo della comunità, favorendo le interazioni sociali e rafforzando le connessioni tra i residenti. La partecipazione alla coltivazione delle mele può anche promuovere un senso di appartenenza e orgoglio locale all'interno dei quartieri urbani.

Infine, i meli contribuiscono a promuovere la sostenibilità alimentare fornendo frutti locali e stagionali agli abitanti delle città. La vicinanza dei frutteti urbani riduce la dipendenza dal trasporto alimentare a lunga distanza e incoraggia il consumo di prodotti freschi e sani.

In conclusione, i meli svolgono un ruolo fondamentale nel promuovere una pianificazione urbana sostenibile contribuendo alla qualità dell'aria, mitigando le isole di calore urbane, favorendo il benessere sociale e promuovendo la sostenibilità alimentare. La loro integrazione nei paesaggi urbani è quindi una strategia importante per creare città più verdi, più sane e più resilienti.

Capitolo 146: L'impatto dei meli sulla fauna locale

I meli hanno un impatto significativo sulla fauna selvatica locale, fornendo un ecosistema ricco di risorse e habitat per molte specie animali. In quanto elementi della biodiversità, contribuiscono in vari modi a sostenere la fauna selvatica nel loro ambiente.

Innanzitutto i meli rappresentano una preziosa fonte di cibo per molti animali. I fiori del melo attirano gli insetti impollinatori come api, farfalle e bombi, che svolgono un ruolo cruciale nell'impollinazione delle piante. Una volta che i frutti maturano, diventano una fonte di cibo per una varietà di uccelli, mammiferi e persino insetti, contribuendo alla catena alimentare locale.

Inoltre, i meli forniscono rifugio e habitat a varie specie animali. I loro rami forniscono siti di nidificazione per gli uccelli, mentre il loro fitto fogliame offre rifugio a piccoli mammiferi, insetti e altre creature. I buchi nei tronchi cavi possono anche servire come tane per piccoli animali come scoiattoli e pipistrelli.

I meli contribuiscono anche alla diversità biologica sostenendo un'ampia varietà di specie vegetali che prosperano alla loro ombra. L'erba, i cespugli e le altre piante che crescono intorno ai meli forniscono un'ulteriore fonte di cibo e un habitat per una varietà di animali, creando un ecosistema equilibrato e vivace.

Inoltre, i meli possono svolgere un ruolo nella conservazione degli habitat naturali fornendo corridoi biologici per la fauna selvatica, collegando aree boschive e habitat frammentati. Ciò aiuta a mantenere la mobilità delle popolazioni animali e promuove la diversità genetica all'interno delle popolazioni.

In breve, i meli hanno un profondo impatto sulla fauna selvatica locale fornendo cibo, riparo e habitat per una varietà di specie animali. La loro presenza nei paesaggi naturali e urbani aiuta a sostenere la biodiversità e a creare ecosistemi sani e resilienti per le generazioni future.

Capitolo 147: Casi di studio: frutteti nel mondo

Lo studio dei frutteti in tutto il mondo offre un'affascinante esplorazione delle pratiche agricole, delle variazioni climatiche e delle tradizioni culturali che modellano la frutticoltura in diverse regioni. I frutteti, piccoli o vasti che siano, sono testimoni dell'ingegno umano e della diversità naturale.

In Europa, i frutteti sono spesso associati a paesaggi tradizionali e pratiche agricole ancestrali. I meleti della Normandia, ad esempio, sono rinomati per la qualità del sidro e del calvados. Questi frutteti ad alta densità, dove gli alberi sono spesso piantati in filari stretti, dimostrano una lunga tradizione di produzione di sidro nella regione.

Negli Stati Uniti, i frutteti sono spesso grandi e diversificati, riflettendo la varietà di climi e terroir del paese. Dalla Washington State Apple Commission nel nord-ovest degli Stati Uniti ai frutteti di pesche in Georgia, ogni regione offre la propria gamma di frutti e pratiche agricole uniche.

In Asia, i frutteti possono variare notevolmente a seconda delle tradizioni culturali e delle condizioni climatiche locali. I meleti in Cina, ad esempio, sono spesso grandi e utilizzano tecniche di coltivazione intensiva per massimizzare i raccolti in un paese in cui la domanda di frutta è in costante aumento.

In Africa, i frutteti sono spesso essenziali per la sicurezza alimentare e il sostentamento delle comunità locali. I frutteti di mango in Senegal e gli agrumeti in Sud Africa sono esempi di come la frutta possa svolgere un ruolo cruciale nella lotta alla fame e alla povertà nella regione.

Nelle regioni aride e semiaride del Medio Oriente, i frutteti vengono spesso irrigati utilizzando sistemi ancestrali di gestione dell'acqua, come i qanat in Iran e i falaj negli Emirati Arabi Uniti. Questi sistemi consentono agli agricoltori di coltivare una varietà di frutti, comprese le mele, nonostante le sfide poste dal clima secco.

Infine, in Oceania, i frutteti sono spesso integrati in sistemi agricoli più ampi, come le aziende agricole miste in Nuova Zelanda. I meleti e gli altri frutteti svolgono un ruolo importante nell'economia agricola della regione, fornendo reddito agli agricoltori e prodotti di alta qualità ai consumatori locali e internazionali.

In conclusione, lo studio dei frutteti di tutto il mondo rivela la ricchezza e la diversità della frutticoltura su scala globale. Dai frutteti tradizionali in Normandia alle vaste piantagioni in

Cina, ogni regione offre una prospettiva unica sulla frutticoltura e sulle sfide che gli agricoltori devono affrontare in un mondo in continua evoluzione.

Capitolo 148: Il ruolo dei meli nell'agroecologia

I meli occupano un posto di rilievo nel panorama dell'agroecologia, un approccio agricolo che mira a integrare armoniosamente la produzione alimentare con la preservazione dell'ecosistema. Il loro contributo in questo senso è multiforme e spazia dalla biodiversità alla sostenibilità agricola.

In primo luogo, i meleti agroecologici promuovono la biodiversità fornendo un habitat naturale per una varietà di specie vegetali e animali. Gli alberi stessi forniscono siti di nidificazione per gli uccelli, mentre i fiori attirano gli insetti impollinatori. Inoltre, la diversità delle piante da consociazione e delle colture intercalate coltivate sotto i meli contribuisce a creare un ecosistema ricco ed equilibrato.

Successivamente, le pratiche di gestione agroecologica dei meleti mirano a preservare la salute del suolo e a ridurre l'uso di input chimici. Tecniche come la rotazione delle colture, la pacciamatura e la gestione integrata dei parassiti aiutano a mantenere la fertilità del suolo riducendo al contempo gli impatti ambientali negativi.

Inoltre, i meleti agroecologici possono svolgere un ruolo nella promozione dell'agricoltura locale e sostenibile. Promuovendo la produzione di frutti di qualità preservando le risorse naturali, questi sistemi agricoli contribuiscono a rafforzare la resilienza delle comunità locali e a promuovere la sovranità alimentare.

In sintesi, i meli svolgono un ruolo importante nell'agroecologia come elementi chiave degli agroecosistemi sostenibili. La loro sapiente integrazione nelle pratiche agricole può aiutare a promuovere la biodiversità, preservare le risorse naturali e rafforzare la sostenibilità dell'agricoltura a livello locale e globale.

Capitolo 149: Meli e politiche di conservazione

Il melo svolge un ruolo cruciale nelle politiche di conservazione, contribuendo alla preservazione della biodiversità, alla promozione dell'agricoltura sostenibile e alla tutela delle risorse genetiche. La loro importanza in queste politiche si basa su diversi aspetti fondamentali.

Innanzitutto, la diversità genetica dei meli è essenziale per la resilienza dei frutteti alle malattie, ai parassiti e ai cambiamenti climatici. Le politiche di conservazione mirano a proteggere questa diversità sostenendo i frutteti di varietà antiche e locali. Queste varietà, spesso adattate alle specifiche condizioni locali, sono tesori genetici che possono offrire soluzioni alle future sfide agricole. Le banche genetiche e le collezioni di meli rari sono quindi strumenti cruciali per preservare questa diversità.

In secondo luogo, i meli contribuiscono alla conservazione degli ecosistemi fornendo habitat per una varietà di flora e fauna. I meleti, in particolare quelli gestiti ecologicamente, creano ambienti ricchi di biodiversità. Le politiche di conservazione incoraggiano queste pratiche sostenendo metodi di coltivazione rispettosi dell'ambiente, come l'agroforestazione, la gestione integrata dei parassiti e l'uso di tecniche biologiche.

Inoltre, i meli sono spesso integrati nei paesaggi culturali e nelle tradizioni locali. Le politiche di conservazione riconoscono questa dimensione culturale proteggendo i paesaggi tradizionali dei frutteti, che non sono importanti solo per la biodiversità, ma anche per il patrimonio culturale delle comunità. Sostenendo questi paesaggi, le politiche di conservazione aiutano a preservare il know-how locale e a mantenere le pratiche agricole tradizionali.

Le iniziative di conservazione implicano anche la sensibilizzazione e l'educazione degli agricoltori e del pubblico. Informando gli agricoltori sui benefici della diversità varietale e delle pratiche sostenibili, le politiche di conservazione incoraggiano una gestione responsabile e proattiva dei meleti. Inoltre, la consapevolezza pubblica dell'importanza delle varietà antiche e delle pratiche sostenibili può aumentare la domanda di prodotti provenienti da frutteti gestiti ecologicamente, sostenendo così gli sforzi di conservazione attraverso le scelte dei consumatori.

Pertanto, i meli sono al centro delle politiche di conservazione, grazie alla loro diversità genetica, al loro ruolo ecologico e alla loro importanza culturale. Gli sforzi per proteggere e promuovere le varietà di mele, incoraggiare pratiche agricole sostenibili e sensibilizzare la comunità sono essenziali per garantire un futuro resiliente e ricco di biodiversità.

Capitolo 150: Riabilitazione degli alberi di mele abbandonati

Il recupero dei meli abbandonati è un progetto di grande valore, sia dal punto di vista ambientale che economico e culturale. Questo processo richiede sforzi concertati per riportare questi alberi al loro stato produttivo e reintegrarli nei sistemi e nei paesaggi agricoli locali. I passaggi per raggiungere questo obiettivo sono diversi e implicano la conoscenza dell'arboricoltura, dell'ecologia e della gestione della comunità.

Il primo passo per riabilitare i meli abbandonati è valutare le condizioni degli alberi. È fondamentale determinare la salute generale dei meli, identificando malattie, parassiti e danni strutturali. Tale valutazione permette di programmare per ciascun albero gli interventi necessari. Gli alberi gravemente danneggiati possono richiedere una potatura drastica, mentre quelli in condizioni migliori possono beneficiare di cure meno intensive.

Successivamente, rimodellare la potatura è una pratica essenziale per ripristinare i meli abbandonati. Questa potatura rimuove i rami morti o malati, migliora la struttura dell'albero e incoraggia una nuova crescita vigorosa. La potatura deve essere eseguita con attenzione per evitare di stressare l'albero e per favorire una distribuzione equilibrata di luce e aria attraverso la chioma.

Anche la gestione delle malattie e dei parassiti è un passo cruciale. I meli abbandonati sono spesso infestati da parassiti e agenti patogeni. È quindi necessario adottare pratiche di lotta integrata, che comprendano l'uso di trattamenti biologici e la promozione dei predatori naturali. Si possono effettuare trattamenti fungicidi o insetticidi, preferibilmente utilizzando prodotti rispettosi dell'ambiente.

Il miglioramento del suolo è un altro aspetto importante della riabilitazione. I meli abbandonati possono soffrire di carenze nutrizionali, scarsa struttura del suolo o problemi di drenaggio. L'aggiunta di compost, letame e altri ammendanti organici può arricchire il terreno e migliorare la sua capacità di trattenere acqua e sostanze nutritive. Le analisi del terreno consentono di identificare carenze specifiche e orientare i contributi necessari.

La rigenerazione dei meli abbandonati deve comprendere anche la piantumazione di nuovi alberi in sostituzione di quelli ormai irreparabili o per densificare il frutteto. Le varietà scelte devono essere adattate alle condizioni locali e resistenti alle malattie comuni. La diversificazione delle varietà può anche rafforzare la resilienza dei frutteti.

Oltre agli interventi fisici, è fondamentale coinvolgere la comunità locale nel processo di riabilitazione. I progetti comunitari possono includere seminari di formazione sulla potatura e cura degli alberi, giornate di piantumazione e programmi educativi sull'importanza dei frutteti per la biodiversità e la cultura locale. La partecipazione attiva della comunità garantisce la sostenibilità degli sforzi di riabilitazione e rafforza i legami sociali attorno alla conservazione dei frutteti.

La valorizzazione dei prodotti provenienti da meli riabilitati è un obiettivo importante. Le mele possono essere trasformate in una varietà di prodotti come sidro, marmellate e succhi, aggiungendo valore economico agli sforzi di riabilitazione. La creazione di mercati locali o cooperative può sostenere gli agricoltori e incoraggiare la produzione sostenibile.

Il ripristino dei meli abbandonati è quindi un approccio multidimensionale, che coinvolge aspetti tecnici, ecologici, economici e sociali. È uno sforzo collettivo che richiede tempo, risorse e impegno, ma che porta benefici significativi in termini di biodiversità, resilienza agricola e patrimonio culturale.

Capitolo 151: Meli e orticoltura urbana

L'orticoltura urbana, una pratica in forte espansione nelle città moderne, sta integrando sempre più i meli negli spazi verdi. Questa tendenza riflette una crescente consapevolezza dei vantaggi ecologici, sociali ed economici di questi alberi da frutto. Gli alberi di mele, con la loro bellezza floreale e i frutti nutrienti, svolgono un ruolo cruciale nel trasformare i paesaggi urbani in ambienti più sostenibili e vivibili.

I meli nelle aree urbane contribuiscono in modo significativo alla biodiversità. Forniscono habitat e fonte di cibo per una varietà di insetti, uccelli e piccoli mammiferi. La presenza di questi alberi favorisce l'impollinazione da parte delle api e di altri impollinatori, essenziali per la salute degli ecosistemi urbani. Inoltre, i meli aiutano a migliorare la qualità dell'aria assorbendo anidride carbonica e producendo ossigeno, filtrando le particelle inquinanti.

Incorporare i meli nei giardini comunitari e nei parchi pubblici offre molti vantaggi sociali. Gli alberi da frutto incoraggiano le interazioni della comunità attraverso attività come raccolti collettivi e laboratori di giardinaggio. Queste iniziative rafforzano i legami sociali, promuovono la coesione della comunità e offrono opportunità educative per bambini e adulti. Gli orti urbani con alberi di melo diventano luoghi di incontro e condivisione di conoscenze sulle pratiche agricole sostenibili.

Dal punto di vista economico, i meli urbani possono svolgere un ruolo importante nella sicurezza alimentare locale. La frutta prodotta localmente riduce la dipendenza da catene di approvvigionamento lunghe e costose. Coltivando le proprie mele, gli abitanti delle città possono accedere a prodotti freschi e sani risparmiando denaro. Inoltre, la vendita della frutta in eccedenza nei mercati locali o attraverso cooperative può generare entrate aggiuntive per le comunità urbane.

Tuttavia, la gestione e il mantenimento dei meli in un ambiente urbano presenta alcune sfide. Lo spazio limitato, l'inquinamento urbano e le condizioni del suolo possono influire sulla salute degli alberi. È essenziale adottare pratiche di giardinaggio urbano adeguate, come l'utilizzo di contenitori per la coltivazione degli alberi, la modifica dei terreni con compost e l'implementazione di sistemi di irrigazione efficienti. Anche la potatura regolare e il monitoraggio di malattie e parassiti sono fondamentali per mantenere alberi sani e produttivi.

L'estetica dei meli in fiore e la loro trasformazione stagionale aggiungono una dimensione visiva attraente ai paesaggi urbani. La loro integrazione nei progetti di progettazione del paesaggio urbano può trasformare spazi monotoni in aree verdi e accoglienti. Gli alberi di melo portano un tocco di natura negli ambienti costruiti, fornendo benefici psicologici come la riduzione dello stress e il miglioramento del benessere generale dei residenti.

Le politiche urbane e le iniziative locali svolgono un ruolo chiave nel promuovere l'orticoltura urbana con il melo. Le amministrazioni comunali possono sostenere questi sforzi fornendo sovvenzioni, facilitando l'accesso ai terreni urbani per gli orti comunitari e incoraggiando la piantumazione di alberi da frutto negli spazi pubblici. La collaborazione tra urbanisti, orticoltori e comunità locali è essenziale per creare ambienti urbani sostenibili e resilienti.

In definitiva, i meli rappresentano una componente preziosa dell'orticoltura urbana, apportando molteplici e vari benefici alle città. La loro integrazione ponderata e strategica nei paesaggi urbani contribuisce non solo alla bellezza e alla biodiversità delle città, ma anche alla resilienza ecologica e alla qualità della vita dei residenti. Attraverso pratiche di giardinaggio innovative e politiche di sostegno, i meli possono diventare simboli viventi dell'impegno delle città per un futuro più verde e sostenibile.

Capitolo 152: Meli e istruzione scolastica

L'integrazione dei meli nell'istruzione scolastica offre numerosi vantaggi educativi, ambientali e sociali. Implementando i frutteti scolastici, gli istituti scolastici possono fornire agli studenti un'esperienza di apprendimento pratica e arricchente, promuovendo al contempo la consapevolezza ecologica e l'impegno della comunità.

I meli nelle scuole aiutano ad arricchire il curriculum scolastico attraverso varie discipline. Nella scienza, gli studenti possono osservare il ciclo di vita dei meli, conoscere i processi di impollinazione, crescita e fruttificazione e studiare le interazioni ecologiche tra alberi e altre forme di vita. Nella sezione Geografia gli studenti potranno esplorare le diverse varietà di meli, la loro origine geografica e le condizioni climatiche favorevoli alla loro coltivazione. La matematica trova il suo spazio anche nel frutteto scolastico, attraverso attività di misurazione, conteggio dei frutti e gestione del raccolto.

Il frutteto della scuola diventa un laboratorio vivente dove gli studenti partecipano attivamente a progetti di giardinaggio. Imparano a piantare, curare e raccogliere i frutti, sviluppando abilità pratiche e la comprensione dei cicli stagionali. Queste attività promuovono il lavoro di squadra, la responsabilità e l'autostima. Contribuiscono inoltre a sensibilizzare i giovani sull'importanza dell'agricoltura sostenibile e della produzione alimentare locale.

Dal punto di vista ambientale, i meli nelle scuole contribuiscono alla biodiversità locale. Attirano impollinatori come api e farfalle e forniscono l'habitat per uccelli e piccoli mammiferi. Gli studenti possono osservare queste interazioni e comprendere l'importanza della conservazione degli habitat naturali. Piantare meli aiuta anche a migliorare la qualità dell'aria e a fornire ombra, creando un ambiente scolastico più sano e piacevole.

I progetti relativi ai frutteti scolastici possono anche fungere da piattaforma per iniziative comunitarie. Genitori, insegnanti e membri della comunità possono essere coinvolti nella pianificazione, piantagione e cura degli alberi, rafforzando le connessioni sociali e il senso di appartenenza. I raccolti possono essere condivisi con la comunità, utilizzati nei programmi nutrizionali scolastici o venduti per finanziare altri progetti educativi.

In termini di nutrizione, i meli nelle scuole incoraggiano un'alimentazione sana. Gli studenti hanno accesso a frutta fresca e locale, che può incoraggiare abitudini alimentari più sane. Le lezioni di cucina utilizzando le mele del frutteto permettono agli studenti di scoprire diversi modi di preparare e mangiare la frutta, apprendendo i principi base dell'alimentazione.

Il frutteto scolastico è anche un potente strumento di educazione allo sviluppo sostenibile. Gli studenti apprendono i principi dell'agricoltura biologica, della gestione sostenibile delle risorse naturali e della riduzione dell'impronta ecologica. Scoprono come le scelte individuali e collettive possono avere un impatto positivo sull'ambiente. Questa consapevolezza ecologica fin dalla tenera età è essenziale per formare cittadini responsabili impegnati a preservare il pianeta.

Apple Trees in School Education offre un approccio olistico all'apprendimento, combinando conoscenze teoriche con esperienze pratiche e promuovendo l'educazione alla cittadinanza ecologica. Trasformano la scuola in un luogo di apprendimento vivo e interattivo, dove gli studenti possono vedere, toccare e assaporare i frutti dei loro sforzi. Attraverso queste iniziative, le scuole possono ispirare le generazioni future ad apprezzare e proteggere il nostro ambiente naturale, coltivando al tempo stesso competenze e valori essenziali per il loro sviluppo personale e accademico.

Capitolo 153: Meli nella letteratura e nella poesia

I meli occupano un posto speciale nella letteratura e nella poesia, spesso simboleggiano bellezza, fertilità e saggezza. La loro presenza nelle opere letterarie trascende culture ed epoche, offrendo una ricca tavolozza di significati ed emozioni.

Nella poesia il melo è spesso associato alla natura e alla meraviglia. Robert Frost, nella sua poesia "After Apple-Picking", usa il melo come metafora della vita e del lavoro. La poesia esplora la fatica dopo una lunga giornata di raccolta, simboleggiando la fine di un ciclo e la riflessione su risultati e rimpianti. Frost descrive le mele non raccolte come opportunità mancate, sottolineando la natura fugace della vita e i suoi momenti preziosi.

Il melo è presente anche nella letteratura mitologica e religiosa. Nella Bibbia, l'albero della conoscenza del bene e del male è spesso raffigurato come un melo, sebbene il frutto non sia esplicitamente nominato. Questo simbolo ha influenzato molte opere letterarie, dove la mela rappresenta la tentazione, la conoscenza e la perdita dell'innocenza. John Milton, nel suo epico "Paradiso perduto", descrive la scena della caduta dell'uomo, dove Eva coglie e mangia il frutto proibito, introducendo il peccato nel mondo. Il melo diventa così simbolo della dualità della conoscenza e delle sue conseguenze.

I meli compaiono anche nei racconti e nelle leggende popolari. Nei racconti europei, i meli sono spesso incantati o magici, offrono frutti dorati o svolgono un ruolo centrale nelle ricerche degli eroi. Ad esempio, nella fiaba dei fratelli Grimm "Biancaneve", la mela avvelenata donata dalla regina cattiva diventa un simbolo di tradimento e pericolo mascherato da bellezza.

Anche la letteratura romantica del XIX secolo celebrava i meli per la loro bellezza naturale e il loro simbolismo. Poeti come William Wordsworth e John Keats usavano i meli e i loro fiori per evocare immagini di purezza, rinnovamento e simbiosi tra uomo e natura. Keats, nella sua poesia "To Autumn", descrive i meli carichi di frutti maturi, un'immagine della pienezza e della ricchezza della stagione.

Nella letteratura americana, i meli simboleggiano spesso la semplicità e la rusticità della vita rurale. Henry David Thoreau, in "Walden", scrive dei meli selvatici che scopre durante le sue passeggiate, usando questi alberi come metafora della semplicità ostinata e del legame con la terra. Thoreau vede i meli come un simbolo di resilienza e bellezza naturale, indipendente dalla cultura umana.

La letteratura contemporanea continua a utilizzare i meli come simboli ricchi e versatili. In "Le regole della casa del sidro" di John Irving, i meleti sono un ambiente centrale che riflette i temi dell'amore, della perdita e della ricerca dell'identità. I meli e il raccolto delle mele fanno da sfondo ai dilemmi morali e alle scelte personali dei personaggi, sottolineando l'interconnessione tra la natura e la condizione umana.

I meli nella letteratura e nella poesia offrono quindi uno specchio attraverso il quale gli autori esplorano una moltitudine di temi universali. Sono testimoni silenziosi dei cicli della vita, custodi di segreti e simboli di trasformazione. La loro costante presenza nelle opere letterarie testimonia il loro potere evocativo e la capacità di catturare l'immaginazione umana, collegando i lettori a concetti profondi di bellezza, saggezza e mortalità.

Capitolo 154: Meli nell'arte visiva

Gli alberi di mele sono sempre stati fonte di ispirazione per gli artisti visivi, affascinando l'immaginazione con la loro bellezza naturale, il ricco simbolismo e la presenza universale in paesaggi diversi. La loro rappresentazione nell'arte attraversa i secoli, dagli affreschi antichi alle installazioni contemporanee, testimoniando il loro potere evocativo e il loro ruolo centrale nel nostro rapporto con la natura.

Nella pittura classica, i meli appaiono frequentemente nelle scene pastorali e nelle nature morte. Gli artisti del Rinascimento, come Pieter Bruegel il Vecchio, includevano i meli nelle loro rappresentazioni idealizzate della vita rurale. Gli alberi da frutto simboleggiano la fertilità, l'abbondanza e la semplicità della vita di campagna. I minuziosi dettagli di rami, foglie e frutti in queste opere riflettono una profonda ammirazione per la natura e la sua generosità.

I meli svolgono un ruolo importante anche nell'arte impressionista, dove sono spesso raffigurati all'aperto, catturando la luce e i colori mutevoli delle stagioni. Claude Monet, ad esempio, dipinse diversi meleti in fiore, utilizzando luminosi tocchi di colore e pennellate fluide per evocare la delicatezza e l'effimero dei fiori primaverili. Gli impressionisti cercano di catturare l'essenza del momento e i meli in fiore sono soggetti perfetti per esprimere questa ricerca di catturare la fugace bellezza della natura.

L'arte moderna e contemporanea continua a esplorare i meli come simboli e oggetti di contemplazione. Vincent van Gogh, nei suoi famosi dipinti di frutteti in Provenza, utilizza i meli per esprimere emozioni profonde e riflessioni personali. Le sue pennellate vorticose e i colori vivaci trasformano gli alberi in manifestazioni visive del suo stato d'animo. I meli diventano testimoni silenziosi delle sue lotte e dei suoi trionfi artistici.

Nella fotografia, i meli vengono spesso utilizzati per esplorare i temi della natura, della crescita e della trasformazione. I fotografi della Nuova Oggettività, come Albert Renger-Patzsch, catturarono le forme geometriche e le trame dei meli con precisione quasi scientifica, sottolineando la bellezza intrinseca delle strutture naturali. Le fotografie di meli in tutte le stagioni evidenziano la resilienza e la diversità di questi alberi, invitando allo stesso tempo lo spettatore a una contemplazione più profonda della natura.

Le installazioni di arte contemporanea spesso incorporano meli per creare esperienze coinvolgenti e interattive. Gli artisti di land art, come Andy Goldsworthy, utilizzano elementi naturali, tra cui mele e rami di melo, per creare opere effimere che interagiscono con l'ambiente circostante. Queste installazioni evidenziano la relazione simbiotica tra arte e natura e incoraggiano gli spettatori a considerare la fragilità e la bellezza transitoria del mondo naturale.

I meli hanno un posto importante anche nell'arte simbolica e allegorica. In molte culture il melo è simbolo di conoscenza, vita e rinnovamento. Le opere d'arte religiose e mitologiche utilizzano spesso il melo per evocare storie bibliche o antiche leggende. La mela d'oro delle Esperidi, nella mitologia greca, o il melo del Giardino dell'Eden, sono motivi ricorrenti che arricchiscono le opere d'arte di stratificazioni di significati simbolici.

In sintesi, i meli nell'arte visiva trascendono i confini temporali e culturali, fornendo agli artisti un motivo ricco e versatile da esplorare. La loro rappresentazione in varie forme d'arte ci ricorda la bellezza e la complessità della natura, riflettendo al contempo le nostre esperienze ed emozioni. Attraverso la pittura, la fotografia o le installazioni contemporanee, i meli continuano ad affascinare e ispirare, testimoniando il loro potere duraturo nel mondo dell'arte.

Capitolo 155: Meli e arti culinarie

I meli occupano un posto d'onore nell'arte culinaria, trasformando i loro frutti in una moltitudine di creazioni saporite che deliziano i palati di tutto il mondo. La diversità delle varietà di mele e le loro caratteristiche distintive offrono una ricchezza inesauribile per chef e appassionati di cucina. Dai piatti tradizionali alle innovazioni contemporanee, le mele sono sia un ingrediente essenziale che una fonte di ispirazione culinaria.

Le mele sono profondamente radicate nelle tradizioni culinarie di molti paesi. In Francia, ad esempio, la tarte Tatin è un classico irrinunciabile, dove le mele caramellate creano un dessert che stupisce nella sua semplicità e complessità di sapori. In Inghilterra, l'Apple Crumble, con i suoi succosi pezzi di mela sotto una crosta croccante, evoca caldi ricordi di casa. Queste ricette tradizionali mettono in risalto la naturale dolcezza delle mele e la loro capacità di abbinarsi armoniosamente con spezie come cannella e noce moscata.

La pasticceria francese utilizza le mele in modo magistrale, anche in delizie come la torta di mele, le frittelle di mele e le millefoglie. Queste creazioni dimostrano la versatilità delle mele, capaci di brillare sia in preparazioni semplici che in dessert elaborati. La consistenza croccante di alcune varietà di mela, come la Granny Smith, contrasta perfettamente con la morbidezza della crema pasticcera o con la ricchezza del burro nella pasta sfoglia.

Le mele non sono solo per i dessert. Svolgono un ruolo cruciale anche nei piatti salati, dove la loro naturale acidità e la sottile dolcezza aggiungono una dimensione di sapore unica. Nelle cucine del Nord Europa è comune vedere le mele arrostite con la carne, come nel famoso piatto tedesco, l'apfelrotkohl (cavolo rosso con mele). Le mele apportano un tocco di freschezza e contrastano con i sapori ricchi e grassi della carne.

Anche le insalate che incorporano le mele sono popolari, fornendo il perfetto equilibrio tra croccantezza e succosità. L'insalata Waldorf, ad esempio, mescola pezzi croccanti di mela con sedano, noci e maionese, creando un'armonia di consistenze e sapori. Inoltre, le mele possono essere utilizzate per creare condimenti per insalate o chutney, aggiungendo un sapore fruttato e piccante che esalta i piatti salati.

Le bevande sono un'altra dimensione in cui le mele eccellono. Il sidro, prodotto dalla fermentazione del succo di mela, è una bevanda iconica in molte culture, in particolare in Normandia, Bretagna e Inghilterra. Il sidro può essere dolce, crudo o frizzante, ed è adatto sia per la semplice degustazione che per accompagnare i pasti. Anche i cocktail a base di sidro, come il kir normanno, dimostrano l'adattabilità di questa bevanda ai contesti moderni.

I succhi e i frullati di mela sono apprezzati per il loro gusto rinfrescante e il valore nutrizionale. La ricchezza di vitamine e fibre delle mele rende queste bevande una scelta salutare per tutte le età. Inoltre, le mele possono essere utilizzate per produrre aceto di mele, noto per i suoi benefici per la salute e per le varie applicazioni culinarie, dalla marinata al condimento per l'insalata.

L'innovazione culinaria contemporanea continua a ampliare i confini dell'uso delle mele. Gli chef esplorano tecniche moderne come la cucina molecolare per trasformare le mele in spume, gel o sferificazioni, offrendo esperienze visive e gustative sorprendenti. Anche le mele disidratate e le chips di mela sono snack apprezzati, dimostrando la loro versatilità anche nelle forme lavorate.

Le mele, con la loro incredibile diversità e adattabilità, rimangono un pilastro dell'arte culinaria. Ispirano creazioni culinarie che spaziano dalle più semplici alle più sofisticate, offrendo sapori senza tempo e innovazioni sorprendenti. La loro continua presenza nelle cucine di tutto il mondo testimonia la loro importanza duratura e la capacità di evolversi con le tendenze culinarie.

Capitolo 156: Meli e medicina tradizionale

I meli, molto più che produttori di frutti gustosi, hanno una lunga storia di utilizzo nella medicina tradizionale. Per secoli diverse culture hanno riconosciuto e sfruttato le proprietà curative delle mele e di altre parti dell'albero. Questa ricca tradizione testimonia l'importanza dei meli nelle pratiche medicinali antiche e contemporanee.

Nella medicina tradizionale europea, le mele erano spesso considerate un simbolo di salute e longevità. I romani, ad esempio, consumavano regolarmente le mele per i loro benefici digestivi e le usavano per curare vari disturbi. Le mele, ricche di fibre e vitamine, erano consigliate per migliorare la digestione e prevenire le malattie gastrointestinali. Il detto "una mela al giorno toglie il medico di torno" affonda le sue radici in questa tradizione, sottolineando i benefici preventivi del consumo regolare di mele.

L'aceto di mele è un altro prodotto derivato dai meli ampiamente utilizzato nella medicina tradizionale. Questo aceto è apprezzato per le sue proprietà antisettiche e digestive. Si trova in molti rimedi casalinghi, dalla disinfezione delle ferite alla stimolazione della digestione. L'aceto di mele viene utilizzato anche per bilanciare il pH del corpo e rafforzare il sistema immunitario.

Molte persone lo usano ancora oggi per alleviare il mal di gola, il bruciore di stomaco e persino per migliorare la salute della pelle e dei capelli.

In Asia, in particolare in Cina e India, le mele sono integrate nelle pratiche di medicina tradizionale come la Medicina Tradizionale Cinese (MTC) e l'Ayurveda. Nella MTC, le mele sono considerate frutti rinfrescanti che aiutano a lenire gli squilibri termici nel corpo. Sono usati per trattare condizioni come stitichezza, gola secca e affaticamento. L'Ayurveda, dal canto suo, consiglia le mele per la loro capacità di equilibrare i dosha, in particolare Pitta e Vata. Le mele cotte sono particolarmente apprezzate per la loro digeribilità e la dolcezza rilassante.

Le foglie e la corteccia dei meli non vengono tralasciate. Le foglie del melo, ricche di composti antiossidanti, vengono talvolta utilizzate come infuso per le loro proprietà antinfiammatorie e immunostimolanti. La corteccia di mela, anche se meno conosciuta, è stata utilizzata in alcune tradizioni per i suoi effetti tonici e astringenti. È usato per trattare le malattie della pelle e le infezioni minori.

I fiori di melo hanno il loro posto anche nella medicina tradizionale. Vengono utilizzati in infuso per i loro effetti calmanti e lenitivi. Questa infusione è nota per aiutare a ridurre l'ansia, favorire il sonno e alleviare lievi disturbi respiratori. Gli estratti di fiori di melo vengono talvolta incorporati nei preparati per le loro proprietà ammorbidenti e rigeneranti della pelle.

Le mele stesse contengono composti bioattivi come flavonoidi e polifenoli, che hanno dimostrato benefici per la salute. Questi composti aiutano a ridurre il rischio di malattie cardiovascolari, combattono le infiammazioni e prevengono alcuni tipi di cancro. La pectina, una fibra solubile presente nelle mele, aiuta a regolare i livelli di zucchero nel sangue e ad abbassare il colesterolo.

In Africa, alcune comunità utilizzano mele selvatiche e parti del melo nelle pratiche medicinali locali. I rimedi tradizionali prevedono l'uso della polpa di mela per curare infezioni e infiammazioni. I decotti di foglie di mela vengono utilizzati per curare febbri e malattie parassitarie.

L'integrazione dei meli nella medicina tradizionale mostra una profonda simbiosi tra uomo e natura. Le proprietà medicinali delle mele e di altre parti del melo sono riconosciute e rispettate in molte culture in tutto il mondo. Queste pratiche dimostrano non solo la generosità della natura in termini di rimedi naturali, ma anche l'antica saggezza che continua a ispirare gli approcci moderni alla salute e al benessere.

Capitolo 157: Proprietà medicinali delle mele

Le mele, oltre alla loro popolarità come frutto gustoso, hanno proprietà medicinali che le rendono un alimento essenziale per la salute. Sin dai tempi antichi, diverse culture hanno riconosciuto e utilizzato i benefici delle mele per curare e prevenire una moltitudine di disturbi.

Le mele sono ricche di fibre alimentari, in particolare di pectina, una fibra solubile che svolge un ruolo cruciale nella regolazione del sistema digestivo. La pectina aiuta a mantenere il transito intestinale regolare e può alleviare la stitichezza. È efficace anche nel ridurre i livelli di colesterolo nel sangue inibendone l'assorbimento nell'intestino, il che contribuisce alla salute cardiovascolare.

Le mele contengono anche numerosi composti antiossidanti, come flavonoidi e polifenoli, essenziali per combattere lo stress ossidativo nel corpo. Questi antiossidanti neutralizzano i radicali liberi, molecole instabili che possono danneggiare le cellule e portare a malattie croniche come il cancro e le malattie cardiache. La quercetina, un flavonoide presente nella buccia delle mele, ha proprietà antinfiammatorie e antivirali, rafforzando così il sistema immunitario.

Quando si tratta di salute cardiovascolare, le mele sono particolarmente benefiche. Le fibre solubili, i polifenoli e il potassio presenti nelle mele aiutano ad abbassare la pressione sanguigna e a migliorare la funzione dei vasi sanguigni. Gli studi hanno dimostrato che il consumo regolare di mele è associato a un ridotto rischio di malattie cardiache, in parte grazie alla loro capacità di ridurre il colesterolo LDL (il colesterolo cattivo) e aumentare il colesterolo HDL (il colesterolo buono).

Le mele svolgono anche un ruolo importante nella gestione del diabete. Il loro basso indice glicemico e l'alto contenuto di fibre aiutano a regolare i livelli di zucchero nel sangue. La pectina rallenta l'assorbimento degli zuccheri, il che aiuta a prevenire i picchi di zucchero nel sangue dopo i pasti. Inoltre, gli antiossidanti presenti nelle mele, come i flavonoidi, possono migliorare la sensibilità all'insulina, riducendo così il rischio di diabete di tipo 2.

I benefici delle mele si estendono anche alla salute dei polmoni. La ricerca suggerisce che il consumo regolare di mele può migliorare la funzione polmonare e ridurre il rischio di malattie respiratorie come l'asma. Gli antiossidanti e i composti antinfiammatori presenti nelle mele aiutano a proteggere i polmoni dalle irritazioni e dai danni causati dagli inquinanti atmosferici e dalle infezioni.

Quando si parla di controllo del peso, le mele sono una risorsa preziosa. Il loro alto contenuto di fibre e acqua fornisce una sensazione di sazietà, che può aiutare a controllare l'appetito e ridurre l'apporto calorico complessivo. Le mele sono anche a basso contenuto di calorie e ricche di nutrienti essenziali, il che le rende la scelta ideale per uno spuntino sano ed equilibrato.

Le mele hanno anche applicazioni topiche nella cosmesi naturale e nella cura della pelle. Gli estratti di mela, ricchi di alfa idrossiacidi (AHA), sono utilizzati nei prodotti per la cura della pelle per esfoliare delicatamente e favorire il ricambio cellulare. Queste proprietà aiutano a migliorare la struttura della pelle, a ridurre le rughe e a schiarire le macchie dell'età. Le maschere per il viso a base di mela possono anche idratare e rinfrescare la pelle.

Nella medicina tradizionale le mele e i loro derivati sono stati utilizzati per curare diversi disturbi. Ad esempio, l'aceto di mele è noto per le sue proprietà antisettiche e antinfiammatorie. È comunemente usato per lenire il mal di gola, migliorare la digestione e disintossicare il corpo. L'applicazione topica di aceto di mele può anche aiutare a trattare le infezioni della pelle e a bilanciare il pH della pelle.

Integrare le mele nella dieta quotidiana offre quindi numerosi benefici per la salute. Oltre al loro sapore delizioso, aiutano a migliorare la digestione, a proteggere il cuore, a regolare lo zucchero nel sangue, a sostenere la funzione polmonare, a controllare il peso e a promuovere la salute della pelle. Le mele sono davvero un dono della natura, poiché forniscono nutrimento e protezione contro varie malattie.

Capitolo 158: Meli e cibo sano

I meli, con i loro frutti succulenti, ricoprono un ruolo centrale in una sana alimentazione. Le mele, ricche di nutrienti essenziali, offrono numerosi benefici per la salute, dalla prevenzione delle malattie al miglioramento del benessere generale. Incorporare le mele in una dieta equilibrata può avere notevoli effetti positivi su vari aspetti della salute.

Le mele sono un'abbondante fonte di fibre alimentari, principalmente pectina, una fibra solubile. La pectina aiuta a regolare la digestione, prevenendo la stitichezza e facilitando il transito intestinale. Riducendo l'assorbimento del colesterolo nell'intestino, la pectina aiuta anche a mantenere livelli sani di colesterolo, essenziale per la salute cardiovascolare.

Gli antiossidanti presenti nelle mele, come flavonoidi e polifenoli, svolgono un ruolo cruciale nella protezione delle cellule dal danno ossidativo. Questi composti neutralizzano i radicali liberi, riducendo così il rischio di malattie croniche come il cancro e le malattie cardiache. La quercetina, un flavonoide abbondante nella buccia delle mele, ha proprietà antinfiammatorie e antivirali, rafforza il sistema immunitario e aiuta a prevenire le infezioni.

Le mele sono benefiche anche per la salute cardiovascolare. Il loro contenuto di fibre solubili, polifenoli e potassio aiuta ad abbassare la pressione sanguigna e a migliorare la funzione dei vasi sanguigni. Il consumo regolare di mele è associato a un ridotto rischio di malattie cardiache, grazie alla loro capacità di abbassare il colesterolo LDL (colesterolo cattivo) e aumentare il colesterolo HDL (colesterolo buono).

Quando si tratta di gestione del diabete, le mele sono un'ottima scelta. Il loro basso indice glicemico e l'alto contenuto di fibre aiutano a regolare i livelli di zucchero nel sangue. La pectina rallenta l'assorbimento degli zuccheri, aiutando a prevenire i picchi di zucchero nel sangue dopo i pasti. Inoltre, gli antiossidanti presenti nelle mele possono migliorare la sensibilità all'insulina, riducendo così il rischio di diabete di tipo 2.

Le mele svolgono anche un ruolo importante nella salute dei polmoni. Gli studi dimostrano che il consumo regolare di mele può migliorare la funzione polmonare e ridurre il rischio di malattie respiratorie come l'asma. Gli antiossidanti e i composti antinfiammatori presenti nelle mele proteggono i polmoni dalle irritazioni e dai danni causati dagli inquinanti atmosferici e dalle infezioni.

Per chi vuole tenere sotto controllo il proprio peso, le mele sono un grande alleato. Il loro alto contenuto di fibre e acqua fornisce una sensazione di sazietà, che aiuta a controllare l'appetito e a ridurre l'apporto calorico complessivo. Le mele sono anche povere di calorie e ricche di nutrienti essenziali, il che le rende uno spuntino ideale ed equilibrato.

I benefici delle mele non si fermano alla digestione e alla salute del cuore. Sono anche benefici per la salute della pelle. Gli antiossidanti presenti nelle mele aiutano a proteggere la pelle dai danni causati dai radicali liberi, prevenendo l'invecchiamento precoce. Gli alfa idrossiacidi (AHA) presenti nelle mele aiutano a esfoliare delicatamente la pelle, favorendo il ricambio cellulare e migliorando la struttura della pelle.

Le mele vengono utilizzate anche nella medicina tradizionale per le loro proprietà curative. L'aceto di mele, ad esempio, è noto per le sue proprietà antisettiche e antinfiammatorie. È comunemente usato per lenire il mal di gola, migliorare la digestione e disintossicare il corpo. Se applicato localmente, l'aceto di mele può aiutare a trattare le infezioni della pelle e a bilanciare il pH della pelle.

Integrando le mele nella dieta quotidiana, possiamo beneficiare dei loro numerosi benefici per la salute. Che si tratti di migliorare la digestione, proteggere il cuore, regolare lo zucchero nel sangue, sostenere la funzione polmonare, controllare il peso o favorire la salute della pelle, le mele offrono una soluzione naturale e gustosa. I meli, con i loro frutti nutrienti, sono quindi una miniera di benefici per la salute, contribuendo ad una dieta equilibrata e ad uno stile di vita sano.

Capitolo 159: Il ruolo dei meli nelle diete

I meli svolgono un ruolo essenziale in molte diete in tutto il mondo. Le mele, l'iconico frutto raccolto dagli alberi di mele, non sono solo deliziose, ma offrono anche un'impressionante gamma di benefici per la salute, rendendole una parte preziosa di qualsiasi dieta equilibrata.

Fonte di nutrienti essenziali: le mele sono ricche di fibre alimentari, vitamine, minerali e antiossidanti. Forniscono una fonte naturale di carboidrati, energia a lento rilascio, nonché vitamine come la vitamina C, che rafforza il sistema immunitario, e la vitamina K, che favorisce la coagulazione del sangue e la salute delle ossa.

Favorevole alla digestione: Le fibre presenti nelle mele aiutano a regolare la digestione favorendo il regolare transito intestinale. Possono anche svolgere un ruolo nella prevenzione di malattie digestive come costipazione ed emorroidi, promuovendo al contempo una flora intestinale sana.

Gestione del peso: grazie al loro alto contenuto di fibre e alla bassa densità calorica, le mele possono aiutare nella gestione del peso. Forniscono una sensazione di sazietà fornendo allo stesso tempo nutrienti essenziali, che possono aiutare a ridurre l'appetito e limitare l'eccesso di cibo.

Miglioramento della salute cardiovascolare: i composti antiossidanti presenti nelle mele, come flavonoidi e polifenoli, sono associati a un ridotto rischio di malattie cardiovascolari. Aiutano a ridurre l'infiammazione, abbassare il colesterolo LDL (il colesterolo "cattivo") e proteggere i vasi sanguigni.

Gestione del diabete: con il loro basso indice glicemico e il contenuto di fibre, le mele possono aiutare a regolare lo zucchero nel sangue e migliorare la sensibilità all'insulina. Possono essere una scelta saggia per le persone con diabete o per coloro che cercano di prevenire la malattia.

Promozione della salute generale: grazie al loro diverso profilo nutrizionale, le mele contribuiscono alla salute generale del corpo. Aiutano a rafforzare il sistema immunitario, a proteggere dalle malattie croniche, a mantenere un peso sano e a promuovere un invecchiamento sano.

Versatilità culinaria: le mele possono essere consumate in molti modi, crude come spuntino, tagliate in insalata, cotte in piatti dolci o salati o trasformate in succhi, composte, salse e marmellate. La loro versatilità culinaria li rende un ingrediente pregiato in molte cucine di tutto il mondo.

Pertanto, i meli e i loro frutti, le mele, sono elementi preziosi nelle diete per il loro valore nutrizionale, il loro impatto positivo sulla salute e la loro versatilità culinaria. Includere le mele nella dieta quotidiana può aiutare a migliorare la salute generale e a mantenere uno stile di vita sano.

Capitolo 160: Meli e dieta equilibrata

I meli svolgono un ruolo centrale nel promuovere una dieta equilibrata e sana. Le mele, i frutti di questi alberi da frutto, offrono una combinazione unica di nutrienti essenziali, rendendole una scelta ottimale per coloro che desiderano mantenere una dieta equilibrata.

Ricco di sostanze nutritive: le mele sono un'ottima fonte di fibre alimentari, vitamine essenziali e minerali. Forniscono sostanze nutritive come la vitamina C, che rafforza il sistema immunitario, la vitamina K, che favorisce la coagulazione del sangue, e il potassio, che regola la pressione sanguigna.

A basso contenuto di calorie: le mele sono naturalmente povere di calorie e grassi, il che le rende un'opzione ideale per chi tiene sotto controllo il proprio peso o l'apporto calorico. Sono anche ricchi di acqua, che aiuta a idratare il corpo.

Controllo dell'appetito: la fibra presente nelle mele aiuta a regolare l'appetito fornendo una sensazione duratura di sazietà. Possono essere consumati come spuntini per calmare l'appetito tra i pasti senza compromettere l'equilibrio nutrizionale.

Supporto digestivo: la fibra alimentare contenuta nelle mele promuove la salute dell'apparato digerente stimolando il transito intestinale e prevenendo la stitichezza. Nutrono anche i batteri intestinali buoni, che mantengono un microbiota intestinale sano.

Gestione del colesterolo e della pressione sanguigna: le mele sono ricche di composti antiossidanti come i polifenoli, che hanno dimostrato di avere effetti benefici sulla salute cardiovascolare. Aiutano ad abbassare i livelli di colesterolo LDL (il colesterolo "cattivo") e a regolare la pressione sanguigna.

Prevenzione delle malattie croniche: il consumo regolare di mele è associato a un ridotto rischio di sviluppare alcune malattie croniche come malattie cardiovascolari, diabete di tipo 2 e alcuni tipi di cancro, grazie al loro alto contenuto di antiossidanti e sostanze fitochimiche.

Versatilità culinaria: le mele possono essere incorporate in una varietà di piatti, sia dolci che salati. Possono essere consumati crudi, cotti o trasformati in succhi, composte, salse e dessert, rendendoli adatti a numerose ricette e diete.

Insomma, i meli e le mele che producono sono elementi fondamentali di una dieta equilibrata. Il loro contenuto nutrizionale completo, il basso contenuto calorico e la versatilità culinaria li rendono una scelta ottimale per coloro che desiderano mantenere una dieta sana ed equilibrata.

Capitolo 161: Mele nella prevenzione delle malattie

Le mele sono più di un semplice frutto; sono veri alleati nella prevenzione delle malattie. Il loro consumo regolare è associato a numerosi benefici per la salute, contribuendo a ridurre il rischio di sviluppare varie patologie.

Ricche di antiossidanti: le mele sono ricche di antiossidanti come flavonoidi, polifenoli e vitamina C. Questi composti proteggono le cellule del corpo dai danni causati dai radicali liberi, contribuendo a ridurre il rischio di malattie croniche come malattie cardiovascolari, diabete e alcuni tipi di cancro .

Regolazione del colesterolo: le fibre solubili presenti nelle mele, in particolare la pectina, aiutano a ridurre il livello di colesterolo LDL (il colesterolo "cattivo") nel sangue. Il consumo regolare di mele è quindi benefico per la salute cardiovascolare, riducendo il rischio di formazione di placche nelle arterie.

Stabilizzazione dello zucchero nel sangue: grazie al loro alto contenuto di fibre e fruttosio naturale, le mele aiutano a stabilizzare lo zucchero nel sangue. Sono quindi una scelta saggia per le persone con diabete o per coloro che cercano di prevenire questa malattia.

Effetto preventivo sul cancro: gli studi hanno dimostrato che il consumo regolare di mele può essere associato a una riduzione del rischio di alcuni tumori, in particolare quelli del colon, della mammella e della prostata. Gli antiossidanti presenti nelle mele possono aiutare a inibire la crescita delle cellule tumorali e ridurre l'infiammazione nel corpo.

Migliore salute digestiva: la fibra alimentare contenuta nelle mele favorisce una sana digestione regolando il transito intestinale e prevenendo la stitichezza. Nutrono anche i batteri intestinali buoni, che mantengono un microbiota intestinale equilibrato.

Protezione del sistema immunitario: la vitamina C presente nelle mele svolge un ruolo vitale nel rafforzamento del sistema immunitario, aiutando così a prevenire infezioni e malattie.

Rischio ridotto di malattie neurodegenerative: alcuni composti presenti nelle mele, come i flavonoidi e gli antiossidanti, sono stati collegati a un rischio ridotto di sviluppare malattie neurodegenerative come il morbo di Alzheimer e il morbo di Parkinson.

Pertanto, integrare le mele nella dieta quotidiana può avere effetti benefici sulla salute a lungo termine. Le loro proprietà antiossidanti, antinfiammatorie e regolatrici li rendono una scelta ottimale per prevenire un'ampia gamma di malattie e mantenere una salute ottimale.

Capitolo 162: Il contributo dei meli alla ricerca medica

I meli, simboli senza tempo di bellezza e fertilità, non si limitano a fornire frutti prelibati per le nostre tavole. La loro ricca storia risale a secoli fa, ma la loro importanza nella ricerca medica viene spesso trascurata. Eppure questi alberi da frutto senza pretese svolgono un ruolo cruciale nel progresso della medicina moderna.

Uno dei principali modi in cui i meli contribuiscono alla ricerca medica è attraverso la loro diversità genetica. Ogni varietà di mela ha il proprio insieme distinto di geni, il che la rende una risorsa preziosa per i ricercatori che studiano i collegamenti tra geni e malattie umane. Analizzando e confrontando i genomi di diverse varietà di mele, gli scienziati possono scoprire nuovi geni coinvolti in condizioni mediche complesse, aprendo la strada a nuove terapie e trattamenti.

Inoltre, i composti bioattivi presenti nelle mele e in altre parti del melo hanno attirato un crescente interesse nella ricerca medica. Gli studi hanno dimostrato che questi composti, come i polifenoli e i flavonoidi, hanno proprietà antiossidanti e antinfiammatorie, che potrebbero apportare benefici alla salute umana. Ad esempio, la quercetina, un flavonoide presente nelle mele, è stata collegata agli effetti protettivi contro le malattie cardiovascolari e il cancro, suscitando l'interesse dei ricercatori come potenziale composto per nuovi farmaci.

Inoltre, la ricerca sui meli può anche contribuire alla comprensione e al trattamento di malattie neurodegenerative come il morbo di Alzheimer e il morbo di Parkinson. Gli scienziati stanno studiando i meccanismi molecolari alla base dell'invecchiamento degli alberi da frutto come le mele, che potrebbero offrire preziose informazioni sull'invecchiamento del cervello umano e sulle malattie associate. Inoltre, alcune varietà di meli sono naturalmente resistenti a malattie e parassiti, suggerendo che potrebbero contenere meccanismi di difesa unici che possono essere sfruttati per sviluppare nuovi trattamenti medici.

I meli quindi non sono solo fornitori di frutti prelibati, ma rappresentano anche una risorsa preziosa per la ricerca medica. La loro diversità genetica, i composti bioattivi e il potenziale per la comprensione delle malattie umane li rendono affascinanti argomenti di studio per gli scienziati di tutto il mondo. Mentre continuiamo a esplorare i tanti misteri dei meli, possiamo sperare di scoprire nuovi progressi medici che andranno a beneficio della salute e del benessere dell'umanità.

Capitolo 163: L'impatto ecologico dei meleti

I meleti, al di là del loro fascino visivo e della produzione di frutta, svolgono un ruolo significativo nell'ecosistema. Queste piantagioni, sparse in vari continenti, contribuiscono alla biodiversità, alla salute del suolo e alla regolazione del clima, ponendo al contempo sfide ambientali che devono essere prese in considerazione.

I meleti promuovono la biodiversità fornendo habitat per una varietà di specie animali e vegetali. Gli alberi stessi ospitano uccelli, insetti impollinatori come le api e varie forme di microfauna. Siepi e spazi verdi intervallati tra gli alberi aumentano questa diversità, fornendo rifugio e corridoi ecologici per molte specie. I fiori di melo sono una fonte essenziale di nettare per gli impollinatori, che svolgono un ruolo cruciale nella riproduzione delle piante e nella produzione di frutti.

Notevole è anche l'impatto dei meli sulla salute del suolo. Le loro radici stabilizzano il terreno, riducendo l'erosione. Aiutano anche a migliorare la struttura del suolo favorendo la penetrazione dell'acqua e l'aerazione. Le foglie cadute e altri detriti organici si decompongono per arricchire il terreno di sostanze nutritive, che supportano una sana attività microbica. Ciò crea un ciclo di fertilità naturale che può ridurre la necessità di fertilizzanti chimici.

In termini di regolazione del clima, i meleti contribuiscono al sequestro del carbonio. Gli alberi assorbono l'anidride carbonica dall'atmosfera per la fotosintesi, immagazzinando così il carbonio nella loro biomassa. Ciò aiuta a mitigare l'effetto serra e il cambiamento climatico. Inoltre, i frutteti possono fungere da pozzi di carbonio locali, assorbendo più carbonio di quanto ne emettono.

Tuttavia, il mantenimento dei meleti può avere effetti negativi sull'ambiente. L'uso estensivo di pesticidi ed erbicidi per proteggere gli alberi da malattie e parassiti comporta rischi per la biodiversità e la salute umana. Queste sostanze chimiche possono contaminare il suolo e i corsi d'acqua, colpendo organismi non bersaglio e distruggendo gli ecosistemi acquatici. La gestione dei frutteti richiede quindi un approccio equilibrato, che integri pratiche agricole sostenibili come la gestione integrata dei parassiti, la riduzione degli input chimici e l'uso di varietà resistenti alle malattie.

L'irrigazione è un altro aspetto cruciale. I frutteti richiedono grandi quantità di acqua, il che può esercitare pressione sulle risorse idriche locali, soprattutto nelle regioni aride. L'implementazione di tecniche di irrigazione efficienti, come l'irrigazione a goccia, può aiutare a ridurre al minimo il consumo di acqua e preservare le riserve idriche.

In breve, i meleti hanno un potenziale significativo per promuovere la biodiversità, migliorare la salute del suolo e contribuire alla regolazione del clima. Tuttavia, è fondamentale gestire questi frutteti in modo sostenibile per evitare impatti negativi sull'ambiente. Adottando pratiche agricole rispettose dell'ecosistema, i coltivatori possono garantire che i meleti continuino a essere una risorsa benefica per il pianeta.

Capitolo 164: Rimboschimento con alberi di mele

La riforestazione è una strategia essenziale per combattere la deforestazione, il degrado del territorio e il cambiamento climatico. L'utilizzo dei meli in queste iniziative di riforestazione presenta un approccio innovativo e benefico per vari ecosistemi. I meli, oltre al loro valore ecologico, offrono notevoli vantaggi economici e sociali.

I meli, per loro natura, sono alberi versatili che si adattano a vari tipi di terreno e climi. La loro integrazione nei programmi di riforestazione aiuta a ripristinare le terre degradate stabilizzando i suoli e riducendo l'erosione. Le radici del melo penetrano in profondità nel terreno, migliorando la struttura del suolo e favorendo l'infiltrazione dell'acqua. Questo miglioramento della qualità del suolo è fondamentale per il ripristino dei terreni agricoli abbandonati o impoveriti.

Uno degli aspetti più vantaggiosi del rimboschimento con i meli è la loro capacità di sequestrare il carbonio. Come tutti gli alberi, i meli assorbono l'anidride carbonica dall'atmosfera attraverso la fotosintesi, immagazzinando il carbonio nella loro biomassa. Questo processo aiuta a mitigare gli effetti del cambiamento climatico riducendo la quantità di CO_2 nell'atmosfera. I meleti possono quindi svolgere un ruolo importante come deposito di carbonio, contribuendo a compensare le emissioni di gas serra.

La riforestazione con alberi di melo fornisce anche benefici economici tangibili per le comunità locali. Le mele sono una fonte di cibo nutriente e possono generare reddito per agricoltori e proprietari terrieri. La vendita di mele e di prodotti a base di mele come sidro, succhi e marmellate può migliorare la sicurezza alimentare e il benessere economico delle popolazioni rurali. Inoltre, la coltivazione delle mele può creare posti di lavoro nelle aree di coltivazione, contribuendo così allo sviluppo economico locale.

Inoltre, i meli svolgono un ruolo importante nella promozione della biodiversità. I fiori di melo attirano una varietà di insetti impollinatori, comprese le api, che sono essenziali per l'impollinazione incrociata delle piante e la produzione di frutta. Questa impollinazione contribuisce alla salute degli ecosistemi circostanti e promuove la diversità biologica. I meli forniscono anche habitat a vari animali, come uccelli e piccoli mammiferi, rafforzando la resilienza degli ecosistemi.

Tuttavia, è fondamentale gestire con attenzione il rimboschimento con meli per evitare impatti negativi. L'uso eccessivo di pesticidi ed erbicidi per proteggere i meli da parassiti e malattie può danneggiare l'ambiente. L'adozione di pratiche di gestione sostenibile, come la gestione integrata dei parassiti e l'uso di varietà di mele resistenti alle malattie, è fondamentale per ridurre al minimo questi impatti. Inoltre, è necessaria una pianificazione adeguata per garantire che i meleti non sostituiscano preziosi ecosistemi naturali, ma siano situati in aree appropriate per massimizzare i loro benefici ecologici.

In sintesi, la riforestazione con alberi di melo rappresenta un metodo efficace e multifunzionale per ripristinare gli ecosistemi degradati, sequestrare il carbonio e fornire benefici economici e sociali alle comunità locali. Adottando pratiche di gestione sostenibile e un'attenta pianificazione, questo approccio può contribuire in modo significativo alla lotta al cambiamento climatico e alla promozione della biodiversità. I meli, con la loro resilienza e versatilità, si stanno rivelando preziosi alleati negli sforzi di riforestazione globale.

Capitolo 165: Meli e cambiamenti climatici: casi di studio

I meli, in quanto coltura da frutto ampiamente distribuita, forniscono terreno fertile per studiare gli effetti dei cambiamenti climatici sull'agricoltura e sugli ecosistemi. Vari casi di studio provenienti da tutto il mondo illustrano come i meli rispondono alle variazioni climatiche e come gli agricoltori si adattano a queste sfide per mantenere la produzione e la qualità dei frutti.

In Francia, i meleti della Normandia forniscono un esempio rilevante dell'impatto dei cambiamenti climatici sulla fioritura e sulla produzione di frutti. Le temperature primaverili più calde hanno anticipato la fioritura dei meli, aumentando il rischio di danni dovuti alle gelate tardive. Gli agricoltori hanno risposto adottando tecnologie come candele antigelo e sistemi di irrigazione per proteggere i fiori. Inoltre, alcuni coltivatori stanno sperimentando varietà di meli più resistenti alle fluttuazioni di temperatura per garantire la stabilità del raccolto.

Nello stato di Washington, negli Stati Uniti, l'impatto delle ondate di caldo estremo sui meleti è particolarmente preoccupante. Le alte temperature estive non influiscono solo sulla qualità delle mele, provocando scottature e danni ai frutti, ma anche sulla disponibilità di acqua per l'irrigazione. Gli agricoltori di questa regione stanno investendo in sistemi di irrigazione e tecnologie di gestione dell'acqua più efficienti per conservare le risorse idriche. Stanno anche esplorando tecniche di ombreggiatura per proteggere i meli dalle temperature eccessive.

Nella regione cinese dello Shandong, i meli sono colpiti anche dai cambiamenti nell'andamento delle precipitazioni e da periodi di siccità più frequenti. Ricercatori e agricoltori stanno lavorando insieme per migliorare la resilienza dei frutteti introducendo pratiche agricole sostenibili come la gestione del suolo e l'agroforestazione. L'uso di pacciamature organiche per conservare l'umidità del suolo e l'introduzione di colture di copertura per migliorare la fertilità del suolo sono alcune delle strategie implementate per far fronte ai cambiamenti delle condizioni climatiche.

Un altro esempio viene dalla regione indiana del Kashmir, dove i meli costituiscono una parte importante dell'economia locale. Le variazioni delle temperature invernali influenzano il processo di dormienza dei meli, che è fondamentale per il successo della fioritura e della fruttificazione. Gli inverni più miti interrompono questo ciclo, portando a raccolti irregolari e perdite economiche per i produttori. Per contrastare questo problema, si stanno conducendo ricerche sull'introduzione di varietà di mele che richiedono meno freddo per la dormienza, nonché su tecniche di gestione dei frutteti che massimizzino l'efficienza della fioritura nonostante gli inverni più caldi.

Questi casi di studio mostrano che i meli, come molte altre colture, sono sensibili agli effetti dei cambiamenti climatici. Agricoltori e ricercatori stanno lavorando per comprendere questi impatti e sviluppare strategie di adattamento per mantenere la vitalità dei meleti. Le innovazioni tecnologiche, le nuove pratiche agricole e la selezione di varietà resistenti sono elementi chiave per garantire la resilienza dei frutteti di fronte alle sfide climatiche.

Lo studio dei meli e dei cambiamenti climatici non si limita all'adattamento agricolo. Sottolinea inoltre l'importanza delle politiche pubbliche e del sostegno agli agricoltori per facilitare la transizione verso pratiche più sostenibili. Sostenendo la ricerca, fornendo sovvenzioni per le tecnologie di protezione delle colture e promuovendo la gestione sostenibile delle risorse, i governi possono svolgere un ruolo cruciale nel mitigare gli effetti dei cambiamenti climatici sull'agricoltura.

Attraverso questi esempi, diventa chiaro che i meli, sebbene vulnerabili alle variazioni climatiche, possono continuare a prosperare attraverso sforzi concertati e adattamenti innovativi. Le lezioni apprese da questi casi di studio possono servire da guida per altre regioni e culture che affrontano sfide simili, illustrando la resilienza e l'ingegno necessarie per affrontare un mondo che cambia il clima.

Capitolo 166: Adattamento dei meli ai nuovi climi

Il cambiamento climatico in corso sta alterando le condizioni ambientali alle quali i meli, come molte altre colture, devono adattarsi. Di fronte a queste trasformazioni, l'adattamento dei meli ai nuovi climi è un tema di crescente importanza, che richiede strategie innovative e costanti adeguamenti nelle pratiche agricole.

Le variazioni di temperatura, i cambiamenti nei modelli delle precipitazioni e l'aumento degli eventi meteorologici estremi pongono sfide significative per i meleti. Per rispondere a queste sfide, agricoltori e ricercatori si stanno concentrando su diverse aree di adattamento. Uno degli obiettivi principali è la selezione delle varietà di meli più adatte alle mutevoli condizioni climatiche. Sono preferite le varietà resistenti alla siccità, alle malattie e alle temperature estreme. Ad esempio, le varietà di meli che fioriscono più tardi possono evitare le gelate primaverili, mentre quelle con una maggiore tolleranza al caldo possono sopravvivere meglio alle estati più calde.

Anche il miglioramento delle tecniche di gestione dei frutteti svolge un ruolo cruciale nell'adattamento. Un'irrigazione efficiente è essenziale per compensare periodi prolungati di siccità. Sono sempre più utilizzati i sistemi di irrigazione a goccia, che consentono un utilizzo più preciso ed economico dell'acqua. Allo stesso modo, l'applicazione di pacciame organico aiuta a conservare l'umidità del suolo e a mantenere una temperatura più stabile attorno alle radici del melo. Queste tecniche aiutano a ridurre lo stress idrico e termico sugli alberi.

Inoltre, la gestione del territorio è una componente chiave dell'adattamento. Migliorare la struttura del suolo aggiungendo materia organica e ruotando le colture di copertura aiuta ad aumentare la capacità di trattenere l'acqua e a ridurre l'erosione. Queste pratiche rafforzano la resilienza dei meli di fronte alle condizioni climatiche variabili. Si sta studiando anche l'uso del biochar, un ammendante del suolo ottenuto dalla pirolisi della biomassa, per migliorare la salute del suolo e la produttività dei frutteti.

I metodi di protezione contro le condizioni atmosferiche estreme, come i sistemi di protezione antigelo e le reti antigrandine, stanno diventando sempre più comuni. In Francia, ad esempio, i coltivatori di mele utilizzano candele antigelo e sistemi di irrigazione per proteggere i fiori dalle gelate tardive. Queste misure aiutano a ridurre le perdite di raccolto dovute a eventi meteorologici improvvisi e gravi.

Inoltre, i progressi tecnologici offrono nuove soluzioni per adattare i meli. Sensori e strumenti di monitoraggio climatico permettono di monitorare in tempo reale le condizioni meteorologiche e lo stato di salute dei frutteti. Questi dati facilitano un processo decisionale informato in merito all'irrigazione, alla fertilizzazione e alla protezione dalle malattie. Inoltre, l'uso di droni per monitorare i frutteti e applicare trattamenti precisi contribuisce a una gestione più efficiente e sostenibile.

Gli aspetti socioeconomici non dovrebbero essere trascurati nell'adattamento dei meli ai nuovi climi. Gli agricoltori devono essere sostenuti da politiche pubbliche che promuovano l'adozione di pratiche agricole sostenibili e resilienti. I sussidi per le tecnologie di irrigazione, la ricerca sulle varietà resistenti e i programmi di formazione nella gestione dei frutteti sono essenziali per incoraggiare gli agricoltori ad adottare strategie di adattamento efficaci.

Pertanto, l'adattamento dei meli ai nuovi climi è un processo complesso che richiede un approccio multidimensionale. La selezione di varietà idonee, il miglioramento delle tecniche di gestione dei frutteti, l'uso di tecnologie avanzate e il sostegno socioeconomico sono tutti elementi cruciali per garantire la resilienza dei meli di fronte alle sfide climatiche. Integrando queste diverse strategie, i coltivatori di mele possono continuare a coltivare frutteti produttivi e sostenibili, nonostante le mutevoli condizioni climatiche.

Capitolo 167: Gestione dell'acqua nei meleti

La gestione dell'acqua è un aspetto cruciale per una produzione sostenibile di mele nei frutteti. I meli, come tutte le colture, dipendono dall'acqua per la crescita, la fioritura e la fruttificazione. Con il cambiamento climatico e la crescente frequenza dei periodi di siccità, diventa imperativo adottare strategie di gestione dell'acqua efficaci e sostenibili.

L'irrigazione è uno dei principali metodi utilizzati per garantire un adeguato approvvigionamento idrico ai meli. I sistemi di irrigazione a goccia sono particolarmente apprezzati per la loro efficienza. Questo sistema fornisce piccole quantità di acqua direttamente alle radici degli alberi, riducendo al minimo le perdite dovute all'evaporazione e al deflusso. Inoltre, l'irrigazione a goccia consente una distribuzione uniforme dell'acqua, garantendo che ogni albero riceva una quantità di acqua sufficiente per una crescita ottimale.

Raccogliere e conservare l'acqua piovana è un'altra strategia essenziale. Installando cisterne e sistemi di ritenzione idrica, gli agricoltori possono catturare l'acqua piovana durante i periodi di forti piogge e utilizzarla durante i periodi di siccità. Questo metodo riduce la dipendenza da fonti e bacini idrici sotterranei, che possono essere influenzati dalle fluttuazioni stagionali e dai cambiamenti climatici.

Anche la gestione del suolo svolge un ruolo importante nella conservazione dell'acqua. I terreni ben strutturati e ricchi di sostanza organica trattengono meglio l'acqua, riducendo la necessità di irrigazioni frequenti. L'aggiunta di compost e altri ammendanti organici migliora la capacità di ritenzione idrica del suolo. Inoltre, l'uso del pacciame organico attorno ai meli aiuta a conservare l'umidità del suolo riducendo l'evaporazione e regolando la temperatura del suolo.

Le tecniche di gestione dell'acqua devono comprendere anche pratiche colturali adeguate. Ad esempio, una corretta spaziatura degli alberi ottimizza l'uso dell'acqua e riduce la competizione tra gli alberi per le risorse idriche. Allo stesso modo, la potatura regolare degli alberi aiuta a mantenere una chioma equilibrata, riducendo così l'eccessiva traspirazione e la richiesta di acqua.

L'utilizzo di tecnologie avanzate, come sensori di umidità del suolo e sistemi di monitoraggio climatico, consente una gestione più precisa dell'irrigazione. I sensori di umidità del suolo forniscono dati in tempo reale sul livello di umidità nella zona delle radici dei meli, consentendo agli agricoltori di sapere esattamente quando irrigare e quanta acqua utilizzare. I sistemi di monitoraggio climatico, abbinati ai modelli di previsione meteorologica, aiutano a pianificare l'irrigazione in base alle condizioni meteorologiche previste, evitando così gli sprechi di acqua.

Infine, l'istruzione e la formazione degli agricoltori sono essenziali per l'attuazione efficace delle pratiche di gestione dell'acqua. I programmi e i workshop di formazione sulla gestione dell'acqua forniscono agli agricoltori le conoscenze e le competenze necessarie per adottare e mantenere pratiche sostenibili. La condivisione delle migliori pratiche e delle innovazioni nella gestione dell'acqua tra gli agricoltori contribuisce anche al miglioramento continuo dei metodi di gestione dell'acqua nei meleti.

In breve, la gestione dell'acqua nei meleti richiede un approccio integrato che combini tecnologie moderne, pratiche agricole sostenibili e una gestione efficiente delle risorse naturali. Ottimizzando l'uso dell'acqua, preservando le risorse idriche e migliorando la resilienza dei frutteti ai cambiamenti delle condizioni climatiche, i coltivatori di mele possono garantire una produzione sostenibile e di alta qualità preservando l'ambiente. Gli sforzi concertati per migliorare la gestione dell'acqua sono essenziali per il futuro della produzione di mele e la sostenibilità degli ecosistemi agricoli.

Capitolo 168: Il futuro dei meli nelle terre aride

L'agricoltura nelle zone aride pone molte sfide, soprattutto per le colture ad uso intensivo di acqua come i meli. Tuttavia, grazie ai progressi tecnologici e alle pratiche agricole innovative, è possibile immaginare un futuro in cui i meli prospereranno anche in ambienti aridi.

Le varietà di mele resistenti alla siccità sono centrali in questa visione. Ricercatori e agricoltori lavorano insieme per sviluppare e allevare varietà che possano sopravvivere e produrre frutti in condizioni di scarsa disponibilità d'acqua. Queste varietà hanno caratteristiche come sistemi radicali profondi ed estesi, che consentono loro di attingere l'acqua in modo più efficiente, e foglie dotate di meccanismi per ridurre la perdita di acqua attraverso la traspirazione.

L'adozione di sistemi di irrigazione innovativi è fondamentale anche per la coltivazione dei meli nelle zone aride. I sistemi di irrigazione a goccia e le tecniche di microirrigazione consentono un uso preciso ed economico dell'acqua, fornendo le quantità necessarie di acqua direttamente alle radici, minimizzando così le perdite per evaporazione e infiltrazione. Inoltre, l'uso di sensori di umidità del suolo e di tecnologie di monitoraggio dell'acqua consente la gestione in tempo reale dell'irrigazione, ottimizzando così l'efficienza nell'uso dell'acqua.

Le pratiche di gestione del suolo sono essenziali anche per massimizzare la ritenzione e l'utilizzo dell'acqua nei meleti delle zone aride. L'aggiunta di materia organica al suolo, come il compost, migliora la struttura del suolo e aumenta la sua capacità di trattenere l'acqua. Inoltre, le tecniche di pacciamatura aiutano a ridurre l'evaporazione dell'acqua del suolo, a mantenere una temperatura del suolo più stabile e a prevenire la crescita di erbe infestanti, che possono competere con i meli per l'acqua disponibile.

La gestione delle risorse locali, come la raccolta e la conservazione dell'acqua piovana, offre un'altra strada promettente. Installando sistemi di raccolta dell'acqua piovana, gli agricoltori possono catturare e immagazzinare l'acqua durante i rari periodi di pioggia per un utilizzo successivo durante i periodi di siccità. Ciò riduce la dipendenza dalle fonti idriche sotterranee, che spesso sono limitate e sovrasfruttate nelle zone aride.

Anche l'introduzione di tecniche agroforestali potrebbe svolgere un ruolo nel futuro dei meli nelle zone aride. Integrando alberi da ombra e altre piante compatibili nei meleti, è possibile creare microclimi più favorevoli alla crescita dei meli. Questi alberi da ombra possono aiutare a ridurre la temperatura ambiente, diminuire l'evaporazione dell'acqua e migliorare la biodiversità del suolo, contribuendo a un ecosistema agricolo più resiliente.

Anche i progressi tecnologici, come l'uso di droni per il monitoraggio dei frutteti e l'applicazione precisa dell'irrigazione, possono fornire soluzioni innovative. I droni dotati di sensori possono fornire dati dettagliati sulle condizioni dei meli, consentendo una gestione proattiva del fabbisogno idrico e dei problemi di salute degli alberi. Inoltre, i sistemi automatizzati di gestione dell'acqua basati su dati in tempo reale possono regolare l'irrigazione in base alle condizioni meteorologiche e alle esigenze specifiche degli alberi.

L'istruzione e la formazione degli agricoltori sono essenziali per il successo dell'implementazione di queste tecniche e innovazioni. I programmi di formazione dovrebbero includere informazioni sulle pratiche di gestione dell'acqua, la selezione delle varietà adatte e l'uso delle moderne tecnologie. Inoltre, le iniziative per condividere conoscenze e migliori pratiche tra gli agricoltori possono incoraggiare un'adozione diffusa di queste tecniche.

Il futuro dei meli nelle zone aride dipenderà dalla capacità di agricoltori e ricercatori di collaborare e innovare continuamente. Combinando la selezione di varietà adatte, un uso efficiente dell'acqua, pratiche di gestione del suolo, tecnologie avanzate e formazione degli agricoltori, è possibile creare sistemi agricoli resilienti e sostenibili. I meli, nonostante le sfide poste dagli ambienti aridi, hanno il potenziale per prosperare e continuare a fornire frutti preziosi alla popolazione locale.

Capitolo 169: Meli e specie compagne

La combinazione di meli con specie affini è un'antica pratica agricola che ha guadagnato popolarità negli approcci moderni all'agroecologia e all'agroforestazione. Coltivare il melo insieme ad altre piante presenta numerosi vantaggi ecologici, agronomici ed economici, contribuendo alla salute e alla produttività dei frutteti.

Le specie da compagnia, se scelte saggiamente, svolgono un ruolo essenziale nella protezione dei meli dai parassiti. Ad esempio, piantare piante repellenti come aglio, cipolla o nasturzio vicino ai meli può scoraggiare gli insetti dannosi. Queste piante emettono composti volatili che interrompono i segnali chimici utilizzati dai parassiti per localizzare i meli, riducendo così l'incidenza degli attacchi.

Inoltre, alcune specie da compagnia attirano insetti utili che agiscono come predatori naturali dei parassiti. Piante da fiore come lavanda, borragine e facelia attirano api, sirfidi e coccinelle, che non solo impollinano i meli ma controllano anche le popolazioni di afidi e altri parassiti. Aumentando la biodiversità dei frutteti, gli agricoltori possono ridurre la loro dipendenza dai pesticidi chimici, promuovendo così un'agricoltura più sostenibile.

I legumi, come il trifoglio, l'erba medica e i piselli, sono specie da compagnia particolarmente benefiche per i meli. Queste piante hanno la capacità di fissare l'azoto atmosferico attraverso una simbiosi con i batteri rizobi presenti nelle loro radici. L'azoto così fissato viene gradualmente rilasciato nel terreno, arricchendolo e fornendo una fonte di nutrienti essenziali per i meli. Questa fertilizzazione naturale riduce la necessità di fertilizzanti chimici, migliorando la qualità del suolo e la salute degli alberi.

La gestione delle infestanti è un altro importante vantaggio delle specie da compagnia. Le piante tappezzanti, come il trifoglio bianco o la consolida maggiore, formano un tappeto denso che impedisce la crescita di erbe infestanti competitive. Ciò aiuta a ridurre l'uso di erbicidi e mantiene un ambiente del frutteto più sano ed equilibrato. Inoltre, le coperture del terreno aiutano a conservare l'umidità del suolo riducendo l'evaporazione, il che è particolarmente vantaggioso nelle regioni soggette a siccità.

L'integrazione di specie da compagnia nei meleti presenta benefici anche per la struttura e la salute del suolo. Le radici delle piante da compagnia, soprattutto quelle delle leguminose e delle piante con radici profonde, migliorano la struttura del terreno creando canali per l'infiltrazione dell'acqua e l'aerazione. Ciò favorisce lo sviluppo di un apparato radicale sano per i meli e migliora la capacità di ritenzione idrica del suolo. Inoltre, la materia organica derivante dalla decomposizione delle piante da compagnia arricchisce il terreno, aumentandone la fertilità e la capacità di sostenere la crescita dei meli.

La combinazione di meli con specie affini presenta anche vantaggi economici per gli agricoltori. Diversificando le colture nel frutteto, gli agricoltori possono raccogliere e vendere prodotti aggiuntivi, come erbe aromatiche, verdure o fiori recisi, aumentando così il proprio reddito. Questa diversificazione riduce anche i rischi economici derivanti dal fare affidamento su un'unica coltura, garantendo una maggiore resilienza alle fluttuazioni del mercato e alle condizioni meteorologiche imprevedibili.

Le pratiche agroecologiche che coinvolgono specie da compagnia richiedono un'attenta pianificazione e gestione per massimizzarne i benefici. È importante scegliere piante da compagnia che siano compatibili con i meli in termini di fabbisogno di acqua, luce e nutrienti. Inoltre, la disposizione spaziale delle piante da compagnia e dei meli dovrebbe essere ottimizzata per garantire un'interazione benefica ed evitare concorrenza indesiderata.

In sintesi, l'integrazione di specie affini nei meleti rappresenta una strategia praticabile e promettente per migliorare la salute degli alberi, aumentare la biodiversità e promuovere l'agricoltura sostenibile. Sfruttando le sinergie naturali tra le piante, gli agricoltori possono creare ecosistemi agricoli resilienti e produttivi, riducendo al contempo il loro impatto ambientale. Questo approccio olistico e integrato alla gestione dei frutteti fornisce un modello di sostenibilità e prosperità per le generazioni future.

Capitolo 170: L'associazione dei meli con altre colture

L'associazione del melo ad altre colture rappresenta un approccio agricolo innovativo e sostenibile. Questo metodo, spesso integrato nei sistemi agroforestali, offre numerosi vantaggi sia per la salute dei meli che per l'ecosistema complessivo del frutteto.

Uno dei motivi principali per combinare i meli con altre colture è la lotta contro i parassiti. Alcune piante, come la lavanda, la menta o la calendula, hanno proprietà repellenti che aiutano a tenere lontani gli insetti dannosi dai meli. Inoltre, colture come la borragine e il trifoglio attirano insetti utili come api e coccinelle, che aiutano nell'impollinazione delle mele e nel controllo biologico dei parassiti. Questa strategia consente di ridurre l'uso di pesticidi chimici, promuovendo così un'agricoltura più rispettosa dell'ambiente.

La fertilizzazione naturale è un altro notevole vantaggio della combinazione delle colture. I legumi, ad esempio, svolgono un ruolo cruciale nell'arricchire il terreno di azoto. Grazie alla loro capacità di fissare l'azoto atmosferico attraverso la simbiosi con batteri specifici, queste piante migliorano la fertilità del suolo, fornendo così ai meli una fonte di nutrienti essenziali. Ciò riduce la dipendenza dai fertilizzanti chimici e migliora la salute del suolo a lungo termine.

Anche le colture di copertura, come il trifoglio bianco e la consolida maggiore, sono utili se combinate con i meli. Queste piante aiutano a conservare l'umidità del suolo, riducono l'erosione e limitano la crescita delle erbe infestanti formando una fitta copertura vegetale. Migliorando la struttura del suolo e promuovendo una migliore ritenzione idrica, le colture di copertura contribuiscono alla resilienza dei frutteti ai periodi di siccità.

La combinazione di meli con colture alimentari o piante aromatiche può anche diversificare le fonti di reddito per gli agricoltori. Ad esempio, piantare verdure come carote, ravanelli o fagioli tra i filari di meli può fornire raccolti aggiuntivi, aumentando la redditività del frutteto. Allo stesso modo, la coltivazione di erbe aromatiche come basilico, timo o coriandolo non solo fornisce prodotti a valore aggiunto, ma migliora anche la biodiversità del frutteto.

In termini di gestione dell'acqua, le piante da consociazione svolgono un ruolo importante. I sistemi di irrigazione a goccia possono essere ottimizzati per servire sia i meli che le colture associate, garantendo un uso efficiente dell'acqua. Inoltre, alcune piante, come le coperture del terreno, riducono l'evaporazione dell'acqua, consentendo una migliore conservazione dell'umidità per i meli.

La creazione di sistemi agroforestali, in cui i meli vengono coltivati in associazione con alberi multiuso, illustra un'altra dimensione di questo approccio. Ad esempio, l'integrazione dei meli con alberi che fissano l'azoto come le acacie o i carrubi può migliorare la fertilità del suolo e fornire ulteriori benefici come legna da ardere o produzione di foraggio. Questi sistemi massimizzano l'uso delle risorse naturali e creano ecosistemi agricoli più equilibrati e produttivi.

Le sfide legate alla consociazione di meli con altre colture includono la gestione della competizione per le risorse e la compatibilità dei cicli di crescita. È fondamentale scegliere specie che non competano eccessivamente con il melo per acqua, luce e nutrienti. Un'attenta pianificazione e un'attenta gestione delle colture associate sono necessarie per evitare conflitti e massimizzare le sinergie.

In breve, la combinazione del melo con altre colture offre numerosi vantaggi, che vanno dalla protezione naturale contro i parassiti al miglioramento della fertilità del suolo e alla diversificazione delle fonti di reddito. Questo approccio olistico, che integra biodiversità e sostenibilità, presenta un modello promettente per il futuro dell'agricoltura. I frutteti misti, dove i meli convivono armoniosamente con diverse piante da compagnia, incarnano una visione di agricoltura resiliente, produttiva e rispettosa dell'ambiente.

Capitolo 171: Conservazione delle antiche varietà di mele

La conservazione delle antiche varietà di meli è un impegno essenziale per l'agricoltura, la biodiversità e il patrimonio culturale. Queste varietà, spesso chiamate varietà patrimonio, rappresentano una ricchezza genetica unica e un legame vivo con le pratiche agricole del passato. Salvare questi meli ancestrali offre molti vantaggi, dalla resilienza agricola alla conservazione culturale.

Le vecchie varietà di meli possiedono una diversità genetica che le rende particolarmente preziose. A differenza delle varietà moderne, che vengono spesso selezionate per caratteristiche specifiche come l'elevata resa o l'uniformità dei frutti, le varietà cimelio presentano un'ampia gamma di tratti benefici. Alcune di queste varietà sono naturalmente resistenti a malattie e parassiti specifici, riducendo la necessità di utilizzare pesticidi. Altri sono più tolleranti nei confronti delle variazioni meteorologiche estreme, il che è fondamentale in un'era di cambiamenti climatici.

Questa diversità genetica è una fonte di resilienza per l'agricoltura. Integrando queste varietà nei frutteti, gli agricoltori possono creare sistemi più robusti in grado di resistere a vari stress ambientali. Ad esempio, alcune vecchie varietà di meli possono resistere meglio alla siccità o al terreno povero, fornendo soluzioni sostenibili per le regioni con condizioni di crescita difficili.

Anche la conservazione delle antiche varietà di meli contribuisce alla biodiversità. I frutteti tradizionali, dove vengono coltivate queste varietà, spesso ospitano un'ampia diversità di piante, insetti e altri organismi. Questa biodiversità promuove ecosistemi equilibrati e sani, dove le interazioni tra diverse specie contribuiscono alla regolazione naturale dei parassiti e dell'impollinazione. Mantenendo e ripristinando questi frutteti, proteggiamo non solo i meli stessi, ma anche tutti gli ecosistemi che dipendono da essi.

Sul piano culturale le antiche varietà di meli rappresentano un patrimonio vivo. Ogni varietà ha una storia unica, spesso legata alle pratiche agricole locali e alle tradizioni culinarie. I frutti di questi meli possono esibire sapori, consistenze e qualità culinarie distinti che non si trovano nelle moderne varietà commerciali. Preservando queste varietà manteniamo un legame con il passato e arricchiamo il patrimonio gastronomico regionale.

Gli sforzi di conservazione richiedono un approccio concertato che coinvolga agricoltori, ricercatori, ambientalisti e comunità locali. La creazione di frutteti conservativi, dove le vecchie varietà vengono coltivate e protette, è una strategia efficace. Questi frutteti servono non solo come riserve genetiche, ma anche come siti educativi in cui i visitatori possono apprendere l'importanza della diversità genetica e della conservazione delle piante.

Anche i programmi di conservazione partecipativa, in cui agricoltori e giardinieri domestici coltivano e mantengono varietà antiche, svolgono un ruolo cruciale. Condividendo conoscenze e tecniche di coltivazione, questi programmi garantiscono la sopravvivenza e la diffusione di queste varietà in più regioni. Anche le fiere delle mele e gli eventi comunitari possono contribuire a sensibilizzare l'opinione pubblica sull'importanza di queste varietà e incoraggiarne l'adozione.

La ricerca scientifica contribuisce anche alla conservazione delle antiche varietà di meli. Botanici e genetisti lavorano per caratterizzare e documentare la diversità genetica di queste varietà, identificando i tratti specifici che le rendono uniche. Queste informazioni sono essenziali per la selezione e la riproduzione delle varietà più adatte alle condizioni di crescita attuali e future.

Le politiche pubbliche e i sussidi svolgono un ruolo importante nel sostenere le iniziative di conservazione. I governi e le organizzazioni internazionali possono fornire finanziamenti per la creazione di frutteti conservativi, ricerca genetica e programmi di sensibilizzazione. Integrare la conservazione delle antiche varietà di mele nei quadri di politica agricola e ambientale può garantire un sostegno a lungo termine a questi sforzi essenziali.

In conclusione, preservare le antiche varietà di mele è un compito multidimensionale che combina la protezione della biodiversità, la resilienza agricola e la conservazione del patrimonio culturale. Attraverso gli sforzi concertati di diverse parti interessate, è possibile garantire che queste preziose varietà continuino a prosperare e ad arricchire il nostro mondo per le generazioni future. Salvare questi meli ancestrali non è solo un omaggio al nostro patrimonio agricolo, ma anche un passo essenziale verso un futuro più sostenibile e diversificato.

Capitolo 172: Meli e cultura popolare

I meli hanno infuso la loro vibrante presenza nelle fibre stesse della cultura popolare, intessendo legami intimi con le nostre credenze, le nostre storie e le nostre tradizioni. La loro immagine iconica evoca un senso di familiarità e conforto, permeando vari aspetti della nostra società moderna.

Nel mondo della mitologia e della religione, i meli sono potenti simboli di conoscenza e tentazione. Dal Giardino dell'Eden, dove la mela divenne il frutto proibito, all'albero delle Esperidi, portatore di mele d'oro simboli di immortalità, questi alberi da frutto sono stati intrecciati nelle storie che hanno forgiato le nostre convinzioni e la nostra morale.

La letteratura fornì anche una tela fertile per la fioritura dei meli. Nelle poesie di William Wordsworth o nelle opere di John Steinbeck, questi alberi da frutto sono spesso protagonisti silenziosi ma significativi, evocando nozioni di nostalgia, crescita personale e rinnovamento.

L'arte visiva non è da meno, catturando la maestosità e la tranquillità dei meleti nel corso dei secoli. Dai dipinti impressionisti di Claude Monet alle fotografie contemporanee di frutteti in fiore, queste immagini evocano la bellezza semplice e senza tempo dei meli nel loro habitat naturale.

Le tradizioni e i costumi popolari sono colorati anche dalla presenza dei meli. Dalle feste del raccolto ai rituali Wassailing, questi alberi da frutto sono celebrati e onorati in cerimonie che ricordano il nostro profondo legame con la terra e i suoi frutti.

Anche nel campo della musica i meli trovano la loro voce. Dalle canzoni popolari ai successi pop, i testi spesso evocano i frutteti di mele come simboli di felicità, amore e crescita personale.

Al di là del loro simbolismo, i meli hanno un'influenza tangibile sulla nostra vita quotidiana attraverso il cibo che consumiamo. Dalle mele croccanti alle torte salate, questi frutti ci offrono una festa per i sensi e una fonte di nutrimento.

Insomma, i meli sono molto più che semplici alberi da frutto. Sono custodi del nostro passato, custodi delle nostre tradizioni e custodi del nostro immaginario collettivo. La loro presenza nella cultura popolare ricorda costantemente il nostro profondo legame con la natura e i cicli della vita.

Capitolo 173: Meli alle fiere e ai mercati

Fiere e mercati sono luoghi dove l'abbondanza della natura incontra l'entusiasmo dei consumatori. Tra i prodotti esposti, un ruolo speciale hanno i meli, che simboleggiano la stagionalità, la freschezza e la diversità dei frutti. La loro presenza colorata e vivace aggiunge una dimensione unica alla vibrante atmosfera di questi eventi.

Nelle fiere e nei mercati i meli sono molto più che semplici prodotti da vendere; sono attrazioni di per sé. I loro rami carichi di frutti maturi attirano lo sguardo e risvegliano i sensi dei visitatori, invitandoli ad avvicinarsi e a scoprire la ricchezza del raccolto. Le varie varietà, dalla dolce

Golden Delicious alla piccante Granny Smith, offrono una gamma di sapori e consistenze che soddisfano i palati più esigenti.

Oltre al loro fascino estetico, i meli presenti nelle fiere e nei mercati incarnano anche un legame diretto con la terra e gli agricoltori. Vedendo i meli dal vivo, i consumatori testimoniano il duro lavoro e la passione necessari per coltivare questi frutti succulenti. Questa connessione tangibile rafforza il legame tra produttori e consumatori, favorendo un più profondo apprezzamento per il cibo e l'agricoltura locale.

Fiere e mercati offrono anche un'opportunità unica per sensibilizzare l'opinione pubblica sulla diversità delle varietà di mele. Esponendo varietà meno comuni o antiche, i coltivatori possono educare i consumatori sulla ricchezza genetica dei meli e incoraggiarli a scoprire nuovi gusti e aromi. Questa esplorazione della diversità delle mele incoraggia un apprezzamento più sfumato di questi frutti iconici.

Inoltre, fiere e mercati sono luoghi ideali per promuovere pratiche agricole sostenibili e rispettose dell'ambiente. Mettendo in risalto i prodotti coltivati in modo biologico o rispettosi della natura, i produttori di mele possono sensibilizzare l'opinione pubblica sulle questioni ambientali e incoraggiare scelte alimentari più responsabili. Questa consapevolezza contribuisce alla consapevolezza collettiva dell'importanza di sostenere un'agricoltura rispettosa dell'ambiente.

Infine, il melo nelle fiere e nei mercati non si limita alla vendita di frutta fresca. Possono anche essere elementi decorativi attraenti, aggiungendo un tocco di bellezza naturale allo spazio circostante. Che si tratti di giovani piante da ripiantare in casa o di meli in vaso per decorazioni temporanee, questi alberi da frutto donano un'atmosfera calda e accogliente ad ogni evento.

Nel complesso, i meli presenti nelle fiere e nei mercati incarnano l'incontro tra natura, comunità e cultura. La loro presenza vivace e colorata crea un'atmosfera vibrante e festosa, dove i consumatori possono connettersi con la terra e celebrare la diversità della frutta. Questi eventi sono molto più che semplici opportunità di vendita; sono manifestazioni della nostra profonda connessione con la natura e del nostro apprezzamento per le sue meraviglie.

Capitolo 174: Meli e feste tradizionali

I meli sono strettamente legati a molte feste tradizionali in tutto il mondo, dove spesso occupano un posto d'onore nelle celebrazioni e nei rituali. La loro presenza in questi eventi riflette non solo la loro importanza nell'agricoltura e nella cultura, ma anche il loro simbolismo profondamente radicato nelle tradizioni locali.

In molte culture, i meli sono associati a feste stagionali che segnano i momenti chiave dell'anno agricolo. Ad esempio, in molte parti dell'Europa e del Nord America, le mele vengono celebrate durante le feste del raccolto in autunno. Queste feste, come la Festa delle Mele o la Festa del Sidro, mettono in risalto la generosità della natura e il duro lavoro degli agricoltori.

I meli sono anche il cuore di numerose feste religiose e popolari. In alcune culture, i meli in fiore sono venerati come simboli di rinnovamento e fertilità durante le celebrazioni primaverili. Ad esempio, la festa giapponese Hanami celebra la fioritura dei ciliegi, ma anche quella dei meli, dove le persone si riuniscono per ammirare l'effimera bellezza dei fiori.

Le mele, i frutti dei meli, ricoprono spesso un ruolo centrale nei rituali e nei giochi delle feste tradizionali. Giochi come la pesca delle mele o il bobbing delle mele sono attività divertenti e festive che sono parte integrante di molte celebrazioni, in particolare feste di Halloween e fiere locali.

I meli e le mele vengono utilizzati anche nei rituali di divinazione e di buona fortuna durante alcune feste tradizionali. Ad esempio, nella cultura celtica, le mele venivano spesso utilizzate nei rituali di divinazione per predire il futuro o attirare amore e prosperità. Tali rituali testimoniano l'antica credenza nel potere magico e simbolico dei meli.

Oltre al loro ruolo nelle celebrazioni e nei rituali, i meli sono spesso presenti nella decorazione degli spazi festivi. I loro rami carichi di frutti colorati aggiungono un tocco di bellezza naturale a qualsiasi evento, mentre le loro foglie dorate creano un'atmosfera calda e accogliente.

In sintesi, i meli occupano un posto speciale nelle feste tradizionali, dove incarnano la generosità della natura, la fertilità e il rinnovamento. La loro presenza viva e simbolica arricchisce le celebrazioni, fornendo una connessione tangibile con la terra e i suoi cicli stagionali. Queste feste tradizionali non sono solo occasioni per celebrare il raccolto e la fertilità, ma anche opportunità per riconnettersi con le nostre radici culturali e celebrare la bellezza e l'abbondanza della natura.

Capitolo 175: Meli e prodotti locali

I meli occupano un posto di rilievo tra i prodotti locali, fornendo un'abbondante fonte di frutta fresca e prodotti a base di frutta in molte parti del mondo. Il loro contributo all'economia locale, alla sostenibilità ambientale e alla salute pubblica li rende attori chiave nella promozione dei prodotti locali.

Essendo una coltura locale, i meli offrono una varietà di frutti freschi che possono essere commercializzati direttamente nei mercati locali. Le mele fresche, raccolte a maturazione, conservano il loro sapore naturale e i nutrienti essenziali, fornendo ai consumatori prodotti di qualità superiore. La vicinanza tra frutteti e mercati riduce i tempi di trasporto, garantendo la freschezza e la qualità dei frutti per i clienti locali.

Anche i prodotti derivati dal melo, come il succo di mela, il sidro e le marmellate, costituiscono elementi essenziali dell'offerta locale. Questi prodotti trasformati aggiungono valore ai raccolti di mele e offrono ai consumatori una maggiore varietà di scelte. Inoltre, la lavorazione locale della frutta contribuisce alla creazione di posti di lavoro e al rilancio dell'economia locale.

Promuovendo i prodotti locali, i meli svolgono un ruolo cruciale nel preservare l'agricoltura tradizionale e nella protezione dell'ambiente. Promuovendo i cortocircuiti e riducendo la dipendenza dalle importazioni, i meli contribuiscono a ridurre le emissioni di gas serra associate al trasporto dei prodotti alimentari. Inoltre, coltivare meli utilizzando metodi sostenibili, come l'agricoltura biologica o integrata, promuove la biodiversità e protegge le risorse naturali locali.

Anche i prodotti locali ricavati dai meli svolgono un ruolo importante nel promuovere un'alimentazione sana ed equilibrata. Le mele fresche sono ricche di fibre, vitamine e antiossidanti, rendendole una scelta nutriente per i consumatori. Inoltre, i prodotti derivati dal melo, se realizzati con ingredienti locali e di qualità, offrono un'alternativa sana e gustosa ai prodotti trasformati industrialmente.

Infine, i meli e i prodotti locali che generano rafforzano i legami con la comunità promuovendo la collaborazione tra agricoltori, trasformatori e consumatori locali. I mercati degli agricoltori e gli eventi agricoli offrono opportunità uniche per incontrare le persone che coltivano il cibo che consumiamo, rafforzando così i rapporti di fiducia e vicinanza tra i diversi attori della filiera alimentare.

In breve, i meli e i prodotti locali che generano svolgono un ruolo essenziale nel promuovere un'economia locale dinamica, sostenibile e sana. Il loro contributo alla diversità alimentare, alla preservazione dell'ambiente e al rafforzamento dei legami con la comunità li rende elementi essenziali nella promozione dei prodotti locali.

Capitolo 176: Marketing Apple: strategie e sfide

La commercializzazione delle mele è un'attività complessa che comporta una serie di strategie e sfide per coltivatori, trasformatori e distributori. Per avere successo sul mercato, è fondamentale comprendere le tendenze del mercato, adottare tecniche di marketing innovative e affrontare le sfide che si presentano.

Una strategia chiave nel marketing delle mele è comprendere le tendenze del mercato e le preferenze dei consumatori. I consumatori di oggi sono sempre più consapevoli della propria salute e dell'impatto ambientale delle proprie scelte alimentari. I coltivatori di mele possono trarre vantaggio da queste tendenze evidenziando i benefici nutrizionali delle mele e la loro produzione rispettosa dell'ambiente.

Un'altra strategia efficace è diversificare i prodotti a base di mele per soddisfare diversi segmenti di mercato. Oltre alle mele fresche, i produttori possono trasformare i loro raccolti in succo di mela, sidro, composte, marmellate e altri prodotti, ampliando così la propria offerta e attirando una clientela più ampia.

Commercializzare le mele implica anche superare alcune sfide, in particolare per quanto riguarda la concorrenza sul mercato. I coltivatori di mele devono affrontare la concorrenza delle importazioni straniere, che spesso possono offrire prezzi più bassi. Per rimanere competitivi, i produttori locali devono concentrarsi sulla qualità, sulla freschezza e sulla sostenibilità dei loro prodotti, mettendo in risalto la produzione locale e le pratiche agricole rispettose dell'ambiente.

Un'altra grande sfida è quella della gestione dell'inventario e della conservazione delle mele. Le mele sono frutti deperibili che richiedono una corretta manipolazione e conservazione per mantenerne la freschezza e la qualità. I produttori devono investire in infrastrutture di stoccaggio e tecniche di conservazione adeguate per evitare perdite e garantire un approvvigionamento costante al mercato.

Inoltre, la commercializzazione delle mele può essere influenzata da fattori esterni come le condizioni meteorologiche, le fluttuazioni dei prezzi dei fattori di produzione e le politiche commerciali. I produttori devono essere pronti ad adattarsi a questi cambiamenti e ad adattare di conseguenza la loro strategia di marketing per mantenere la loro competitività sul mercato.

Pertanto, il marketing delle mele è un processo complesso che richiede una comprensione approfondita delle tendenze del mercato, la diversificazione dei prodotti e una gestione efficace delle sfide. Adottando strategie innovative e affrontando le sfide con determinazione, i coltivatori di mele possono avere successo sul mercato e contribuire alla crescita e alla sostenibilità del settore.

Capitolo 177: Meli e tecniche di trasformazione

I meli offrono frutti succulenti in abbondanza, ma il loro valore non si limita alle mele fresche. Attraverso varie tecniche di lavorazione, le mele possono essere trasformate in una moltitudine di prodotti deliziosi e versatili, ampliandone l'uso e l'attrattiva sul mercato.

Una delle tecniche di lavorazione più comuni delle mele è la produzione del succo di mela. Questo processo prevede la spremitura delle mele per estrarne il succo, che viene poi pastorizzato per garantirne la conservazione. Il succo di mela fresco è apprezzato per il suo sapore naturale e il ricco contenuto di nutrienti, che lo rendono una scelta popolare tra i consumatori attenti alla salute.

Il sidro è un'altra bevanda popolare a base di mele. A differenza del succo di mela, il sidro viene fermentato, conferendogli un gusto distinto e una gradazione alcolica variabile. Il sidro può essere gustato freddo o utilizzato come ingrediente in una varietà di cocktail e piatti cucinati, aggiungendo un tocco di sapore unico.

Dalle mele si possono ricavare anche composte, marmellate e gelatine, apprezzate per la loro dolcezza e consistenza. Questi prodotti possono essere consumati da soli, spalmati sul pane o utilizzati come guarnizione per una varietà di dessert e piatti dolci. La loro versatilità li rende elementi essenziali di ogni cucina.

La disidratazione è un'altra tecnica di lavorazione comune per le mele. L'essiccazione delle fette di mela produce patatine di mela croccanti e gustose, ideali per snack o condimenti per insalate. Le mele essiccate possono anche essere reidratate e utilizzate in una varietà di ricette dolci e salate.

Dalle mele, infine, si può ricavare l'aceto di mele, un ingrediente versatile utilizzato in cucina e nella medicina tradizionale. L'aceto di mele è apprezzato per le sue proprietà acidificanti e conservanti, oltre che per il suo gusto unico e la sua ricchezza di antiossidanti.

Insomma, le tecniche di lavorazione delle mele offrono molteplici possibilità per ottenere il massimo da questi deliziosi frutti. Sotto forma di succo, sidro, composta o aceto, i prodotti a base di mela aggiungono sapore, nutrimento e versatilità alla nostra dieta quotidiana.

Capitolo 178: Meli e l'industria dei succhi di frutta

L'industria dei succhi di frutta annovera tra i suoi pilastri il melo, fonte essenziale di questa bevanda rinfrescante e nutriente. Questi alberi da frutto svolgono un ruolo importante nella produzione del succo di mela, una bevanda amata in tutto il mondo per il suo sapore naturale e i suoi benefici per la salute.

Il primo passo nella produzione del succo di mela prevede la raccolta delle mele. I meleti forniscono un'ampia varietà di varietà di mele, ciascuna delle quali contribuisce al sapore e alla consistenza caratteristici del succo. Dalle mele dolci come le Fuji alle mele aspre come la Granny Smith, ogni varietà dà il proprio contributo all'insieme.

Una volta raccolte, le mele vengono lavate e selezionate per eliminare le impurità e i frutti danneggiati. Vengono poi pressate per estrarne il succo, che viene poi filtrato per eliminare le particelle solide. Il succo filtrato viene poi pastorizzato per garantirne la conservazione e la sicurezza alimentare, prima di essere confezionato in bottiglie o cartoni per la distribuzione.

L'industria del succo di mela offre un'ampia varietà di prodotti per soddisfare le preferenze dei consumatori. Dal succo di mela puro al 100% alle miscele di frutta esotica, ai succhi biologici e senza zuccheri aggiunti, le opzioni sono tante e diverse. Questa diversità riflette la crescente domanda dei consumatori di prodotti sani e naturali.

Gli alberi di mele svolgono un ruolo cruciale nella sostenibilità dell'industria dei succhi di frutta. Essendo colture perenni, i meleti forniscono una fonte affidabile di materie prime anno dopo anno, riducendo la dipendenza dalle colture annuali. Inoltre, i meli possono essere coltivati in modo sostenibile utilizzando pratiche agricole rispettose dell'ambiente, come l'agricoltura biologica e l'agroforestazione.

Inoltre, l'industria del succo di mela contribuisce all'economia locale creando posti di lavoro nei frutteti, negli impianti di lavorazione e nelle società di distribuzione. I produttori di succo di mela offrono anche opportunità agli agricoltori locali, rafforzando i legami tra l'industria e le comunità agricole.

I meli sono quindi attori essenziali nel settore dei succhi di frutta, poiché forniscono una fonte affidabile di materie prime e contribuiscono alla diversità e alla sostenibilità di questo settore. Grazie al loro continuo contributo, i meli continueranno a svolgere un ruolo fondamentale nella produzione di questa bevanda apprezzata in tutto il mondo.

Capitolo 179: Meli e produzione di aceto

I meli, famosi per i loro frutti succosi e dolci, sono anche protagonisti nella produzione dell'aceto di mele. Questo aceto, apprezzato per il suo gusto distinto e i benefici per la salute, è prodotto dal succo di mela fermentato, fornendo un uso alternativo e gustoso per questi alberi da frutto.

La preparazione dell'aceto di mele inizia con la fermentazione del succo di mela. Dopo essere state pressate, le mele rilasciano il loro succo, che viene poi esposto ai lieviti naturali presenti nell'ambiente. Questi lieviti fanno fermentare gli zuccheri presenti nel succo di mela, trasformando così il succo in alcol.

Una volta fermentato, il succo di mela diventa sidro, una bevanda leggermente alcolica che funge da base per l'aceto di sidro. Il sidro viene quindi esposto ai batteri acetici, che convertono l'alcol in acido acetico, il componente principale dell'aceto. Questo processo di fermentazione acetica può richiedere da diverse settimane a diversi mesi, a seconda delle condizioni di fermentazione.

Una volta trasformato in aceto di sidro, il sidro viene filtrato e pastorizzato per garantirne la conservazione e la sicurezza alimentare. L'aceto di mele finale viene quindi confezionato in bottiglie o barattoli per la distribuzione.

L'aceto di mele è amato per il suo gusto distinto e il ricco contenuto di nutrienti. Viene spesso utilizzato come condimento in insalate, marinate e condimenti per insalate, aggiungendo un sapore piccante e un tocco di complessità a una varietà di piatti. Inoltre, l'aceto di mele viene utilizzato anche per scopi medicinali, comprese le sue proprietà antibatteriche, antiossidanti e antinfiammatorie.

Gli alberi di mele svolgono un ruolo cruciale nella produzione dell'aceto di mele fornendo una fonte affidabile di materie prime. I meleti offrono un'ampia varietà di varietà di mele, ognuna delle quali apporta il proprio contributo al sapore e alla qualità dell'aceto finale. Inoltre, i meli possono essere coltivati in modo sostenibile utilizzando pratiche agricole rispettose dell'ambiente, come l'agricoltura biologica e l'agroforestazione.

Gli alberi di melo svolgono un ruolo essenziale nella produzione dell'aceto di sidro, fornendo una fonte affidabile di materie prime e contribuendo alla ricchezza e alla diversità di questo prodotto amato in tutto il mondo. Attraverso il loro continuo contributo, i meli continueranno a svolgere un ruolo chiave nella produzione di questo aceto unico e versatile.

Capitolo 180: Meli e produzione di composta e purea

Gli alberi di melo, simboli di fertilità e abbondanza, sono al centro della produzione della salsa e della purea di mele, due deliziose preparazioni apprezzate in tutto il mondo. Questi prodotti offrono un'alternativa gustosa e versatile al consumo di mele fresche, preservando il sapore naturale e i benefici nutrizionali di questi frutti succulenti.

La produzione della composta e della purea di mele inizia con la selezione delle mele. I meleti forniscono una varietà di varietà di mele, ognuna delle quali apporta il proprio sapore e consistenza alla preparazione finale. Dalle mele dolci come Gala alle mele aspre come Granny Smith, ogni varietà contribuisce alla complessità e alla ricchezza della composta e della purea.

Una volta selezionate, le mele vengono lavate, sbucciate e tagliate a pezzi prima di essere cotte. La cottura delle mele libera i loro zuccheri naturali, creando una composta dolce e profumata. Per la purea di mele, le mele cotte vengono ridotte a una consistenza liscia e uniforme, fornendo una base cremosa per una varietà di piatti e dessert.

Dopo la cottura, la salsa di mele e la purea possono essere condite secondo le preferenze individuali. È possibile aggiungere zucchero, cannella, limone e altre spezie per esaltare il sapore e creare variazioni uniche di queste classiche preparazioni.

La salsa di mele viene spesso consumata da sola, come accompagnamento a piatti dolci o salati, o utilizzata come condimento per una varietà di dessert, pancake e waffle. La purea di mele, invece, viene utilizzata come ingrediente in una varietà di ricette, tra cui torte, muffin, salse e zuppe, aggiungendo a questi piatti una consistenza umida e una dolcezza naturale.

I meli svolgono un ruolo cruciale nella produzione di salsa e purea di mele poiché forniscono una fonte affidabile di materie prime. I meleti offrono un'abbondanza di frutta di qualità, coltivata con cura e raccolta a maturazione per garantire un sapore ottimale. Inoltre, i meli possono essere coltivati in modo sostenibile utilizzando pratiche agricole rispettose dell'ambiente, preservando così la salute del suolo e la biodiversità dei frutteti.

Pertanto, i meli sono attori essenziali nella produzione di salsa e purea di mele, fornendo una fonte affidabile di materie prime e contribuendo alla ricchezza e alla diversità di queste preparazioni apprezzate in tutto il mondo. Con il loro continuo contributo, i meli continueranno a svolgere un ruolo chiave nella creazione di queste deliziose e versatili preparazioni a base di mele.

Capitolo 181: Meli e prodotti innovativi

I meli, emblemi di fertilità e prosperità, continuano a ispirare l'innovazione nei prodotti alimentari. Grazie alla loro versatilità e abbondanza, questi alberi da frutto fungono da base per una gamma crescente di prodotti innovativi che ampliano gli orizzonti della cucina e della gastronomia.

Una delle innovazioni più notevoli è l'utilizzo dei meli per creare snack sani e convenienti. Dalle croccanti patatine di mela alle barrette energetiche a base di salsa di mele, questi prodotti offrono un'alternativa nutriente agli snack tradizionali, catturando al contempo il sapore naturale e la dolcezza delle mele fresche.

Gli alberi di mele ispirano anche innovazioni nelle bevande. Dal succo di mela frizzante alle bevande a base di sidro fermentato, questi prodotti offrono una varietà di sapori e consistenze unici che attirano gli appassionati di bevande rinfrescanti e gustose. Inoltre, cocktail e liquori alla mela aggiungono un tocco di creatività ai menu di bar e ristoranti.

I prodotti innovativi a base di mele non si limitano a cibi e bevande. Gli alberi di melo vengono utilizzati anche per creare una gamma di prodotti per la cura personale e la salute. Dalle maschere per il viso a base di mela agli integratori alimentari a base di estratto di mela, questi prodotti sfruttano i benefici nutrizionali e antiossidanti delle mele per promuovere la salute e il benessere.

Inoltre, gli alberi di mele ispirano innovazioni nel packaging sostenibile. Dagli imballaggi alimentari biodegradabili realizzati con fibra di mela ai materiali di imballaggio riutilizzabili realizzati con legno di melo riciclato, queste soluzioni offrono un'alternativa ecologica agli imballaggi tradizionali, contribuendo a ridurre l'impronta ambientale delle industrie alimentari.

Gli alberi di mele vengono utilizzati anche per creare prodotti innovativi nell'arredamento e nell'artigianato. Dalle candele al profumo di mela alle ceramiche artigianali scolpite nel legno di melo, questi prodotti catturano lo spirito caldo e rustico dei meleti, aggiungendo un tocco di eleganza e fascino a qualsiasi spazio.

Gli alberi di mele continuano a ispirare l'innovazione attraverso una vasta gamma di prodotti alimentari, bevande, cura personale e prodotti decorativi. La loro versatilità, abbondanza e ricca storia li rendono una fonte inesauribile di ispirazione per imprenditori, chef e artigiani di tutto il mondo. Attraverso il loro continuo contributo, i meli continueranno a stimolare la creatività e l'innovazione in una varietà di campi, arricchendo le nostre vite e le nostre esperienze quotidiane.

Capitolo 182: Meli e cortocircuito

I meli svolgono un ruolo cruciale nella promozione delle filiere corte, fornendo ai consumatori locali una fonte affidabile di frutta fresca e prodotti derivati direttamente dai frutteti. Questo approccio distributivo unisce produttori e consumatori, promuovendo la sostenibilità ambientale, la qualità del cibo e rafforzando i legami con la comunità.

I cortocircuiti riducono le distanze percorse dai prodotti alimentari, minimizzando così l'impronta di carbonio associata al trasporto. Accorciando la filiera, il melo contribuisce a ridurre le emissioni di gas serra e la dipendenza dai combustibili fossili, favorendo così la sostenibilità ambientale e la lotta ai cambiamenti climatici.

Inoltre, i cortocircuiti consentono ai consumatori di avere accesso diretto a prodotti freschi e di stagione. I meli offrono una varietà di mele fresche, coltivate localmente e raccolte a maturazione per garantire un sapore ottimale. I consumatori possono trovare anche una gamma di prodotti derivati dal melo, come succo di mela, composta e aceto di sidro, creati con cura e competenza nelle aziende agricole locali.

Promuovendo i cortocircuiti, i meli rafforzano i legami tra produttori e consumatori. I mercati degli agricoltori e gli stand di vendita diretta offrono opportunità uniche per incontrare le persone che coltivano il cibo che mangiamo, favorendo la fiducia, il rispetto e la comprensione reciproca tra i diversi attori della catena alimentare.

Inoltre, i cortocircuiti sostengono l'economia locale creando opportunità per gli agricoltori locali. I meli forniscono una fonte di reddito stabile e affidabile per i coltivatori, stimolando la crescita economica e lo sviluppo rurale nelle comunità agricole.

I meli svolgono un ruolo importante nella promozione delle filiere corte, fornendo ai consumatori locali una fonte affidabile di frutta fresca e prodotti derivati direttamente dai frutteti. Questo approccio distributivo promuove la sostenibilità ambientale, la qualità del cibo e il rafforzamento dei legami con la comunità, contribuendo a creare un sistema alimentare più giusto, equo e resiliente.

Capitolo 183: Meli e autonomia alimentare

Gli alberi di melo svolgono un ruolo fondamentale nel promuovere l'autosufficienza alimentare, fornendo una fonte sostenibile e abbondante di frutta fresca e prodotti a base di frutta. Coltivando meli e integrando i loro frutti nella dieta quotidiana, le comunità possono sviluppare la resilienza alle sfide alimentari e migliorare la loro sicurezza alimentare a lungo termine.

I meleti forniscono una fonte affidabile di frutta fresca durante tutto l'anno. Coltivando una varietà di varietà di mele adatte a diversi climi e stagioni, le comunità possono garantire un approvvigionamento costante di frutti ricchi di sostanze nutritive, vitamine e minerali. Le mele possono essere consumate crude, trasformate in succo, composta o purea, offrendo una varietà di opzioni per soddisfare le esigenze e le preferenze dietetiche individuali.

Oltre alla frutta fresca, i meli offrono una gamma di sottoprodotti che possono essere immagazzinati e conservati per un uso successivo. Succo di mela, composta e aceto di sidro sono esempi di prodotti che possono essere realizzati con mele raccolte localmente e utilizzati come fonti di nutrimento e sapore durante tutto l'anno. Producendo questi prodotti localmente, le comunità riducono la loro dipendenza dalle importazioni e rafforzano la resilienza alle interruzioni esterne nelle catene di approvvigionamento.

Inoltre, i meli possono essere coltivati in modo sostenibile utilizzando pratiche agricole rispettose dell'ambiente. Promuovendo la biodiversità, preservando gli habitat naturali e riducendo al minimo l'uso di pesticidi e fertilizzanti chimici, i meleti contribuiscono alla preservazione dell'ecosistema locale e alla protezione della salute umana e dell'ambiente.

Integrando i meli nei sistemi alimentari locali, le comunità possono promuovere la sostenibilità ambientale, rafforzare l'economia locale e migliorare la salute e il benessere individuale. Coltivando meli e aggiungendo valore ai loro frutti, le comunità possono intraprendere passi concreti per promuovere l'autosufficienza alimentare e costruire un futuro più sostenibile e resiliente per tutti.

Capitolo 184: Meli e artigianato locale

Gli alberi di mele non producono solo frutti deliziosi; sono anche fonte di ispirazione per l'artigianato locale. In molte regioni, i rami e il legno dei meli vengono utilizzati per creare una varietà di oggetti artigianali unici ed estetici, contribuendo a preservare le tradizioni locali e promuovere il talento degli artigiani.

Un uso comune del legno di melo è la creazione di mobili e oggetti decorativi. Gli artigiani lavorano il legno di melo per realizzare mobili robusti ed eleganti, come tavoli, sedie e scaffali, che aggiungono un tocco di rusticità e fascino a qualsiasi interno. Inoltre, il legno di melo viene spesso intagliato e modellato per creare oggetti decorativi, come ciotole, vasi e sculture, che mettono in risalto la naturale bellezza del legno.

I rami dei meli vengono utilizzati anche nell'artigianato per creare una varietà di oggetti utilitaristici e decorativi. Gli artigiani intrecciano i rami per realizzare cestini, cestini e portariviste, fornendo soluzioni di contenimento pratiche ed eleganti per la casa. Inoltre, i rami dei meli vengono spesso potati e intagliati per creare oggetti decorativi come portacandele, supporti per piante e arazzi, che aggiungono un tocco di natura a qualsiasi spazio.

Oltre al legno e ai rami, i meli offrono una varietà di materiali naturali che possono essere utilizzati nell'artigianato locale. Le foglie di mela possono essere pressate ed essiccate per creare oggetti di carta, come biglietti di auguri e diari, che mettono in risalto la bellezza e la delicatezza dei motivi naturali. Inoltre, i semi di mela possono essere trasformati in gioielli e accessori, offrendo un modo unico per portare con sé una parte della natura.

Integrando i meli nell'artigianato locale, le comunità possono preservare le tradizioni locali, promuovere la sostenibilità ambientale e sostenere l'economia locale. Promuovendo i materiali naturali e mettendo in risalto il talento degli artigiani locali, i meli diventano fonte di ispirazione per la creazione di oggetti unici e autentici che catturano l'immaginazione ed evocano la bellezza della natura.

Capitolo 185: Meli e patrimonio regionale

I meli occupano un posto speciale nel patrimonio regionale di molte comunità in tutto il mondo. La loro presenza nei paesaggi rurali, i loro pittoreschi frutteti e la loro ricca storia rendono i meli simboli iconici dell'identità locale e del patrimonio regionale.

In molte regioni, i meleti sono elementi iconici del paesaggio rurale. Le loro file ordinate di tronchi e rami carichi di frutti creano un'immagine pittoresca e senza tempo che evoca la tradizione agricola e il profondo legame con la terra. Questi frutteti sono spesso popolari attrazioni turistiche, che attirano visitatori che vengono ad ammirare la bellezza naturale degli alberi che fioriscono in primavera e raccolgono in autunno.

Anche i meli sono elementi importanti della storia regionale. In molte regioni la coltivazione del melo risale a secoli, addirittura millenni. I loro frutti hanno nutrito generazioni di persone e hanno svolto un ruolo cruciale nell'economia e nel sostentamento delle comunità locali. I meleti storici, con le loro varietà di mele antiche e le tecniche di coltivazione tradizionali, sono testimoni viventi di questa ricca storia agricola.

Oltre al loro significato storico, in molte regioni i meli sono anche simboli culturali e sociali. I loro frutti sono spesso associati a feste locali, eventi comunitari e tradizioni stagionali. La raccolta delle mele, ad esempio, viene spesso celebrata con feste, sfilate e attività familiari che rafforzano i legami tra i membri della comunità e perpetuano le usanze regionali.

I meli contribuiscono anche alla diversità gastronomica regionale. Le loro varietà uniche di mele vengono spesso utilizzate nella cucina locale per creare una varietà di piatti dolci e salati. Dalla tradizionale torta di mele ai piatti regionali come il vin brulè e le frittelle di mele, i meli aggiungono un tocco distintivo alla cucina regionale e sono parte integrante della sua identità culinaria.

I meli sono elementi essenziali del patrimonio regionale, rappresentando non solo una preziosa risorsa naturale, ma anche un simbolo di identità, storia e cultura locale. La loro presenza nei paesaggi rurali, il loro ruolo nell'economia locale e il loro contributo alla diversità gastronomica regionale rendono i meli elementi inestimabili del patrimonio regionale, da preservare e celebrare per le generazioni a venire.

Capitolo 186: Meli e identità culturale

I meli sono più che semplici alberi da frutto; sono simboli profondamente radicati nell'identità culturale di molte comunità in tutto il mondo. La loro presenza nei paesaggi, i loro frutti deliziosi e il loro ruolo nelle tradizioni locali rendono i meli elementi essenziali dell'identità culturale delle regioni in cui prosperano.

I meli modellano i paesaggi e contribuiscono all'identità visiva delle regioni in cui vengono coltivati. I loro frutteti attentamente curati, con le loro file ordinate di alberi in fiore in primavera e carichi di frutta in autunno, creano panorami pittoreschi che evocano la bellezza naturale e la tradizione agricola. Questi paesaggi iconici diventano spesso simboli della regione, rappresentandone il carattere unico e il profondo legame con la terra.

Anche i frutti dei meli, con la loro varietà di colori, sapori e consistenze, svolgono un ruolo importante nella cultura e nella cucina locale. Le varietà regionali di mele sono spesso utilizzate nelle ricette tradizionali e nei piatti caratteristici della regione. Dalla classica torta di mele alle specialità locali come il vin brulè e le frittelle di mele, i meli arricchiscono la cucina regionale e contribuiscono a caratterizzarne l'identità culinaria.

Oltre alla loro importanza visiva e gastronomica, i meli affondano le loro radici anche nelle tradizioni e nei costumi locali. La raccolta delle mele, ad esempio, viene spesso celebrata con feste, eventi comunitari e attività familiari che rafforzano i legami tra i membri della comunità e portano avanti le pratiche agricole ancestrali. Allo stesso modo, i meleti storici, con le loro varietà di mele antiche e i metodi di coltivazione tradizionali, sono testimoni viventi della storia e della cultura locale.

In molte culture gli alberi di melo svolgono anche un ruolo simbolico, rappresentando valori come fertilità, abbondanza e prosperità. I loro frutti, associati a nozioni di salute e benessere, sono spesso utilizzati nelle tradizioni curative e nelle credenze popolari sulla salute e sulla longevità.

I meli sono elementi essenziali dell'identità culturale delle regioni in cui prosperano. La loro presenza nei paesaggi, il loro ruolo nella cucina e nelle tradizioni locali, nonché il loro significato simbolico, rendono i meli potenti simboli dell'identità culturale regionale, da preservare e celebrare per le generazioni future.

Capitolo 187: Meli e turismo gastronomico

I meli svolgono un ruolo fondamentale nel turismo gastronomico, offrendo ai visitatori un'esperienza sensoriale unica nel cuore di pittoreschi frutteti e regioni rurali. Come simboli di fertilità e prosperità, i meli attirano i viaggiatori alla ricerca di autentiche scoperte culinarie e di tradizioni gastronomiche regionali.

I meleti sono destinazioni ambite dagli appassionati di turismo enogastronomico, offrendo ai visitatori l'opportunità di sperimentare il processo di coltivazione delle mele, dalla fioritura alla raccolta. Le visite guidate ai frutteti consentono ai visitatori di conoscere diverse varietà di mele, tecniche di coltivazione e pratiche agricole sostenibili utilizzate dagli agricoltori locali.

Oltre alla coltivazione delle mele, i frutteti offrono spesso attività di degustazione di prodotti, consentendo ai visitatori di assaggiare una varietà di mele fresche e prodotti a base di mele, come succo di mela, composta e sidro. Queste degustazioni offrono un'opportunità unica per scoprire i sapori unici delle mele locali e apprezzare la diversità gastronomica della regione.

I meli sono anche un'attrazione popolare durante la stagione del raccolto, quando i frutteti sono in piena attività e gli alberi sono carichi di frutti maturi. Le feste della raccolta delle mele attirano spesso molti visitatori, offrendo una serie di attività familiari come la raccolta delle mele, giri in carrozza e dimostrazioni di cucina all'aperto.

Oltre ai meleti, le zone rurali offrono spesso una varietà di opzioni di alloggio e ristorazione per i turisti del cibo. Agriturismi, B&B e agriturismi offrono ai visitatori la possibilità di soggiornare in ambienti autentici e suggestivi, gustando la cucina regionale preparata con prodotti locali, tra cui le deliziose mele della regione.

I meli svolgono un ruolo importante nel turismo gastronomico, offrendo ai visitatori un'esperienza sensoriale unica nel cuore di pittoreschi frutteti e regioni rurali. Attraverso il loro contributo alla cultura locale, alla cucina regionale e alle tradizioni gastronomiche, i meli arricchiscono l'esperienza turistica e aiutano a promuovere il turismo sostenibile e autentico nelle regioni in cui prosperano.

Capitolo 188: Meli nelle esperienze sensoriali

I meli offrono un'affascinante gamma di esperienze sensoriali che risvegliano i sensi e nutrono l'anima. Dalla vista dei frutteti in fiore all'odore inebriante delle mele mature, al sapore dolce della frutta appena raccolta, i meli invitano a immergersi in un mondo di sensazioni ricche e variegate.

La vista dei meleti in fiore è un'esperienza visiva incantevole. In primavera gli alberi si adornano di delicati fiori bianchi o rosa che irrompono in un'esplosione di colori nel verde paesaggio. Le file ordinate di alberi in fiore creano uno spettacolo magnifico che evoca una sensazione di rinnovamento e bellezza naturale.

Il profumo delle mele mature è un'esperienza olfattiva indimenticabile. Quando i frutti raggiungono la maturità, rilasciano un profumo dolce e delizioso che riempie l'aria e risveglia i sensi. L'aroma accattivante delle mele fresche invita le persone ad avvicinarsi e lasciarsi trasportare dalla loro naturale dolcezza e ricchezza sensoriale.

Toccare le mele fresche è una piacevole esperienza tattile. I frutti lisci e sodi offrono una consistenza piacevole al tatto, mentre il loro peso in mano evoca una sensazione di pienezza e soddisfazione. Accarezzando le mele appena raccolte, le persone possono percepire la qualità e la freschezza del frutto e connettersi in modo tangibile con la natura.

Il gusto delle mele fresche è una deliziosa esperienza di gusto. Mordendo una mela succosa e dolce, i sapori ricchi ed equilibrati esplodono in bocca, offrendo una sinfonia di dolcezza, acidità e freschezza. Ogni varietà di mela offre un'esperienza di gusto unica, che spazia dai sapori delicati e dolci alle sfumature aspre e piccanti.

Pertanto, i meli offrono una moltitudine di esperienze sensoriali che risvegliano i sensi e arricchiscono la vita. Dalla vista dei frutteti in fiore all'odore delle mele mature, al tocco della frutta fresca e al gusto delizioso delle mele appena raccolte, i meli affascinano gli individui e li invitano ad esplorare un mondo di sensazioni ricche e varie.

Capitolo 189: Meli e benessere

Gli alberi di mele hanno un profondo legame con il benessere umano, fornendo una moltitudine di benefici per la salute fisica, mentale ed emotiva. Dal semplice sguardo ai tranquilli frutteti alla degustazione della frutta fresca, i meli svolgono un ruolo fondamentale nel promuovere il benessere a molti livelli.

La presenza di meli nei paesaggi crea un'atmosfera rilassante che favorisce il relax e la tranquillità. Passeggiare in un meleto offre una gradita pausa dallo stress della vita quotidiana, consentendo alle persone di riconnettersi con la natura e trovare un senso di calma interiore.

Il contatto con la natura è noto per i suoi numerosi benefici per la salute mentale ed emotiva. Trascorrere del tempo in un meleto può ridurre lo stress, l'ansia e la depressione, promuovendo al contempo un senso di benessere generale. La bellezza naturale degli alberi in fiore e dei frutti maturi crea un'esperienza coinvolgente che eleva l'umore e stimola i sensi.

Oltre al loro effetto calmante, i meli apportano anche benefici alla salute fisica. Le mele sono ricche di nutrienti essenziali come vitamine, minerali e fibre, che supportano la salute dell'apparato digerente, rafforzano il sistema immunitario e promuovono la salute della pelle. Mangiare regolarmente mele fresche può aiutare a prevenire malattie croniche come malattie cardiache, diabete e cancro.

Inoltre, la raccolta delle mele nei frutteti offre l'opportunità di svolgere un esercizio fisico moderato che promuove la salute cardiovascolare e il benessere fisico. Camminare tra i filari degli alberi, arrampicarsi per raggiungere i frutti più alti e trasportare cesti pieni di mele sono tutte attività che stimolano il corpo e la mente, regalando al contempo un'esperienza piacevole e appagante.

Gli alberi di mele sono strettamente legati al benessere umano, fornendo una moltitudine di benefici per la salute fisica, mentale ed emotiva. La loro presenza nei paesaggi crea un'atmosfera rilassante che promuove il relax e la tranquillità, mentre i loro frutti nutrienti supportano la salute e il benessere generale. Trascorrendo del tempo nei meleti, le persone possono trovare un rifugio di pace e rivitalizzazione nel cuore della natura.

Capitolo 190: Meli e agricoltura familiare

I meli occupano un posto privilegiato nell'agricoltura familiare, svolgendo un ruolo vitale nel sostentamento e nello sviluppo economico delle comunità rurali di tutto il mondo. Essendo una coltura da frutto versatile, i meli forniscono alle famiglie contadine una fonte di reddito affidabile, nonché una dieta nutriente e diversificata per i loro membri.

Per molte famiglie di contadini i meleti rappresentano una fonte di reddito essenziale. La coltivazione delle mele offre opportunità di lavoro stagionale ai membri della famiglia, nonché ai lavoratori stagionali locali, contribuendo a rilanciare l'economia locale e a ridurre la migrazione verso le aree urbane. Inoltre, la commercializzazione delle mele e dei prodotti derivati offre agli agricoltori a conduzione familiare l'opportunità di generare entrate aggiuntive durante tutto l'anno.

Oltre alla loro importanza economica, i meli svolgono un ruolo cruciale nella sicurezza alimentare delle famiglie di agricoltori. I frutti freschi del frutteto forniscono una fonte nutriente e diversificata di cibo per il consumo familiare, contribuendo così a migliorare la salute e il benessere dei membri della famiglia. Inoltre, le mele possono essere trasformate in una varietà di sottoprodotti come succhi, composte e marmellate, offrendo opzioni per conservare le eccedenze del raccolto e generare entrate aggiuntive.

I meli sono anche elementi importanti della sostenibilità ambientale nell'agricoltura familiare. Essendo una coltura da frutto perenne, i meleti aiutano a preservare la biodiversità, a proteggere i suoli dall'erosione e a ridurre la dipendenza dagli input chimici. Inoltre, pratiche agricole sostenibili come la gestione integrata dei parassiti e la conservazione dell'acqua aiutano a ridurre l'impronta ambientale della produzione di mele.

Quindi i meli sono un pilastro dell'agricoltura familiare, fornendo una fonte affidabile di reddito, una dieta nutriente e diversificata, nonché un contributo alla sostenibilità ambientale. Coltivando meli, le famiglie contadine possono garantire il proprio sostentamento, promuovere lo sviluppo economico rurale e contribuire alla sicurezza alimentare globale.

Capitolo 191: La trasmissione della conoscenza del melo

La trasmissione della conoscenza della mela è un patrimonio prezioso che si tramanda di generazione in generazione all'interno delle comunità agricole. Questa conoscenza ancestrale comprende una moltitudine di conoscenze, abilità e tradizioni legate alla coltivazione, raccolta e lavorazione delle mele, nonché alla conservazione dei frutteti e alla gestione sostenibile delle risorse naturali.

Al centro della trasmissione della conoscenza del melo c'è l'apprendimento pratico, in cui la conoscenza viene trasmessa in modo informale dagli anziani alle generazioni più giovani. I membri della famiglia agricola insegnano ai giovani le tecniche di coltivazione delle mele, i cicli di vita degli alberi, i metodi di controllo delle malattie e dei parassiti e le strategie di gestione dei frutteti per garantire raccolti abbondanti e di alta qualità.

Oltre all'apprendimento pratico, la trasmissione della conoscenza del melo è spesso accompagnata dalla trasmissione orale di storie, leggende e aneddoti legati al melo e alla sua cultura. Queste storie trasmettono valori culturali, lezioni di vita e un profondo rispetto per la natura, rafforzando così il legame tra generazioni e alimentando il senso di appartenenza a una tradizione comune.

La trasmissione della conoscenza della mela non si limita alla coltivazione degli alberi; comprende anche la trasformazione della frutta in una varietà di prodotti deliziosi e nutrienti. Le ricette di marmellate, composte, succhi, sidro e torte di mele vengono tramandate di generazione in generazione, preservando i sapori unici e le tradizioni culinarie legate alle mele e alla loro coltivazione.

Infine, la trasmissione della conoscenza della mela comprende anche la conservazione delle varietà di mele antiche e locali, nonché pratiche agricole sostenibili adattate alle condizioni ambientali specifiche di ciascuna regione. La conoscenza della selezione delle varietà, dell'innesto, della potatura e dell'impollinazione incrociata è essenziale per preservare la diversità genetica dei frutteti e garantirne la resilienza di fronte alle sfide climatiche e ambientali.

La trasmissione della conoscenza della mela, insomma, è un processo continuo e dinamico che alimenta la cultura agricola e la sostenibilità delle comunità rurali. Attraverso questa trasmissione intergenerazionale della conoscenza, i meli continuano ad arricchire la vita delle persone e a nutrire il corpo e la mente nel corso dei secoli.

Capitolo 192: Meli e innovazioni digitali

I meli, simboli secolari di fertilità e abbondanza, fanno ormai parte dell'era dell'innovazione digitale, dove i progressi tecnologici stanno rivoluzionando il modo in cui questi alberi da frutto vengono coltivati, mantenuti e gestiti.

Una delle innovazioni digitali più importanti nella coltivazione delle mele è l'uso di droni per monitorare i frutteti. Questi dispositivi volanti dotati di telecamere ad alta risoluzione possono sorvolare i frutteti e catturare immagini dettagliate degli alberi, consentendo agli agricoltori di identificare rapidamente aree di stress vegetativo, malattie o potenziali parassiti. Questa tecnologia consente una gestione precisa e mirata dei frutteti, riducendo così i costi di produzione e migliorando le rese.

I sensori IoT (Internet of Things) sono un'altra innovazione digitale che sta rivoluzionando il modo in cui vengono coltivati i meli. Questi sensori possono essere installati direttamente sugli alberi per monitorare in tempo reale parametri come l'umidità del suolo, la temperatura dell'aria, la pressione atmosferica e persino la qualità dei frutti. I dati raccolti da questi sensori vengono trasmessi a piattaforme cloud dove vengono analizzati per fornire informazioni preziose agli agricoltori, consentendo loro di prendere decisioni informate in materia di irrigazione, fertilizzazione e protezione delle colture.

Le applicazioni mobili sono diventate strumenti indispensabili anche per i coltivatori di mele. Queste app offrono una gamma di funzionalità, dalla gestione delle attività quotidiane al monitoraggio delle condizioni meteorologiche alla pianificazione dei raccolti. Gli agricoltori possono anche accedere a database online con informazioni sulle varietà di mele, sulle pratiche colturali consigliate e sulle migliori strategie di gestione delle malattie e dei parassiti.

Infine, la modellazione e la simulazione computerizzata sono strumenti potenti che aiutano gli agricoltori a prendere decisioni strategiche per i loro frutteti. Utilizzando software di modellazione, gli agricoltori possono simulare diversi scenari di gestione, come l'effetto dell'introduzione di nuove varietà di mele, l'impatto del cambiamento climatico sui raccolti o l'ottimizzazione delle pratiche di controllo delle malattie dei parassiti. Queste simulazioni consentono agli agricoltori di anticipare potenziali sfide e sviluppare strategie di adattamento efficaci per garantire la sostenibilità a lungo termine dei loro frutteti.

Le innovazioni digitali stanno rivoluzionando il modo in cui i meli vengono coltivati e gestiti, fornendo agli agricoltori strumenti avanzati per ottimizzare la produzione, ridurre i rischi e garantire la sostenibilità a lungo termine delle loro aziende agricole. Grazie a queste tecnologie innovative, i meli continuano a prosperare in un mondo sempre più digitalizzato, offrendo ancora i loro deliziosi frutti e la loro bellezza naturale alle generazioni attuali e future.

Capitolo 193: Meli e blockchain alimentare

La blockchain alimentare sta emergendo come una tecnologia rivoluzionaria che promette di trasformare radicalmente il modo in cui il cibo viene prodotto, distribuito e consumato in tutto il mondo. In questo contesto, i meli trovano il loro posto in questa rivoluzione tecnologica, offrendo maggiore tracciabilità e maggiore trasparenza lungo tutta la filiera alimentare.

La blockchain alimentare utilizza un database decentralizzato e sicuro per registrare e tracciare ogni fase del processo di produzione alimentare, dalla fattoria alla tavola del consumatore. Per i meli, ciò significa che ogni fase della coltivazione, raccolta, lavorazione e distribuzione delle mele può essere registrata in modo trasparente e immutabile sulla blockchain.

A livello di produzione, la blockchain alimentare consente agli agricoltori di documentare con precisione le pratiche colturali utilizzate nei loro frutteti, compresi i metodi di controllo di malattie e parassiti, le sostanze chimiche utilizzate e le date di raccolto. Queste informazioni possono poi essere condivise con i consumatori tramite codici QR o app mobili, consentendo loro di conoscere l'origine esatta delle loro mele e le pratiche agricole utilizzate.

Durante il processo di lavorazione, la blockchain alimentare garantisce la completa tracciabilità delle mele, dalla ricezione dei frutti fino alla loro trasformazione in prodotti finiti come succo di mela, composta o torte. Ogni fase del processo è registrata sulla blockchain, garantendo la massima qualità e sicurezza alimentare per i consumatori.

Quando si tratta di distribuzione, la blockchain alimentare semplifica il tracciamento dei percorsi di trasporto delle mele dai frutteti ai negozi e ai mercati in cui vengono vendute. Ciò consente ai consumatori di sapere esattamente da dove provengono le loro mele e come sono state trattate durante il loro viaggio, rafforzando la fiducia nella qualità e nella freschezza dei prodotti.

Infine, a livello di vendita al dettaglio, la blockchain alimentare offre ai consumatori un accesso trasparente a informazioni dettagliate sulle mele che acquistano, comprese la loro provenienza, varietà e caratteristiche nutrizionali. Ciò consente loro di fare scelte informate e responsabili riguardo al cibo, supportando al tempo stesso gli agricoltori che implementano pratiche sostenibili.

In sintesi, la blockchain alimentare apre nuove entusiasmanti possibilità per il settore agricolo, fornendo ai coltivatori di mele una piattaforma per aumentare la tracciabilità, la trasparenza e la fiducia lungo tutta la catena di approvvigionamento alimentare. Grazie a questa tecnologia innovativa, i meli continuano a svolgere un ruolo cruciale nel fornire prodotti alimentari sicuri, sani e sostenibili ai consumatori di tutto il mondo.

Capitolo 194: Tracciabilità dei prodotti Apple

La tracciabilità dei prodotti a base di mele è diventata una delle principali preoccupazioni nell'industria alimentare, dove i consumatori chiedono sempre più trasparenza sull'origine e sul processo di produzione degli alimenti che consumano. In questo contesto, i prodotti derivati dal melo, come mele fresche, succo di mela, composta di mele e prodotti da forno a base di mele, devono essere soggetti a una rigorosa tracciabilità per garantirne la qualità e la sicurezza.

La tracciabilità dei prodotti a base di mele inizia nella fase di produzione, dove gli agricoltori registrano attentamente tutte le fasi della coltivazione delle mele, comprese le pratiche agricole utilizzate, le date di semina e raccolta e i trattamenti applicati come la fertilizzazione e la lotta contro malattie e parassiti. Queste informazioni sono fondamentali per garantire la qualità e la sicurezza dei prodotti finali e devono essere documentate in modo accurato e completo.

Una volta raccolte, le mele vengono seguite attraverso il processo di lavorazione, dove vengono trasformate in una varietà di sottoprodotti come succo di mela, composta e torte di mele. Ogni fase della lavorazione è registrata e documentata, dal ricevimento dei frutti fino al loro confezionamento finale. Ciò garantisce che i prodotti derivati dai meli siano prodotti in condizioni sanitarie ottimali e rispettino i più alti standard di qualità.

Durante la distribuzione e la vendita al dettaglio, la tracciabilità dei prodotti a base di mela rende facile tracciare il percorso dei prodotti dal luogo di produzione ai punti vendita dove vengono offerti ai consumatori. Codici a barre, etichette RFID (identificazione a radiofrequenza) e app mobili consentono ai consumatori di scansionare i prodotti e accedere immediatamente a informazioni dettagliate sulla loro origine, composizione e qualità.

Infine, anche la tracciabilità dei prodotti a base di mele è essenziale per garantire la sicurezza alimentare e rispondere rapidamente in caso di richiamo del prodotto. In caso di contaminazione o problema di sicurezza, le aziende possono risalire rapidamente all'origine dei prodotti e identificare i lotti interessati, consentendo il ritiro dei prodotti difettosi dal mercato e tutelando la salute dei consumatori.

Pertanto, la tracciabilità dei prodotti a base di mela è un elemento cruciale dell'industria alimentare, garantendo qualità, sicurezza e trasparenza lungo tutta la filiera. Attraverso una documentazione accurata e sistemi di tracciabilità avanzati, i prodotti Apple continuano a soddisfare i più elevati standard di qualità e sicurezza, garantendo la fiducia e la soddisfazione dei consumatori di tutto il mondo.

Capitolo 195: Meli e piattaforme di business online

Nel moderno panorama della vendita al dettaglio, i meli stanno trovando una nuova dimensione grazie alle piattaforme di commercio online. Queste piattaforme offrono un'opportunità unica per connettere i coltivatori di mele con un vasto pubblico di consumatori, creando un mercato virtuale dinamico per i prodotti a base di mele.

Le piattaforme di e-commerce consentono ai coltivatori di mele di mostrare i propri prodotti a un pubblico globale, offrendo maggiore visibilità e nuove opportunità di vendita. I consumatori possono sfogliare una vasta gamma di prodotti derivati dai meli, come mele fresche, succo di mela, salsa di mele e prodotti da forno a base di mele, e ordinarli facilmente comodamente da casa.

Inoltre, le piattaforme di e-commerce offrono ai coltivatori di mele una maggiore flessibilità per gestire il proprio inventario, adeguare i prezzi e promuovere i propri prodotti. Con strumenti avanzati di gestione dell'inventario e funzionalità di marketing integrate, i produttori possono ottimizzare la propria presenza online e massimizzare le vendite durante tutto l'anno.

Le piattaforme di e-commerce facilitano inoltre la creazione di relazioni dirette tra coltivatori di mele e consumatori, costruendo così fiducia e fedeltà al marchio. I consumatori possono interagire direttamente con i produttori, porre domande sui prodotti, condividere commenti e recensioni e persino partecipare a programmi fedeltà e premi.

Infine, le piattaforme di e-commerce forniscono ai coltivatori di mele strumenti analitici avanzati per monitorare le prestazioni dei loro prodotti, comprendere le preferenze dei consumatori e prendere decisioni aziendali informate. Questi preziosi dati consentono ai produttori di comprendere meglio il proprio mercato di riferimento, identificare le tendenze emergenti e sviluppare strategie di crescita a lungo termine.

Le piattaforme di e-commerce stanno aprendo nuove entusiasmanti possibilità per i coltivatori di mele, consentendo loro di raggiungere un pubblico globale, rafforzare le relazioni con i consumatori e promuovere la crescita del business. Con la rapida evoluzione dell'e-commerce, i coltivatori di mele continuano a prosperare in un mondo sempre più connesso, offrendo ancora i loro deliziosi prodotti a una base di clienti diversificata e globale.

Capitolo 196: Meli e strategie di marketing

In un mondo caratterizzato da una concorrenza sempre più agguerrita, le aziende produttrici di mele devono adottare strategie di marketing innovative per distinguersi sul mercato e attirare l'attenzione dei consumatori. Queste strategie di marketing devono essere adattate alle mutevoli esigenze e preferenze dei consumatori, evidenziando al contempo le caratteristiche uniche dei prodotti a base di mela.

Una delle strategie di marketing più efficaci per i meli è mettere in risalto il loro aspetto naturale ed ecologico. I consumatori sono sempre più sensibili all'origine del cibo che mangiano e cercano prodotti provenienti da fonti sostenibili e rispettose dell'ambiente. Il melo, in quanto coltura da frutto tradizionale, incarna questi valori e può sfruttare la propria immagine di prodotto naturale ed ecologico per attirare i consumatori attenti alla propria salute e all'ambiente.

Un'altra strategia di marketing efficace per i meli è evidenziare la loro versatilità culinaria. Le mele possono essere utilizzate in un'ampia varietà di ricette, dalle fresche insalate e dessert dolci ai piatti salati e alle bevande rinfrescanti. Evidenziare questa versatilità culinaria nelle campagne di marketing può aiutare ad ampliare l'attrattiva dei prodotti a base di meli e raggiungere un pubblico più ampio di consumatori.

Le aziende Apple possono anche sfruttare le ultime tendenze in materia di salute e benessere nelle loro strategie di marketing. Le mele sono naturalmente ricche di fibre, vitamine e antiossidanti, che le rendono una scelta alimentare sana e nutriente. Evidenziare i benefici per la salute delle mele nelle campagne di marketing può attirare l'attenzione dei consumatori attenti alla salute e incoraggiare il loro consumo regolare di prodotti a base di mela.

Infine, le aziende produttrici di mele possono sfruttare le piattaforme di social media per rafforzare la propria presenza online e interagire con i consumatori. I social media forniscono una piattaforma ideale per condividere ricette, consigli di cucina, storie di coltivatori e informazioni sugli eventi locali legati ai meli. Interagendo in modo autentico e coinvolgente con i consumatori sui social media, Apple Trees può creare una comunità fedele di clienti e rafforzare l'immagine del proprio marchio.

In sintesi, le strategie di marketing svolgono un ruolo cruciale nel successo dei meli sul mercato. Evidenziando il loro aspetto naturale ed ecologico, la loro versatilità culinaria, i loro benefici per la salute e utilizzando i social media per interagire con i consumatori, gli alberi di mele possono attirare l'attenzione dei consumatori e stimolare la domanda per i loro deliziosi sottoprodotti.

Capitolo 197: Meli e influencer digitali

Nel mondo del marketing contemporaneo, gli influencer digitali hanno acquisito un posto di rilievo come vettori di comunicazione influenti. La loro capacità di raggiungere un pubblico ampio e coinvolto li rende preziosi per molti settori, incluso quello delle mele. Gli influencer digitali possono svolgere un ruolo fondamentale nella promozione dei prodotti Apple, raggiungendo consumatori mirati attraverso le piattaforme di social media.

Gli influencer digitali specializzati in cibo e benessere possono essere partner ideali per i meli. La loro esperienza nella creazione di contenuti accattivanti e informativi può essere sfruttata per presentare i prodotti del melo sotto una luce favorevole. Attraverso video di ricette, recensioni di prodotti o consigli sulla salute, gli influencer digitali possono aiutare ad aumentare la consapevolezza e promuovere i prodotti del melo presso un pubblico affascinato.

Inoltre, gli influencer digitali locali possono svolgere un ruolo cruciale nella promozione dei meli a livello regionale. Mettendo in evidenza i coltivatori locali, le varietà di mele regionali e gli eventi comunitari legati ai meli, questi influencer possono rafforzare il legame tra i coltivatori di mele e il loro mercato locale. La loro capacità di mobilitare e coinvolgere le comunità online può aiutare a stimolare la domanda di prodotti Apple a livello locale.

Le partnership con influencer digitali offrono anche ai meli l'opportunità di raggiungere un pubblico specifico e diversificato. Ad esempio, collaborando con influencer del fitness e del benessere, Apple Trees può rivolgersi ai consumatori attenti alla salute e promuovere i benefici nutrizionali dei prodotti a base di melo. Allo stesso modo, lavorando con influencer nel settore culinario e gastronomico, Apple Trees può mostrare la versatilità culinaria delle mele e ispirare modi nuovi e creativi per usarle in cucina.

Infine, le partnership con influencer digitali offrono ai meli una maggiore visibilità sulle piattaforme di social media. I post e le collaborazioni con influencer possono generare contenuti autentici e coinvolgenti che attirano l'attenzione dei consumatori e suscitano il loro interesse per i prodotti Apple. Inoltre, i consigli positivi degli influencer possono creare credibilità e fiducia da parte dei consumatori nei prodotti Apple Trees, contribuendo a incrementare le vendite e ad aumentare la consapevolezza del marchio.

Gli influencer digitali offrono alle aziende Apple un'opportunità unica per promuovere i propri prodotti e raggiungere un pubblico diversificato attraverso le piattaforme di social media. Collaborando con influencer del settore alimentare, del benessere, culinario e regionale, i coltivatori di mele possono sfruttare il potere dell'influenza digitale per rafforzare la propria presenza online, ampliare il proprio pubblico e stimolare la domanda dei loro deliziosi prodotti.

Capitolo 198: Il ruolo dei meli nella transizione ecologica

Nell'attuale contesto di crisi ambientale, la transizione verso pratiche più sostenibili e rispettose dell'ambiente è diventata una priorità globale. In questa transizione ecologica, i meli svolgono un ruolo significativo come elementi chiave dell'agricoltura sostenibile e della conservazione della biodiversità.

Innanzitutto, i meli aiutano a ridurre le emissioni di gas serra catturando l'anidride carbonica atmosferica e immagazzinando carbonio nei loro tessuti vegetali. Essendo alberi da frutto longevi, i meli forniscono serbatoi naturali di carbonio che aiutano a mitigare gli effetti del cambiamento climatico assorbendo una quantità significativa di CO_2 dall'atmosfera.

Inoltre, i meleti che praticano metodi agricoli sostenibili possono aiutare a preservare la biodiversità fornendo un habitat prezioso per una varietà di specie vegetali e animali. Le siepi, gli arbusti e le aree del sottobosco presenti nei frutteti forniscono rifugio a insetti utili, uccelli e altri organismi che svolgono un ruolo cruciale nell'impollinazione, nella regolazione dei parassiti e nella fertilità del suolo.

Anche le pratiche agricole sostenibili utilizzate nella coltivazione delle mele, come la gestione integrata dei parassiti, la rotazione delle colture e la conservazione dell'acqua, contribuiscono alla conservazione delle risorse naturali e alla riduzione dell'inquinamento ambientale. Riducendo al minimo l'uso di sostanze chimiche e promuovendo pratiche agricole rispettose dell'ambiente, i coltivatori di mele possono contribuire a preservare la qualità dell'aria, dell'acqua e del suolo, proteggendo al tempo stesso la salute degli ecosistemi locali.

Inoltre, i meli possono svolgere un ruolo importante anche nel promuovere stili di vita sostenibili e sensibilizzare l'opinione pubblica sulle questioni ambientali. I meleti offrono spazi ricreativi ed educativi in cui i consumatori possono conoscere le pratiche agricole sostenibili, partecipare alle attività di raccolta e lavorazione e sviluppare un più profondo apprezzamento per la natura e il cibo locale.

Pertanto, i meli occupano un posto privilegiato nella transizione ecologica contribuendo alla riduzione delle emissioni di carbonio, alla conservazione della biodiversità, alla protezione delle risorse naturali e alla sensibilizzazione del pubblico alle questioni ambientali. Adottando pratiche agricole sostenibili e promuovendo stili di vita ecocompatibili, i meli possono svolgere un ruolo fondamentale nella costruzione di un futuro più sostenibile ed equilibrato per le generazioni future.

Capitolo 199: Il futuro luminoso dei meli

Guardando al futuro, è chiaro che i meli continueranno a svolgere un ruolo centrale e vitale nella nostra società e nel nostro ambiente. La loro importanza va ben oltre la semplice fornitura di frutti deliziosi. I meli sono simboli di fertilità, sostenibilità e connessione con la natura e la loro presenza nelle nostre vite non farà altro che aumentare di importanza negli anni a venire.

Dal punto di vista ecologico, i meli sono preziosi alleati nella lotta ai cambiamenti climatici e nella preservazione della biodiversità. La loro capacità di immagazzinare carbonio, fornire habitat a una moltitudine di specie e promuovere pratiche agricole sostenibili li rende attori essenziali nella transizione verso un futuro più verde e sostenibile.

Dal punto di vista economico, i meli offrono opportunità redditizie per coltivatori, agricoltori e imprese alimentari. La loro versatilità culinaria, il fascino estetico e la capacità di catturare l'immaginazione dei consumatori rendono i prodotti a base di mele scelte popolari nei mercati locali e internazionali.

Inoltre, i meli sono vettori di cultura e tradizione. La loro presenza nei paesaggi rurali e urbani, così come nell'arte, nella letteratura e nella mitologia, testimonia la loro importanza nel nostro patrimonio collettivo. I meli sono testimoni silenziosi della storia e custodi della nostra identità culturale.

Infine, i meli hanno il potere di unire le comunità e rafforzare i legami sociali. I meleti offrono spazi ricreativi e conviviali dove le persone possono incontrarsi, rilassarsi e riconnettersi con la natura e le stagioni. Gli eventi legati alla mela, come le feste delle mele e i mercati della frutta, sono occasioni di festa e condivisione che arricchiscono la nostra vita e rafforzano il nostro tessuto sociale.

Nel complesso, il futuro dei meli sembra luminoso. La loro capacità di nutrire, guarire, ispirare e connettere le persone continuerà a prosperare e prosperare negli anni a venire. Mentre ci muoviamo verso un futuro più sostenibile e armonioso, i meli saranno lì per accompagnarci in questo viaggio, offrendo la loro bellezza, abbondanza e saggezza alle generazioni future.

Si conclude così questa approfondita esplorazione dell'affascinante mondo dei meli attraverso il prisma dell'enciclopedia globale. Dai rigogliosi frutteti ai mercati vivaci, dalle tecniche di coltivazione tradizionali alle innovazioni digitali, abbiamo coperto un vasto panorama delle molteplici sfaccettature di questi iconici alberi da frutto.

Attraverso queste pagine abbiamo scoperto la ricchezza culturale, ecologica ed economica che i meli apportano alle nostre vite, così come il loro potenziale nel plasmare un futuro più sostenibile e armonioso per il nostro pianeta e i suoi abitanti.

Possa questa enciclopedia servire da guida e ispirazione a tutti coloro che coltivano un interesse per i meli, siano essi produttori, ricercatori, appassionati della natura o semplicemente curiosi di conoscere meglio questi gioielli della natura. Possa la conoscenza condivisa qui aiutare ad ampliare la nostra comprensione e apprezzamento dei meli, incoraggiandoci al tempo stesso a coltivare connessioni più profonde con la natura che ci circonda.

www.ingramcontent.com/pod-product-compliance
Lightning Source LLC
Chambersburg PA
CBHW032210220526
45472CB00018B/657